河合塾
SERIES

マーク式
基礎問題集
物理

河合塾講師
宮田 茂…[著]

河合出版

はじめに

　大学入試センター試験の問題は，基本法則に対する理解の深さを問う内容です。基本問題であり，難問は出題されません。しかし，教科書の例とは設定が違っていたり，視点が異なっていたりするため，意外と難しくなっています。本問題集は，このような傾向に対処するためのオリジナル問題集です。

　理解しているのに，問題が解けない。物理ではよくあります。理解が浅く薄っぺらいため，少し視点を変えて出題されると解けなくなるのです。深い理解を得るためには，そのための問題を解かなければいけません。本書はそのような問題を集めたものです。理解を深めるための工夫を凝らした問題の集まりです。間違ったときやどうしても解けないときは解説をしっかり読みましょう。解答・解説は参考書にもひけをとらない詳しさです。

　なお，本シリーズで基礎力を習得した後,「マーク式総合問題集」「センター試験過去問レビュー」「センター試験対策パック」（いずれも河合出版刊）で実戦力を養成すれば，大学入試センター試験に対する備えは万全であると確信します。

著者　記す

目　次

はじめに

第1章　運動と力（25題） ………………… 5

第2章　いろいろな運動（16題） …………… 31

第3章　気体の熱力学（15題） ……………… 49

第4章　波動（30題） ………………………… 67

第5章　電場と直流（31題） ……………… 103

第6章　磁場と交流（19題） ……………… 139

第7章　電子と原子（9題） ……………… 169

第1章
運動と力
(25題)

問題 1 x, y 平面上を運動する小物体があり，その速度の x 成分 v_x と y 成分 v_y が時刻 t に対して図のように表される。$0 \leq t \leq 10$ s の間について答えよ。

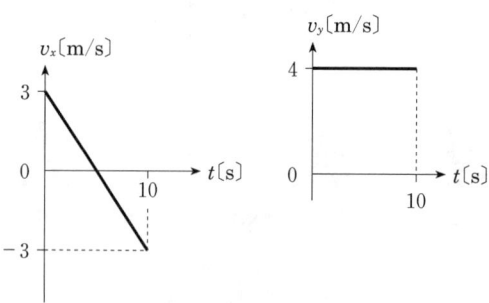

問 1 時刻 $t=0$ における小物体の速さはいくらか。　1　m/s

① 3.0　　② 4.0　　③ 5.0　　④ 7.0

問 2 時刻 $t=0$ における小物体の位置を原点 O とするとき，小物体の運動の軌跡はどのようになるか。　2

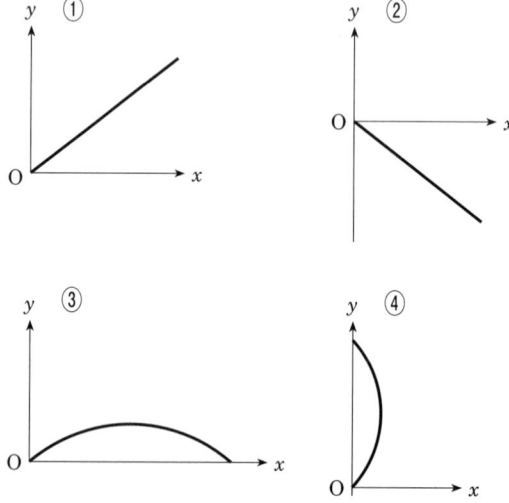

問題2 x軸上を等加速度直線運動をする物体1と，y軸上を等加速度直線運動をする物体2がある。物体1，2はともに時刻$t=0$において原点Oを通過するものとする。物体1の初速度の大きさはv_0，初速度の向きはx軸の正方向，加速度の大きさはa，加速度の向きはx軸の正方向である。物体2の初速度の大きさは$2v_0$，初速度の向きはy軸の正方向，加速度の大きさは$2a$，加速度の向きはy軸の負方向である。

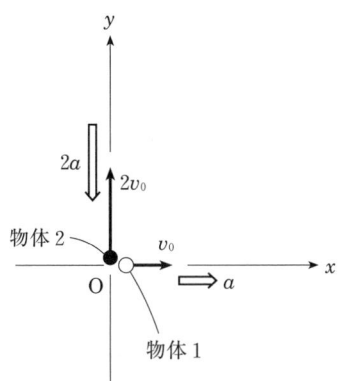

問1　時刻$t=0$において，物体2から見た物体1の速さ（相対速度の大きさ）はいくらか。　1

① v_0　　② $\sqrt{2}v_0$　　③ $\sqrt{5}v_0$　　④ $3v_0$

問2　物体2から見た物体1の相対速度の向きがx軸の正方向を向くのは，原点Oを物体1，2が通過してどれだけの時間が経過してからか。　2

① $\dfrac{v_0}{a}$　　② $\dfrac{\sqrt{2}v_0}{a}$　　③ $\dfrac{\sqrt{5}v_0}{a}$　　④ $\dfrac{3v_0}{a}$

問題 3 水平面に沿って X 軸をとり，鉛直上向きに Y 軸をとる。Y 軸上，$Y=h$ の点より小球を速さ V_0 で X 軸の正方向に投げ出す。空気の抵抗は無視でき，重力加速度の大きさを g とする。

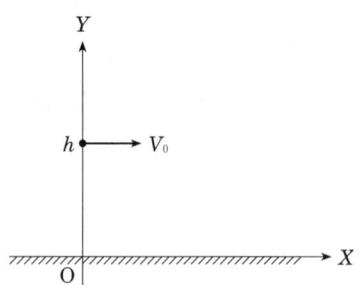

問1　小球が投げ出されてから，水平面に落下するまでの時間を求めよ。　1

① $\dfrac{V_0}{g}$　　② $\dfrac{2h}{V_0}$　　③ $\sqrt{\dfrac{2h}{g}}$　　④ $\sqrt{2gh}$

問2　落下点の X 座標を求めよ。$X=$　2

① $\dfrac{V_0^2}{2g}$　　② $2h$　　③ $V_0\sqrt{\dfrac{2h}{g}}$　　④ $h\sqrt{2gh}$

問題 4 水平面に沿ってX軸をとり，鉛直上向きにY軸をとる。図のように，Y軸上，$Y=h$の点から速さV_0で小球を投げ出す。投げ出す向きは，X軸の正方向と$30°$の角をなす斜め上向きである。空気抵抗は無視でき，重力加速度の大きさをgとする。

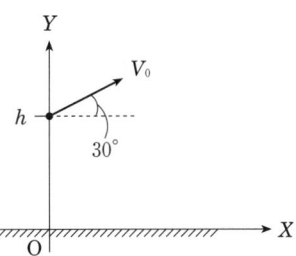

問1 投げ出されてから，時間t後の小球の速度成分を求めよ。

水平成分 [1]   鉛直成分 [2]

① $\dfrac{1}{2}V_0$ ② $\dfrac{\sqrt{3}}{2}V_0$ ③ $\dfrac{1}{2}V_0 - gt$ ④ $\dfrac{\sqrt{3}}{2}V_0 - gt$

⑤ $\dfrac{1}{2}V_0 + gt$ ⑥ $\dfrac{\sqrt{3}}{2}V_0 + gt$

問2 問1において，小球の位置(X, Y)を求めよ。

$X=$ [3] $Y=h+$ [4]

① $\dfrac{1}{2}V_0 t$ ② $\dfrac{\sqrt{3}}{2}V_0 t$ ③ $\dfrac{1}{2}V_0 t - \dfrac{1}{2}gt^2$

④ $\dfrac{\sqrt{3}}{2}V_0 t - \dfrac{1}{2}gt^2$ ⑤ $\dfrac{1}{2}V_0 t + \dfrac{1}{2}gt^2$ ⑥ $\dfrac{\sqrt{3}}{2}V_0 t + \dfrac{1}{2}gt^2$

問3 水平面に落下するときの，小球の速さを求めよ。 [5]

① $V_0 + \sqrt{2gh}$ ② $\sqrt{V_0^2 + 2gh}$ ③ $V_0 - \sqrt{2gh}$

④ $\sqrt{V_0^2 - 2gh}$ ⑤ $\dfrac{\sqrt{3}}{2}V_0 + \sqrt{2gh}$ ⑥ $\sqrt{\dfrac{3}{4}V_0^2 + 2gh}$

問題 5 物体が，その速さ v に比例する大きさの空気抵抗 kv（k は正の比例定数）を受ける場合を考える。この物体を十分高い位置から初速 0 で落下させる。物体の質量を m，重力加速度の大きさを g とする。

問 1 物体の速さが v_0 のとき，物体は等速度運動をしていた。v_0 はいくらか。$v_0 =$ ☐1☐

① $\dfrac{mg}{k}$　　② $\dfrac{k}{mg}$　　③ kmg　　④ $\dfrac{1}{kmg}$

問 2 物体の速さが $\dfrac{v_0}{4}$ のとき，物体の加速度の大きさはいくらか。 ☐2☐

① $\dfrac{1}{4}g$　　② $\dfrac{1}{2}g$　　③ $\dfrac{3}{4}g$　　④ g

問題6 水平面に沿ってx軸をとり，鉛直上向きにy軸をとる。図のように，y軸上，$y=h$の点から速さv_0で小球1をx軸の正方向に投げ出す。同時に，x軸上，$x=a$の点から小球2を速さw_0でy軸の正方向に投げ出す。小球1，2が水平面に落下するまでの運動を考える。ただし，空気抵抗は無視でき，重力加速度の大きさをgとする。

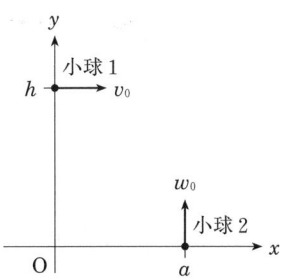

問1 小球1，2を投げ出した直後の，小球2に対する小球1の相対速度の大きさと相対加速度の大きさの組合せを求めよ。　1

	①	②	③	④
相対速度	v_0-w_0	v_0-w_0	$\sqrt{v_0^2+w_0^2}$	$\sqrt{v_0^2+w_0^2}$
相対加速度	0	g	0	g

問2 小球1と小球2が空中で衝突した。このときの$\dfrac{h}{a}$を求めよ。$\dfrac{h}{a}=$　2

① $\left(\dfrac{v_0}{w_0}\right)^2$　② $\left(\dfrac{w_0}{v_0}\right)^2$　③ $\dfrac{v_0}{w_0}$　④ $\dfrac{w_0}{v_0}$

問題7 図1～3の場合について，点Oまわりの力のモーメントを求めよ。ただし，反時計まわりのモーメントを正とする。

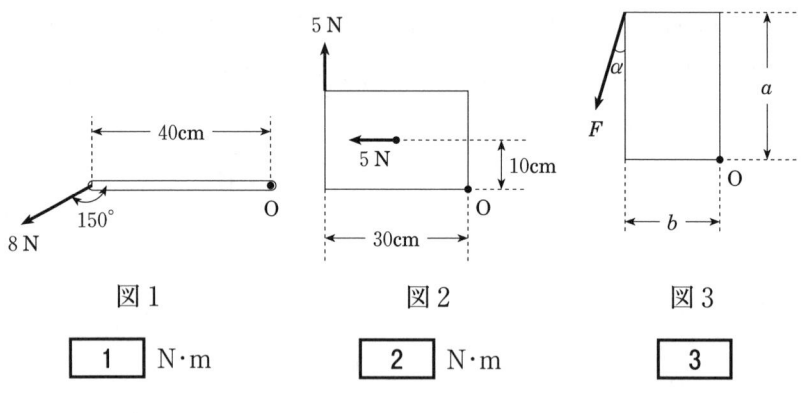

図1　　　　　　図2　　　　　　図3

[1] N·m　　[2] N·m　　[3]

[1] · [2] の解答群

① 1.0　② 1.6　③ 2.0　④ 3.2
⑤ －1.0　⑥ －1.6　⑦ －2.0　⑧ －3.2

[3] の解答群

① $F(a\sin\alpha + b\cos\alpha)$　② $F(a\cos\alpha + b\sin\alpha)$

③ $F\sqrt{a^2+b^2}\sin\alpha$　④ $F\sqrt{a^2+b^2}\cos\alpha$

問題 8 長さ ℓ の軽い棒 AB について，次の問いに答えよ。

問 図のように，大きさ f の力を A 端に，大きさ $2f$ の力を B 端に，それぞれ棒と垂直に加える。また，これらの力と逆向きに，大きさ F の力を A 端から距離 x のところに加える。このとき，棒 AB は静止したままであった。F と x の値をそれぞれ求めよ。

$F = \boxed{1}$ $x = \boxed{2}$

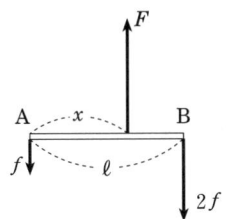

$\boxed{1}$ の解答群

① f ② $2f$ ③ $3f$ ④ $4f$

$\boxed{2}$ の解答群

① $\dfrac{1}{2}\ell$ ② $\dfrac{1}{3}\ell$ ③ $\dfrac{2}{3}\ell$ ④ $\dfrac{3}{4}\ell$

問題 9 重心に関する問いに答えよ。

問 1 図のように，辺の長さが 2ℓ の正方形の板から，辺の長さが ℓ の正方形を切り取った板がある。板の材質と厚さは一様であるとして，この板の重心と点 O との距離を求めよ。| 1 |

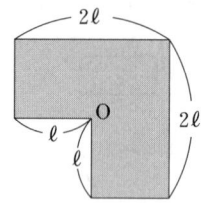

① $\dfrac{\sqrt{2}}{3}\ell$ ② $\dfrac{\sqrt{2}}{4}\ell$ ③ $\dfrac{\sqrt{2}}{5}\ell$ ④ $\dfrac{\sqrt{2}}{6}\ell$

問 2 一様でない材質の棒を 2 本の糸で天井からつり下げる。つりあって静止しているときの形を選べ。ただし，重心の位置を G とする。| 2 |

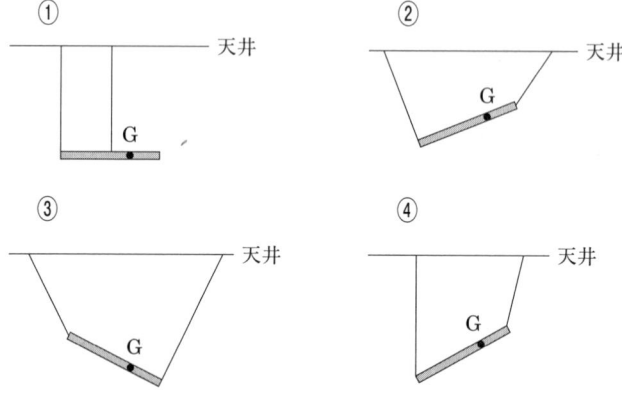

問題 10　長さ ℓ の軽い棒 AB の A 端に質量 m のおもりを取り付け，B 端に質量 $2m$ のおもりを取り付ける。重力加速度の大きさを g とする。

問 1　全体の重心の位置から A 端までの距離はいくらか。[1]

① $\dfrac{1}{2}\ell$　　② $\dfrac{1}{3}\ell$　　③ $\dfrac{2}{3}\ell$　　④ $\dfrac{3}{4}\ell$

問 2　問 1 の物体の A 端のおもりに糸を取り付け，天井からつるす。B 端のおもりに水平で大きさ mg の力を加えたところ，図のようにつりあった。このとき，糸が鉛直線となす角は θ で，棒が鉛直線となす角は α であった。$\tan\theta$ と $\tan\alpha$ の値を求めよ。

$\tan\theta =$ [2]　　　　$\tan\alpha =$ [3]

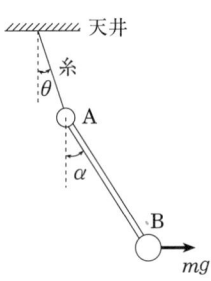

① $\dfrac{1}{2}$　　② $\dfrac{1}{3}$　　③ $\dfrac{2}{3}$　　④ $\dfrac{1}{4}$

問題 11 軽い棒を3個つないで，直角三角形を作り，各頂点に同じ質量のおもり a, b, c を取り付ける。ここで，∠acb＝60°である。おもり a に糸をつないで天井からつるしたところ，図のようになってつりあった。図において，tanθ はいくらか。　1

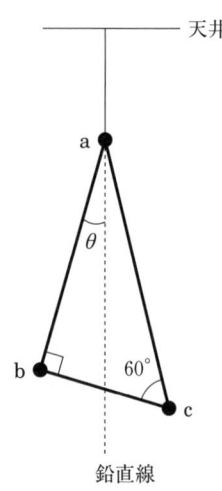

① $\dfrac{\sqrt{3}}{2}$　　② $\dfrac{\sqrt{3}}{3}$　　③ $\dfrac{\sqrt{3}}{6}$　　④ $\dfrac{\sqrt{3}}{8}$

問題 12 長さ ℓ の棒 AB を水平な床と60°の角をなすように，鉛直な壁に立てかけた．このとき棒 AB は倒れず，静止したままであった．棒 AB の質量は m で，その重心は棒の中央である．鉛直な壁はなめらかで，摩擦が無視できるものとし，重力加速度の大きさを g とする．

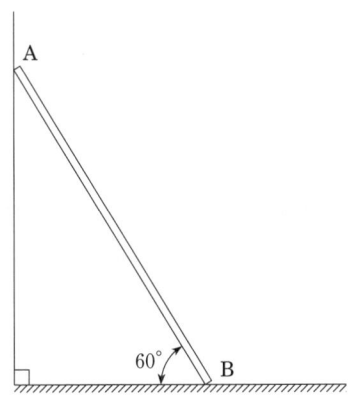

問1 鉛直方向の力のつりあいと，点 A まわりの力のモーメントのつりあいから，棒 AB が水平面から受ける摩擦力の大きさを求めよ． 1

① $\dfrac{\sqrt{3}}{2}mg$ ② $\dfrac{\sqrt{3}}{4}mg$ ③ $\dfrac{\sqrt{3}}{6}mg$ ④ $\dfrac{\sqrt{3}}{8}mg$

問2 水平面と棒 AB との間の静止摩擦係数 μ はいくら以上であるか．
$\mu \geq$ 2

① $\dfrac{\sqrt{3}}{2}$ ② $\dfrac{\sqrt{3}}{4}$ ③ $\dfrac{\sqrt{3}}{6}$ ④ $\dfrac{\sqrt{3}}{8}$

問題 13 半径 r, 高さ h の円柱 P を板の上に乗せ，板を水平からゆっくりと傾ける。板が水平となす角を θ，板と P の間の静止摩擦係数を μ とする。

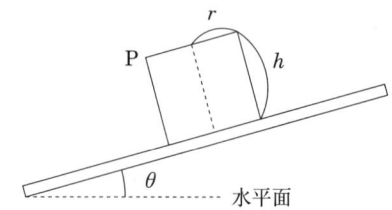

問1 P が倒れないと仮定する。P が板上を滑り始めるときの角度を $\theta = \theta_1$ とする。$\tan\theta_1$ はいくらか。$\tan\theta_1 = \boxed{1}$

① μ ② 2μ ③ $\dfrac{1}{\mu}$ ④ $\dfrac{1}{2\mu}$

問2 P が板上を滑らないものと仮定する。P が板上で倒れるときの角度を $\theta = \theta_2$ とする。$\tan\theta_2$ はいくらか。$\tan\theta_2 = \boxed{2}$

① $\dfrac{r}{h}$ ② $\dfrac{2r}{h}$ ③ $\dfrac{h}{r}$ ④ $\dfrac{h}{2r}$

問3 P が板上で，倒れる前に滑り始める条件はどうなるか。$\boxed{3}$

① $\mu < \dfrac{r}{h}$ ② $\mu < \dfrac{2r}{h}$ ③ $\mu < \dfrac{h}{r}$ ④ $\mu < \dfrac{h}{2r}$

問題 14 重力加速度の大きさを g として，次の各場合についての運動量と力積の関係式を選べ．

問 1　水平面と30°の角をなすなめらかな斜面上に質量 m の小物体を置き，初速 0 で運動させる．時間 t 後の小物体の速さを v とする． $\boxed{1}$

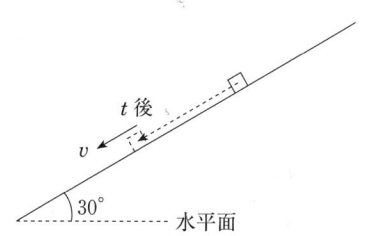

① $mgt = \dfrac{1}{2} mv$　　　② $mgt = \dfrac{1}{2} mv^2$

③ $\dfrac{1}{2} mgt = mv$　　　④ $\dfrac{1}{2} mgt = mv^2$

問 2　地上から鉛直上向きに初速 v で質量 m の小球を投げ上げる．小球を投げ上げてから時間 t 後，小球の速度が鉛直下向きに速さ $\dfrac{1}{2} v$ になった． $\boxed{2}$

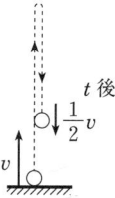

① $mgt = \dfrac{1}{2} mv - mv$　　　② $mgt = \dfrac{1}{2} mv + mv$

③ $mgt = -\dfrac{1}{2} mv + mv$　　　④ $mgt = -\dfrac{1}{2} mv - mv$

問題 15 図のように，少し高い所から人が飛び降り，着地する場合を考える。着地点がコンクリートだと足に強い衝撃を受けるが，着地点がマットだとその衝撃は小さい。この理由として最も適当な記述はどれか。 1

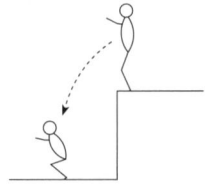

① コンクリートに着地するときより，マットに着地するときの方が人の運動量変化が小さいから。

② コンクリートに着地するときより，マットに着地するときの方が人が受ける力積が小さいから。

③ コンクリートに着地するときより，マットに着地するときの方が着地点から人が力を受ける時間が長いから。

問題 16 力積と運動量に関する次の問いに答えよ。

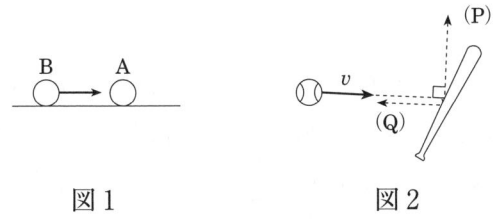

図1　　　　　　　図2

問1　図1のように，なめらかな水平面上を右に進んできた小球Bが，静止している小球Aに正面衝突する。この衝突について，正しい記述はどれか。　[1]

① 衝突後，Aは必ず右へ進む。
② 衝突後，Bは必ず左へ進む。
③ AとBの質量が異なる場合は，AとBの運動量変化の大きさも異なる。

問2　図2のように，速さvで飛んできたボールをバットで打つ場合を考える。飛んできた方向と垂直な方向に速さvでボールが飛ばされる場合(P)と，飛んできた方向に速さvでボールがはねかえされる場合(Q)について，正しい記述はどれか。　[2]

① ボールが受ける力積の大きさは，場合(P)と場合(Q)で等しい。
② ボールが受ける力積の大きさは，場合(P)の方が場合(Q)より大きい。
③ ボールが受ける力積の大きさは，場合(P)の方が場合(Q)より小さい。

問題 17 文中の □ に入れるべきものをそれぞれの解答群のうちから選べ。

〔Ⅰ〕 質量 m〔kg〕の静止した物体を，大きさが F〔N〕の一定の外力で，t〔s〕間加速する。このとき，物体が受ける力積の大きさは □1 〔N·s〕で，物体の速さは □2 〔m/s〕になる。

① Fm ② Ft ③ $\dfrac{F}{m}$ ④ $\dfrac{F}{t}$

⑤ $\dfrac{Fm}{t}$ ⑥ $\dfrac{Ft}{m}$ ⑦ $\sqrt{\dfrac{2Fm}{t}}$ ⑧ $\sqrt{\dfrac{2Ft}{m}}$

〔Ⅱ〕 図のように，質量 5 kg の小球を，壁に垂直に速さ 10 m/s でぶつけたところ，速さ 8 m/s で壁に垂直にはねかえった。図の右向きを正とする。壁にぶつかる前の小球の運動量は □3 kg·m/s であり，はねかえった後の小球の運動量は □4 kg·m/s である。この衝突で，壁から小球にはたらいた力積は □5 N·s であり，小球から壁にはたらいた力積は □6 N·s である。この衝突におけるはねかえり係数は □7 である。

□3 ～ □6 の解答群

① 250   ② 90   ③ 50   ④ 40   ⑤ 0

⑥ －40   ⑦ －50   ⑧ －90   ⑨ －250

□7 の解答群

① 1.25   ② 1   ③ 0.8   ④ 0.4   ⑤ 0

問題 18

高さ ℓ の点から，質量 m の小球 A を速さ $\sqrt{g\ell}$（g は重力加速度の大きさ）で水平に投げ出した．その後，A は水平でなめらかな床に衝突してはねかえり，再び床に衝突した．衝突の際，A の速度の鉛直成分の大きさは，衝突直後には衝突直前の e 倍（$0 < e \leq 1$）になり，水平成分の大きさは，衝突の前後で変わらない．

問 床との 1 回目の衝突の際に，A が床から受けた力積の大きさはいくらか．| 1 | また，その力積の向きはどれか．| 2 |

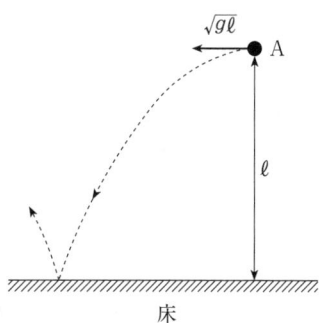

| 1 | の解答群

① $2em\sqrt{2g\ell}$ ② $(1+e)m\sqrt{2g\ell}$ ③ $(1-e)m\sqrt{2g\ell}$

④ $4em\sqrt{g\ell}$ ⑤ $2(1+e)m\sqrt{g\ell}$ ⑥ $2(1-e)m\sqrt{g\ell}$

⑦ $2\sqrt{5}\,em\sqrt{g\ell}$ ⑧ $\sqrt{5}\,(1+e)m\sqrt{g\ell}$ ⑨ $\sqrt{5}\,(1-e)m\sqrt{g\ell}$

| 2 | の解答群

① 水平右向き   ② 鉛直上向き   ③ 斜め右上向き

④ 斜め左上向き   ⑤ 水平左向き   ⑥ 鉛直下向き

⑦ 斜め右下向き   ⑧ 斜め左下向き

問題 19 なめらかな水平面上を，右向きに速さ 5 m/s で進む小球 A と，左向きに速さ 2 m/s で進む小球 B が衝突し，衝突後，A は左向きに 1 m/s の速さで進んだ。A の質量を 4 kg，B の質量を 6 kg とする。

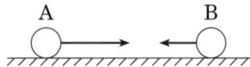

問1 衝突前の A と B の運動量の和を求めよ。右向きを正として答えよ。 1 kg·m/s

① -32 ② -8 ③ 0 ④ 8 ⑤ 32

問2 衝突において，A と B の運動量の和は一定に保たれる。衝突後の B の運動に関して，正しい記述を選べ。 2

① 右向きに，速さ 2 m/s で進む。
② 右向きに，速さ 4 m/s で進む。
③ 左向きに，速さ 2 m/s で進む。
④ 左向きに，速さ 4 m/s で進む。

問3 A と B との間のはねかえり係数を求めよ。 3

① $\dfrac{6}{7}$ ② $\dfrac{3}{7}$ ③ $\dfrac{1}{3}$ ④ $\dfrac{2}{3}$

問題 20 x 軸上，原点 O に小球 A が静止している。x 軸上，$x < 0$ の領域から小球 B が x 軸に沿って速さ v で小球 A に正面衝突した。小球 A の質量を M，小球 B の質量を m，小球 A と小球 B との間のはねかえり係数を e とする。

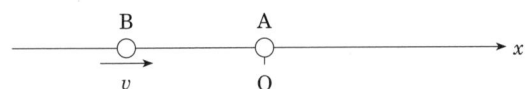

問 1 衝突後の小球 A の速度 v_A と小球 B の速度 v_B はいくらか。

$v_A = \boxed{1}$, $v_B = \boxed{2}$

① $\dfrac{(1+e)Mv}{M+m}$ ② $\dfrac{(1-e)Mv}{M+m}$ ③ $\dfrac{(1+e)mv}{M+m}$

④ $\dfrac{(M+em)v}{M+m}$ ⑤ $\dfrac{(M-em)v}{M+m}$ ⑥ $\dfrac{(m-eM)v}{M+m}$

問 2 衝突によって失われた力学的エネルギーはいくらか。 $\boxed{3}$

① $\dfrac{(1+e^2)mMv^2}{2(M+m)}$ ② $\dfrac{(1-e^2)mMv^2}{2(M+m)}$

③ $\dfrac{(e^2-1)mMv^2}{2(M+m)}$ ④ $\dfrac{e^2mMv^2}{2(M+m)}$

問題 21 なめらかな水平面上に xy 座標をとる。原点 O に質量 $4m$ の小球 Q を置く。図のように，質量 m の小球 P が x 軸と 60° の角をなす向きに速さ v で進み，Q と衝突する。衝突後，P は x 軸の正方向に速さ $\dfrac{v}{2}$ で進んだ。

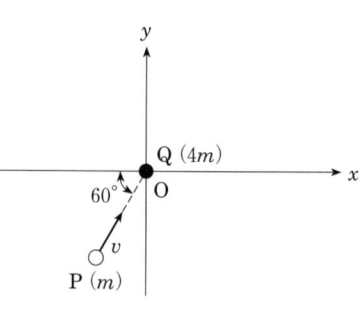

問 1 P との衝突後において，Q の速度の x 成分と y 成分を求めよ。

x 成分 　1　　　y 成分 　2　

① $\dfrac{\sqrt{3}}{2}v$ 　② $\dfrac{1}{4}v$ 　③ $\dfrac{\sqrt{3}}{8}v$ 　④ 0

問 2 P と Q との衝突の際に，Q が P から受ける力積の大きさと向きを求めよ。

力積の大きさ 　3　

① $\dfrac{\sqrt{3}}{2}mv$ 　② $\dfrac{1}{4}mv$ 　③ $\dfrac{\sqrt{3}}{8}mv$ 　④ 0

力積の向き 　4　

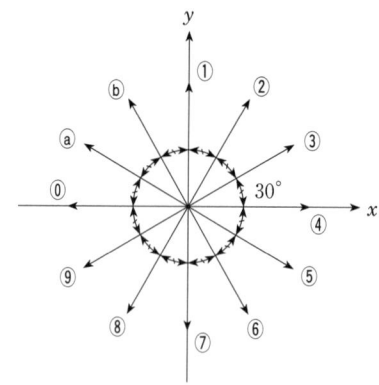

問題 22 水平な台の上の直線 ℓ 上に小球 A が置かれており，その A に向かって小球 B が直線 ℓ 上を進んできて衝突した。衝突後，それぞれは別の方向に進んだ。図は，衝突後の A と B の位置を時間間隔 0.2 秒で表したものである。A の位置は○印，B の位置は×印で表されている。図の 1 マスの長さは 1 cm である。

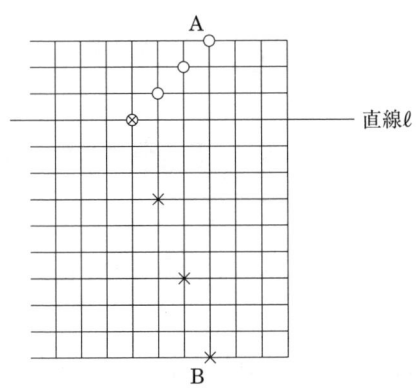

問 1　小球 A の質量は小球 B の質量の何倍か。　| 1 |　倍

① 1　　② 2　　③ 3　　④ 4　　⑤ 5

問 2　衝突前の小球 B の速さはいくらか。　| 2 |　cm/s

① 10　　② 20　　③ 30　　④ 40　　⑤ 50

問題 23 図のように，曲面をもつ台Pを水平面上に置き，Pの曲面上から小球Qをすべらせる。このとき，P，Qともに運動を始める。この運動において，P，Qの運動量と力学的エネルギーはどのようになるか。

問1 Pと水平面との間，および，Pの曲面とQの間の摩擦力が無視できる場合。 1

① P，Qの水平方向の運動量の和も力学的エネルギーの和も一定に保たれる。

② P，Qの水平方向の運動量の和も力学的エネルギーの和も一定に保たれない。

③ P，Qの水平方向の運動量の和は一定に保たれるが，力学的エネルギーの和は一定に保たれない。

④ P，Qの水平方向の運動量の和は一定に保たれないが，力学的エネルギーの和は一定に保たれる。

問2 Pと水平面との間の摩擦力は無視でき，Pの曲面とQの間の摩擦力は無視できない場合。 2 （解答群は**問1**と共通）

問題 24 質量 M の台車上に質量 m の人が立って，全体が静止している。台車と水平面との間の摩擦力は無視できるものとする。

問1　人が台車上で歩き始めると台車も水平面上で動き始める。台車に対する人の速さが v になった瞬間の，水平面に対する台車の速さを V とする。v と V の間に成り立つ式を求めよ。　| 1 |

① $mv + MV = 0$　　　② $mv - MV = 0$
③ $m(V-v) + MV = 0$　④ $m(V-v) - MV = 0$

問2　水平面に対する台車の移動距離が L のとき，人が台車に対して移動した距離はいくらか。なお，この運動において，台車と人からなる系の重心の位置は静止することがわかっている。　| 2 |

① $\dfrac{mL}{m+M}$　　　② $\dfrac{ML}{m+M}$
③ $\dfrac{(m+M)L}{m}$　④ $\dfrac{(m+M)L}{M}$

問題 25 図1のように，ばね定数 k の軽いばねの上端を天井に固定し，下端に質量 m の小球 A を取り付けつりあわす。このとき，ばねの自然長からの伸びは ℓ であった。

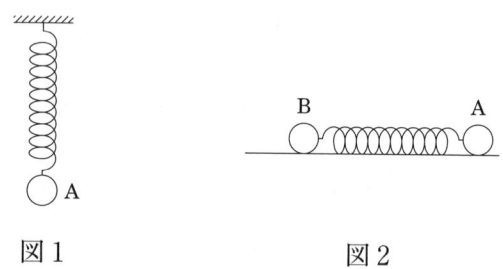

図1　　　　図2

問1 A に外力を加え，つりあいの位置から下方に ℓ だけ，ゆっくりと A を引き下げる。このとき，ばねの弾性エネルギーはいくら変化したか。　1　　また，外力がした仕事はいくらか。　2

① $\dfrac{1}{2}k\ell^2$　　② $k\ell^2$　　③ $\dfrac{3}{2}k\ell^2$

④ $-\dfrac{1}{2}k\ell^2$　　⑤ $-k\ell^2$　　⑥ $-\dfrac{3}{2}k\ell^2$

問2 天井からばねを外し，代わりに質量 M の小球 B をつけ，図2のように，なめらかな水平面上に置く。ばねを自然長から L だけ縮め，A, B を同時に，静かに放す。ばねが自然長に戻ったときの，A の速さはいくらか。　3

① $L\sqrt{\dfrac{km}{M(m+M)}}$　　② $L\sqrt{\dfrac{kM}{m(m+M)}}$　　③ $L\sqrt{\dfrac{k}{m}}$

④ $L\sqrt{\dfrac{k}{M}}$

第2章

いろいろな運動

(16題)

問題 26 右に $3\,\mathrm{m/s^2}$ の加速度で運動している列車がある。列車の天井から，糸で小球 A をつり下げると，鉛直線と糸がある角度をなす状態で，A が列車に対して静止する。A の質量を $3\,\mathrm{kg}$，重力加速度の大きさを $9.8\,\mathrm{m/s^2}$ とする。

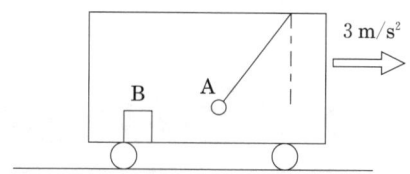

問1　列車内から見て，A にはたらく慣性力の向きと大きさはどうなるか。　| 1 |

① 右向き，9 N　　② 左向き，9 N
③ 上向き，9 N　　④ 下向き，9 N

問2　A を支えている，糸の張力の大きさはいくらか。| 2 | N

① 21　　② 31　　③ 42　　④ 58

問3　列車の床に，質量 $10\,\mathrm{kg}$ の物体 B が置いてあり，B は列車に対して静止している。B が列車の床から受ける静止摩擦力の向きと大きさはどうなるか。| 3 |

① 右向き，30 N　　② 左向き，30 N
③ 上向き，30 N　　④ 下向き，30 N

問題 27 質量 m のおもりが，エレベーターの天井から糸でつるされており，その床からの高さは h である。エレベーターは，大きさが α の上向きの加速度で運動を続けている。重力加速度の大きさを g とする。

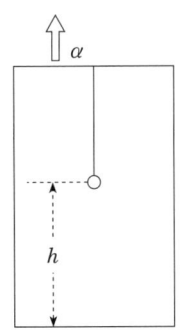

問1 エレベーター内から見て，おもりにはたらく慣性力の向きと大きさはどうなるか。 ⬜1

① 上向きに $m\alpha$ ② 下向きに $m\alpha$
③ 上向きに $m(\alpha+g)$ ④ 下向きに $m(\alpha+g)$
⑤ 慣性力ははたらかない

問2 糸の張力の大きさはいくらか。 ⬜2

① $m\alpha$ ② mg ③ $m(\alpha+g)$ ④ $m(\alpha-g)$

次に，糸を切る。エレベーターの加速度は糸を切っても変わらないものとする。

問3 糸が切れてから，おもりがエレベーターの床に到達するまでの時間はいくらか。 ⬜3

① $\sqrt{\dfrac{2h}{\alpha+g}}$ ② $\sqrt{\dfrac{2h}{\alpha-g}}$ ③ $\sqrt{\dfrac{2h}{\alpha}}$ ④ $\sqrt{\dfrac{2h}{g}}$

問題 28 大きさ a の右向きの加速度で等加速度直線運動をしている電車がある。その電車の天井から，糸で小球をつり下げると，鉛直線と糸が角度 θ をなす位置で，小球が電車に対して静止した。その後，糸を焼き切ったところ，小球は電車の床に落下した。電車内で見た小球の軌跡は，図のような直線であった。重力加速度の大きさを g とする。

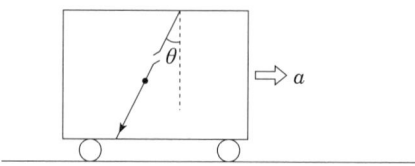

問1 糸と鉛直線がなす角度の正接（$\tan \theta$）はいくらか。
$\tan \theta =$ ☐ 1

① $\dfrac{g}{a}$　② $\dfrac{a}{g}$　③ $\dfrac{g}{\sqrt{a^2+g^2}}$　④ $\dfrac{a}{\sqrt{a^2+g^2}}$

問2 糸を焼き切ってから電車の床に落下するまでの，電車から見た小球の運動に関して，最も適当なものを選べ。 ☐ 2

① 等速度運動である。
② 加速度の水平成分の大きさは a である。
③ 運動中は重力だけがはたらき，慣性力ははたらかない。
④ 糸を焼き切った瞬間の電車の速度によっては，軌跡が直線ではなくなり，放物線になる。

問題 29 図のように，なめらかな斜面上を箱が滑り落ちている。箱の中には小物体が置かれ，箱の中央部分で箱に対して静止していた。重力加速度の大きさを g，小物体の質量を m，斜面の傾角を θ とする。

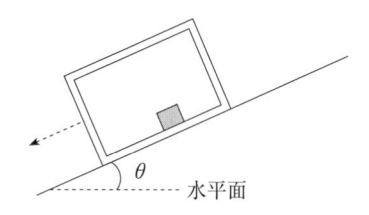

問 1 小物体が箱の内面から受ける静止摩擦力に関して，最も適当なものを選べ。 | 1 |

① 静止摩擦力の向きは，斜面に沿って上向きである。
② 静止摩擦力の向きは，斜面に沿って下向きである。
③ 静止摩擦力の向きは，箱の質量と小物体の質量の組合せで決まる。
④ 静止摩擦力を受けていない。

問 2 小物体が箱の内面から受ける垂直抗力に関して，最も適当なものを選べ。 | 2 |

① 垂直抗力の大きさは，$mg\cos\theta$ より大きい。
② 垂直抗力の大きさは，$mg\cos\theta$ より小さい。
③ 垂直抗力の大きさは，$mg\cos\theta$ である。
④ 垂直抗力を受けていない。

問題 30 水平な板の小穴に糸を通し，質量 m の小球 A と質量 M の小球 B をつなぐ。A を板の上に置き，半径 r，速さ v の等速円運動をさせたところ，B は支えなしで静止した。各部の摩擦は無視でき，重力加速度の大きさを g とする。

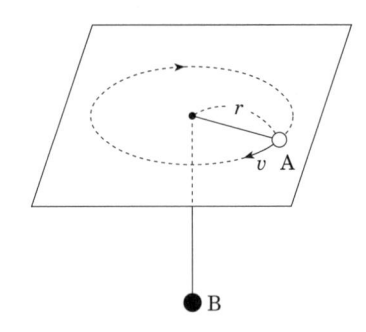

問1 静止した観測者の立場で考えるとき，小球 A に作用する水平方向の力に関して，最も適当なものを選べ。 $\boxed{1}$

① 糸の張力と向心力が作用する。
② 合力の向きは，円軌道の接線方向である。
③ 合力の向きは，円軌道の外側を向く。
④ 糸の張力だけが作用する。

問2 糸の張力の大きさはいくらか。 $\boxed{2}$

① Mg ② $Mg + m\dfrac{v^2}{r}$ ③ mg

④ $mg + M\dfrac{v^2}{r}$ ⑤ $M\dfrac{v^2}{r}$

問3 $M = m$ のとき，円運動の周期はいくらか。 $\boxed{3}$

① $\dfrac{2\pi v}{g}$ ② $\dfrac{2\pi g}{v}$ ③ $\dfrac{2\pi v^2}{g}$ ④ $\dfrac{2\pi g}{v^2}$

問題 31 長さ ℓ の糸の先端に質量 m の小球 A をつけ，糸の上端を固定して円すい振り子として A を回転させる。糸が鉛直線となす角度を θ とする。重力加速度の大きさを g とする。

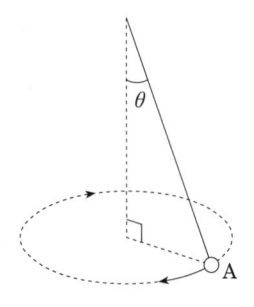

問1 糸の張力の大きさを S とする。鉛直方向について成り立つ式はどれか。 [1]

① $S\sin\theta = mg$ ② $S\cos\theta = mg$ ③ $S\tan\theta = mg$
④ $S = mg\sin\theta$ ⑤ $S = mg\cos\theta$ ⑥ $S = mg\tan\theta$

問2 A の速さはいくらか。 [2]

① $\cos\theta\sqrt{\dfrac{g\ell}{\sin\theta}}$ ② $\sin\theta\sqrt{\dfrac{g\ell}{\cos\theta}}$

③ $\dfrac{1}{\cos\theta}\sqrt{g\ell\sin\theta}$ ④ $\dfrac{1}{\sin\theta}\sqrt{g\ell\cos\theta}$

問3 A の円運動の周期はいくらか。 [3]

① $2\pi\sqrt{\dfrac{\ell\sin\theta}{g}}$ ② $2\pi\sqrt{\dfrac{\ell\cos\theta}{g}}$ ③ $2\pi\sqrt{\dfrac{\ell\tan\theta}{g}}$

④ $2\pi\sqrt{\dfrac{\ell}{g\sin\theta}}$ ⑤ $2\pi\sqrt{\dfrac{\ell}{g\cos\theta}}$ ⑥ $2\pi\sqrt{\dfrac{\ell}{g\tan\theta}}$

問題 32 水平な円板が中心 O のまわりに回転する。円板の縁には小物体 P が置かれている。円板の角速度が ω のとき，P は円板上を滑ることなく，円板とともに回転している。

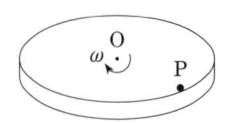

問1 円板とともに回転する観測者から見るとき，P にはたらく力はどのようになるか。次の記述のうちで最も適当なものを選べ。
　　1

① P にはたらく水平方向の力は，遠心力と向心力と静止摩擦力である。
② P にはたらく水平方向の力は，遠心力だけである。
③ P にはたらく力の合力は 0 である。
④ P にはたらく静止摩擦力は遠心力の反作用である。

問2 円板の角速度を ω から徐々に大きくしていったところ，角速度が ω' をこえたとき，P が円板上で滑り始めた。円板とともに回転する観測者から見るとき，P が滑り始める向きはどの向きか。
　　2

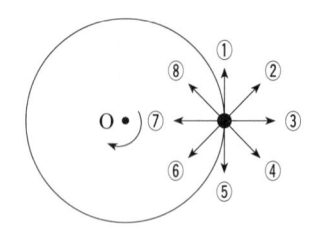

問題 33 長さ ℓ の糸に質量 m の小球 A をつけ，糸の上端を天井に固定する。糸が鉛直線と 60° の角をなす位置で A を静かに放す。重力加速度の大きさを g とする。

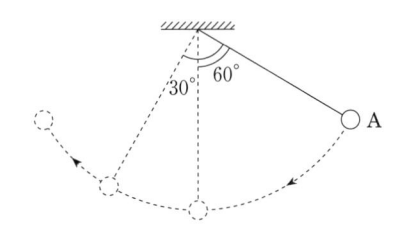

問1 A が最下点を通過するとき，

(ア) A の速さはいくらか。　 1

① $\sqrt{2g\ell}$　② $\sqrt{g\ell}$　③ $\sqrt{\dfrac{1}{2}g\ell}$　④ $\sqrt{\dfrac{g}{2\ell}}$

(イ) A の加速度の向きと大きさはどうなるか。　 2

① 鉛直下向きに $2g$　② 鉛直上向きに $2g$
③ 鉛直下向きに g　④ 鉛直上向きに g

(ウ) 糸の張力の大きさはいくらか。　 3

① mg　② $2mg$　③ $3mg$　④ 0

問2 糸が鉛直線と 30° の角をなす位置を A が通過するとき，糸の張力の大きさはいくらか。　 4

① $3\sqrt{3}\,mg$　② $\dfrac{\sqrt{3}}{2}mg$　③ $\dfrac{3\sqrt{3}-2}{2}mg$

④ $\dfrac{3\sqrt{3}+2}{2}mg$　⑤ $\dfrac{\sqrt{3}-1}{2}mg$　⑥ $\dfrac{\sqrt{3}+1}{2}mg$

問題 34 図はなめらかに接続された半円筒面，水平な床，斜面の断面図である。ABC は O を中心として半径 $2h$ の半円をなしている。斜面に沿って質点に初速度を与えて，点 S より落下させる。面はすべてなめらかなものとし，重力加速度の大きさを g とする。

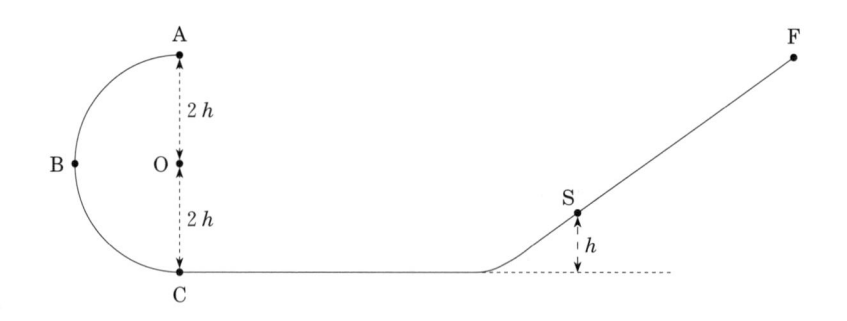

問1 質点が半円上の高さ $2h$ の点 B に到達するために必要な，最小の初速度の大きさはいくらか。　1

① $\sqrt{gh}$　　② $\sqrt{2gh}$　　③ $2\sqrt{gh}$　　④ $4\sqrt{gh}$

問2 質点が，かろうじて半円を離れることなく点 A に到達したとする。このとき，点 A における質点の速さはいくらか。　2

① 0　　② $\sqrt{\dfrac{1}{2}gh}$　　③ $\sqrt{gh}$　　④ $\sqrt{2gh}$

問3 かろうじて点 A に達した質点は，その後，水平な床上の点 Q に落下した。距離 CQ はいくらか。　3

① 0　　② $\sqrt{2}h$　　③ $2h$　　④ $4h$

問題 35 質量 5 kg の小物体 P が，原点 O を中心として，x 軸上を単振動している。振幅は 0.1 m で，角振動数は 5 rad/s である。時刻 $t = 0$ において，P の位置は $x = 0.1$ m である。

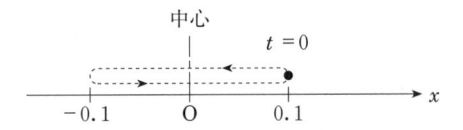

問1 P の位置 x [m] を時刻 t [s] の関数で示せ。　1

① $x = 0.1 \sin 5t$　　② $x = 0.1 \cos 5t$
③ $x = -0.1 \sin 5t$　　④ $x = -0.1 \cos 5t$

問2 P の速度 v [m/s]（x 軸の正方向を正）と時刻 t [s] の関係を示すグラフはどれか。　2

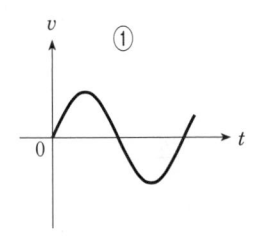

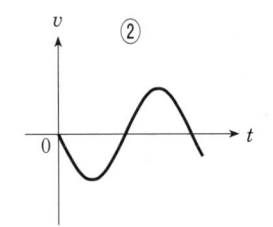

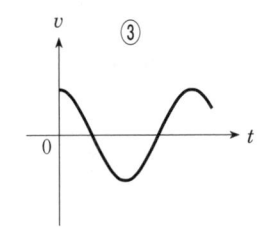

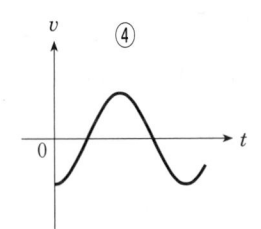

問題 36 なめらかな水平面上に，ばね定数 k 〔N/m〕のばねを置く。ばねの一端を固定し，他端に質量 m 〔kg〕のおもり P をとりつける。ばねを，自然長から長さ d 〔m〕だけ押し縮め，P を静かに放す。その後，P は単振動を続けた。

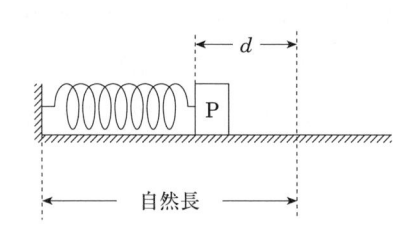

問1 ばねが，自然長から長さ d 〔m〕だけ押し縮められているとき，ばねの弾性力の大きさはいくらか。 1 〔N〕また，ばねの弾性エネルギーはいくらか。 2 〔J〕

① $\dfrac{1}{2}kd$ ② $\dfrac{1}{2}kd^2$ ③ kd ④ kd^2

問2 P を静かに放してから，ばねの長さがはじめて最大になるまでの時間はいくらか。 3 〔s〕

① $2\pi\sqrt{\dfrac{m}{k}}$ ② $\pi\sqrt{\dfrac{m}{k}}$ ③ $\dfrac{\pi}{2}\sqrt{\dfrac{m}{k}}$

④ $2\sqrt{\dfrac{m}{k}}$ ⑤ $\sqrt{\dfrac{2m}{k}}$ ⑥ $\sqrt{\dfrac{m}{2k}}$

問3 ばねの長さが自然長になるときの，P の速さはいくらか。 4 〔m/s〕

① $d\sqrt{\dfrac{2k}{m}}$ ② $d\sqrt{\dfrac{k}{2m}}$ ③ $2d\sqrt{\dfrac{k}{m}}$ ④ $d\sqrt{\dfrac{k}{m}}$

問題 37 ばね定数 k のばねの上端を天井に固定し，ばねの下端に質量 m の小球をつるす。このとき，ばねが自然長から長さ d だけ伸びる位置で，小球は静止する。小球が静止する位置を原点 O とし，鉛直下向きに x 軸をとる。重力加速度の大きさを g とする。

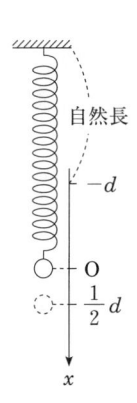

問 1 小球の位置を $x = \dfrac{1}{2}d$ に引き下げ，その位置から小球を静かに運動させる。運動を始める瞬間を時刻 $t = 0$ とする。小球の位置 x と時刻 t の関係を示すグラフを選べ。**1** また，小球の速度 v と時刻 t の関係を示すグラフを選べ。**2**

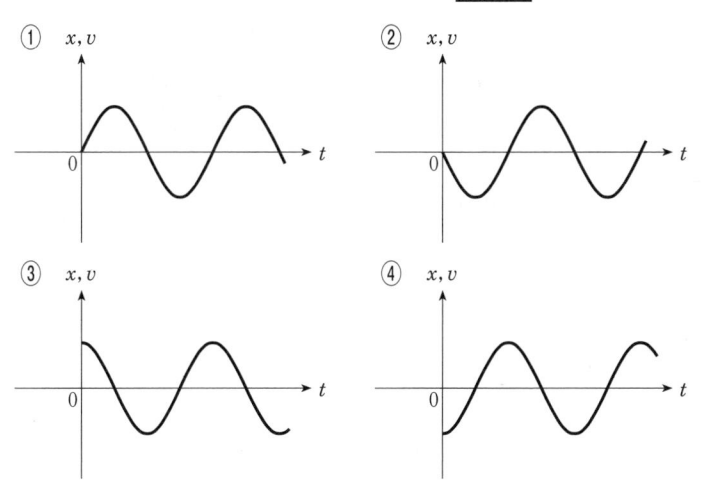

問 2 はじめの状態に戻し，原点 O で静止する小球に，質量 m のもうひとつの小球を接着させ，静かに放す。単振動の振幅はいくらになるか。**3**

① $2d$ ② d ③ $\dfrac{1}{2}d$ ④ $\dfrac{1}{4}d$

問題 38 次の文中の空欄に入れるべきものを，それぞれの解答群のうちから選べ。

図のように，糸の長さ ℓ，おもりの質量 m の単振り子が振動をしている。おもりのつりあい位置 O からの水平右向きの変位を x とする。重力加速度の大きさを g とする。

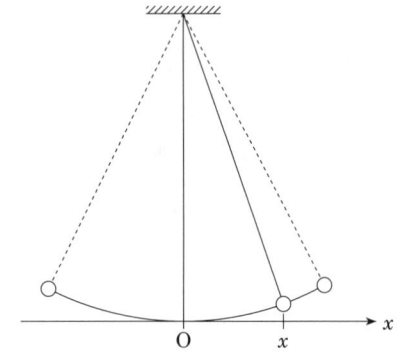

おもりには ┃ 1 ┃ と糸の ┃ 2 ┃ がはたらく。$|x|$ が ℓ に比べて十分に小さいとき，おもりは近似的に水平方向に運動していると考えられる。このとき，おもりにはたらく力の合力は，┃ 3 ┃ × x と表すことができる。この合力は，ばね定数が ┃ 4 ┃ のばねの復元力と同じに見なすことができるので，このおもりの周期は ┃ 5 ┃ となる。

┃ 1 ┃ と ┃ 2 ┃ の解答群

① 向心力　② 重力　③ 張力　④ 垂直抗力

┃ 3 ┃ と ┃ 4 ┃ の解答群

① $\dfrac{mg}{\ell}$　② $-\dfrac{mg}{\ell}$　③ $\dfrac{g}{\ell}$　④ $-\dfrac{g}{\ell}$

┃ 5 ┃ の解答群

① $2\pi\sqrt{\dfrac{\ell}{g}}$　② $2\pi\sqrt{\dfrac{g}{\ell}}$　③ $2\pi\sqrt{\dfrac{\ell}{mg}}$　④ $2\pi\sqrt{\dfrac{mg}{\ell}}$

問題 39 地球を完全な球と見なし，その質量を M, 半径を R とする。万有引力定数を G とする。地球の自転は無視できる。

問 1 地表において，質量 m の物体が受ける万有引力の大きさはいくらか。 ☐1

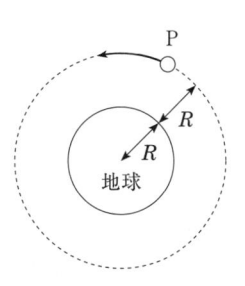

① $\dfrac{GmM}{R}$　② $\dfrac{GmM}{R^2}$

③ $\dfrac{GmM^2}{R}$　④ $\dfrac{Gm^2M}{R}$

問 2 地表における重力加速度の大きさはいくらか。 ☐2

① $\dfrac{GM}{R}$　② $\dfrac{GM}{R^2}$　③ $\dfrac{GM^2}{R}$　④ $\dfrac{GmM}{R}$

問 3 地表から高さ R の円軌道に沿って等速円運動をしている人工衛星Pがある。Pの速さと周期はいくらか。

速さ ☐3

① $\sqrt{\dfrac{GM}{2R}}$　② $\sqrt{\dfrac{GMR}{2}}$　③ $\sqrt{\dfrac{R}{GM}}$　④ $\sqrt{\dfrac{2R}{GM}}$

周期 ☐4

① $4\pi R\sqrt{\dfrac{2R}{GM}}$　② $2\pi R\sqrt{\dfrac{R}{GM}}$

③ $2\pi\sqrt{\dfrac{GM}{R}}$　④ $2\pi\sqrt{\dfrac{GM}{2R}}$

問題 40 地球の質量を M, 半径を R, 万有引力定数を G とし, 空気抵抗および地球の自転による影響は無視する。

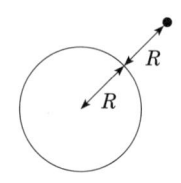

問1 地表からの高さが R の位置から小物体を初速 0 で落下させる。小物体が地表に衝突するときの速さはいくらか。 | 1 |

① $\sqrt{\dfrac{GM}{2R}}$ ② $\sqrt{\dfrac{GM}{R}}$ ③ $\sqrt{\dfrac{2GM}{R}}$ ④ $2\sqrt{\dfrac{GM}{R}}$

問2 地表から, 鉛直真上に向けて小物体を投げ出す。小物体が地球に戻ってこないためには, 投げ出す速さをいくら以上にすればよいか。 | 2 |

① $\sqrt{\dfrac{GM}{R}}$ ② $\sqrt{\dfrac{2GM}{R}}$ ③ $2\sqrt{\dfrac{GM}{R}}$ ④ $2\sqrt{\dfrac{2GM}{R}}$

問題 41 次の文中の空欄に入れるべきものを，それぞれの解答群から選べ。

万有引力定数を G，地球の質量を M とする。図のように，だ円軌道を描きながら地球をまわっている人工衛星Ｐがある。Ｐの質量は m で，Ｐが近地点Ａを通過する速さを v_A，遠地点Ｂを通過する速さを v_B とする。地球の中心Ｏと点Ａとの距離を r，点Ｏと点Ｂとの距離を $3r$ とする。

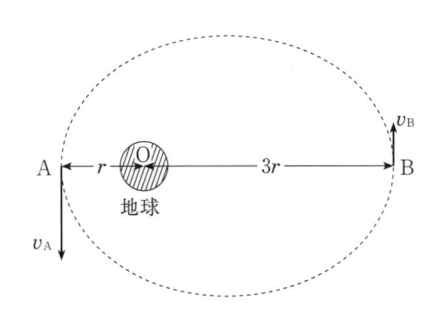

点ＡにおけるＰの面積速度は $\frac{1}{2}rv_A$ であり，点ＢにおけるＰの面積速度は ［ 1 ］ である。また，Ｐの力学的エネルギーは保存されるので，それを式で表すと，［ 2 ］ となる。この人工衛星の周期は，地球を中心とする半径 r の円軌道を描く人工衛星の周期の ［ 3 ］ 倍である。

［ 1 ］の解答群

① $\frac{1}{3}rv_B$　② $\frac{3}{2}rv_B^2$　③ $\frac{1}{3}rv_B^2$　④ $\frac{3}{2}rv_B$

［ 2 ］の解答群

① $\frac{1}{2}mv_A^2 + G\frac{mM}{r} = \frac{1}{2}mv_B^2 + G\frac{mM}{3r}$

② $\frac{1}{2}mv_A^2 - G\frac{mM}{r} = \frac{1}{2}mv_B^2 - G\frac{mM}{3r}$

③ $\frac{1}{2}mv_A^2 = \frac{1}{2}mv_B^2 - G\frac{mM}{2r}$

［ 3 ］の解答群

① 2　② $2\sqrt{2}$　③ 3　④ $3\sqrt{3}$

第3章

気体の熱力学

(15題)

問題 42 円筒容器に理想気体を入れ，なめらかに動くピストンで閉じ込める。ピストンを上にして床に置く場合とピストンを下にして天井からつるす場合について考える。円筒容器の質量を M，ピストンの質量を m，ピストンの面積を S，大気圧を P_0，重力加速度の大きさを g とする。

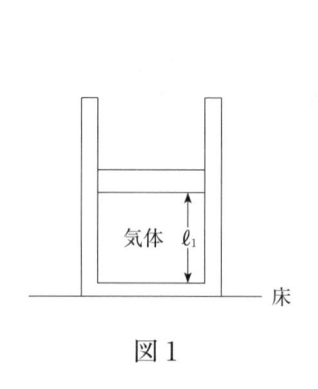

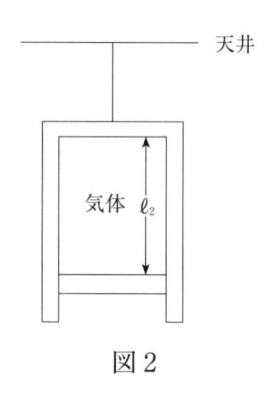

図1　　　　　　　図2

問1　図1の場合の気体の圧力 P_1 と図2の場合の気体の圧力 P_2 はいくらか。$P_1 =$ 　1　　　$P_2 =$ 　2

① $P_0 + \dfrac{mg}{S}$　　② $P_0 - \dfrac{mg}{S}$　　③ $P_0 + \dfrac{Mg}{S}$

④ $P_0 - \dfrac{Mg}{S}$　　⑤ $P_0 + \dfrac{(m+M)g}{S}$　　⑥ $P_0 - \dfrac{(m+M)g}{S}$

問2　図1の場合と図2の場合とで，気体の温度が同じであるとすると，距離 ℓ_1，ℓ_2 の比 $\dfrac{\ell_1}{\ell_2}$ はいくらか。　3

① $\dfrac{P_1}{P_2}$　　② $\dfrac{P_2}{P_0}$　　③ $\dfrac{P_0}{P_1}$　　④ $\dfrac{P_2}{P_1}$

問題 43 理想気体の状態に関して，次の各問いの答えを，それぞれの解答群のうちから選べ。

問 1　一定量の理想気体の状態を変化させるとき，気体の圧力が大きくなるのはどれか。 1

① 体積を一定に保ち，温度を下げる。
② 温度を一定に保ち，体積を大きくする。
③ 体積を元の状態の 2 倍にし，温度（絶対温度）を 3 倍にする。
④ 体積を元の状態の 3 倍にし，温度（絶対温度）を 2 倍にする。

問 2　1 モルの理想気体は 0 ℃，1 気圧で，その体積が 22.4 リットルである。気体定数を 8.31 J/mol・K とすると，1 気圧は何 N/m^2 か。1 気圧 = 2 N/m^2

① 1.01×10^3　② 1.01×10^5　③ 1.01×10^7
④ 1.31×10^3　⑤ 1.31×10^5　⑥ 1.31×10^7

問 3　アボガドロ数を 6.02×10^{23}，気体定数を 8.31 J/mol・K とする。容積 3 m^3 の容器に入れられた理想気体の圧力が $2 \times 10^4 \, N/m^2$，温度が 500 K のとき，この容器内の気体の分子の個数はいくらか。 3 個

① 1.2×10^{23}　② 1.2×10^{24}　③ 1.2×10^{25}
④ 8.7×10^{23}　⑤ 8.7×10^{24}　⑥ 8.7×10^{25}

問題 44 単原子分子の理想気体1モルがあり，はじめ，その圧力は P_A，体積は V_A である。この気体の状態を，等温変化と断熱変化で，体積 V_B の状態にする。

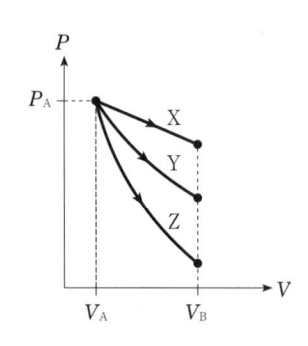

問1 気体の圧力 P と体積 V のグラフで，この変化を表す。グラフの X は直線で，Y と Z は下に凸の曲線である。等温変化と断熱変化を示したのはどれか。 ☐1

① 等温変化が X，断熱変化は Y あるいは Z
② 等温変化が Y，断熱変化が Z
③ 等温変化が Z，断熱変化が Y
④ 等温変化は Y あるいは Z，断熱変化が X

問2 等温変化において，気体がした仕事を W' とする。このとき気体が吸収した熱量はいくらか。 ☐2

① 0 ② W' ③ $-W'$ ④ P_AV_A+W' ⑤ P_AV_A-W'

問3 断熱変化後の気体の圧力を P_B とする。このとき，気体の内部エネルギーはいくら増加したか。 ☐3 また，気体が外にした仕事はいくらか。 ☐4

① 0
② $\frac{3}{2}(P_AV_A - P_BV_B)$
③ $\frac{3}{2}(P_BV_B - P_AV_A)$
④ $\frac{5}{2}(P_AV_A - P_BV_B)$
⑤ $\frac{5}{2}(P_BV_B - P_AV_A)$
⑥ $P_AV_A - P_BV_B$
⑦ $P_BV_B - P_AV_A$

問題 45 一定量の気体があり，はじめは圧力が P_0〔N/m²〕，体積が V_0〔m³〕，温度が T_0〔K〕で，この状態を状態 A とする。

まず，状態 A から，体積を一定に保ったまま，圧力が $3P_0$ の状態 B に変化させる。次に，状態 B から，温度を一定に保ったまま，圧力が P_0 の状態 C に変化させる。最後に，状態 C から，圧力を一定に保ったまま状態 A に戻す。

問1 状態 B の温度はいくらか。 $\boxed{1}$ 〔K〕

① $3T_0$ ② $\dfrac{1}{3}T_0$ ③ T_0 ④ $9T_0$ ⑤ $\dfrac{1}{9}T_0$

問2 状態 C の体積はいくらか。 $\boxed{2}$ 〔m³〕

① $3V_0$ ② $\dfrac{1}{3}V_0$ ③ V_0 ④ $9V_0$ ⑤ $\dfrac{1}{9}V_0$

問3 圧力 P を縦軸にとり，体積 V を横軸にとって，この間の変化を表す。次のグラフのうち，正しいものを選べ。 $\boxed{3}$

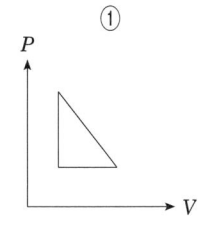

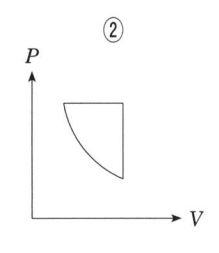

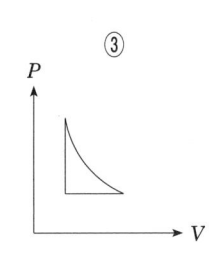

問題 46 文中の空欄に入れるべきものを，それぞれの解答群のうちから選べ。

1辺の長さが L [m] の立方体容器に，1個の質量が m [kg] で N 個の分子からなる理想気体が入っている。簡単なモデルとして，N 個の分子の $\frac{1}{3}$ ずつが容器各辺に平行に，一定の速さ v で往復運動しているものを考える。分子と容器の壁との衝突は弾性衝突であるとする。

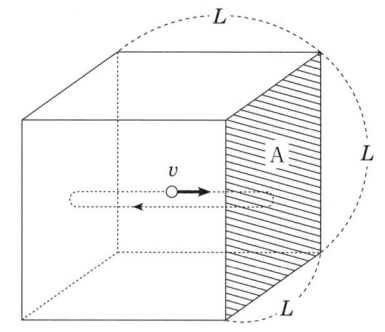

1個の分子が，ある面Aに衝突するとき，1回の衝突で面Aが受ける力積の大きさは ☐1 [N·s] である。時間 t [s] の間に，1個の分子は面Aに ☐2 回衝突するので，この間に面Aが1個の分子から受ける力積の合計は ☐3 [N·s] である。この面に衝突する分子の数は $\frac{1}{3}N$ 個なので，これらの分子から，時間 t [s] の間に，面Aが受ける力積の総合計は ☐4 [N·s] である。よって，面Aが気体の分子から受ける力の平均の大きさは ☐5 [N] であり，圧力は ☐6 [N/m²] となる。

☐1 の解答群

① mv ② $2mv$ ③ $-mv$ ④ $-2mv$

☐2 の解答群

① $\dfrac{L}{vt}$ ② $\dfrac{2L}{vt}$ ③ $\dfrac{vt}{L}$ ④ $\dfrac{vt}{2L}$

3 の解答群

① $\dfrac{mv^2 t}{L}$ ② $\dfrac{mv^2 t}{2L}$ ③ $\dfrac{mv^2 t}{3L}$

④ $\dfrac{L}{mv^2 t}$ ⑤ $\dfrac{2L}{mv^2 t}$ ⑥ $\dfrac{3L}{mv^2 t}$

4 の解答群

① $\dfrac{Nmv^2 t}{L}$ ② $\dfrac{Nmv^2 t}{2L}$ ③ $\dfrac{Nmv^2 t}{3L}$

④ $\dfrac{NL}{mv^2 t}$ ⑤ $\dfrac{2NL}{mv^2 t}$ ⑥ $\dfrac{3NL}{mv^2 t}$

5 の解答群

① $\dfrac{Nmv^2 t^2}{3L}$ ② $\dfrac{Nmv^2 t^2}{6L}$ ③ $\dfrac{Nmv^2 t^2}{9L}$

④ $\dfrac{Nmv^2}{3L}$ ⑤ $\dfrac{Nmv^2}{6L}$ ⑥ $\dfrac{Nmv^2}{9L}$

6 の解答群

① $\dfrac{3L^3}{Nmv^2}$ ② $\dfrac{3L^3}{Nmv^2 t^2}$ ③ $\dfrac{L^3}{3Nmv^2}$

④ $\dfrac{Nmv^2}{3L^3}$ ⑤ $\dfrac{Nmv^2 t^2}{3L^3}$ ⑥ $\dfrac{3Nmv^2}{L^3}$

問題 47 容積 $V\,[\text{m}^3]$ の容器 A と容積 $2V\,[\text{m}^3]$ の容器 B を細管でつなぐ。A には $n\,[\text{mol}]$ の理想気体を入れ，B には同じ理想気体を $3n\,[\text{mol}]$ 入れる。はじめ，細管のコックは閉じておき，両気体の温度を $T\,[\text{K}]$ にする。気体定数を $R\,[\text{J/mol·K}]$ とする。

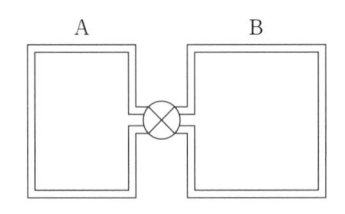

問1　容器 A 内の気体の圧力はいくらか。　$\boxed{1}$　$[\text{N/m}^2]$

① $\dfrac{nRT}{V}$　② $\dfrac{V}{nRT}$　③ $nRTV$　④ $\dfrac{nRV}{T}$

問2　容器 A 内の気体の圧力を $\Delta P\,[\text{N/m}^2]$ だけ大きくするには，気体の温度をどれだけ高くすればよいか。　$\boxed{2}$　$[\text{K}]$

① $\dfrac{nRT}{V}\cdot\Delta P$　② $\dfrac{V}{nRT}\cdot\Delta P$　③ $\dfrac{V}{nR}\cdot\Delta P$

問3　細管のコックを開き，気体全体の温度を $2T\,[\text{K}]$ にする。気体の圧力はいくらになるか。　$\boxed{3}$　$[\text{N/m}^2]$

① $\dfrac{3nRT}{8V}$　② $\dfrac{3V}{8nRT}$　③ $\dfrac{8nRT}{3V}$

④ $\dfrac{3}{8}nRTV$

問題 48 単原子分子からなる n [mol] の理想気体の状態が，圧力 P [N/m^2]，体積 V [m^3]，温度 T [K] に保たれている。この気体の分子 1 個の質量を m [kg]，速さの 2 乗の平均値を $\overline{v^2}$ [m^2/s^2] とする。アボガドロ数を N_A [1/mol] とすると，次式が成り立つ。

$$P = \frac{nN_A m \overline{v^2}}{3V} \text{ [N/m}^2\text{]}$$

気体定数を R [J/mol·K] とする。

問 1 分子 1 個の運動エネルギーの平均値はいくらか。

$\boxed{1}$ [J]

① $\dfrac{3N_A T}{2R}$　② $\dfrac{3RT}{2N_A}$　③ $\dfrac{2N_A T}{3R}$　④ $\dfrac{2RT}{3N_A}$

問 2 分子の運動エネルギーの総和（内部エネルギー）はいくらか。

$\boxed{2}$ [J]

① PV　② $\dfrac{3}{2}PV$　③ $\dfrac{2}{3}PV$　④ $\dfrac{1}{3}PV$

問題 49 気体のする（される）仕事に関する次の問いの答えを，それぞれ解答群のうちから選べ。

問1 図のようにシリンダー内に気体を入れ，ピストンで閉じ込める。大気中でシリンダーを水平面に固定する。次の各変化のうち気体が正の仕事をされるのはどれか。| 1 |

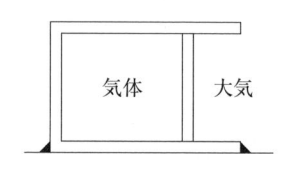

① ピストンに右向きの外力を加え，ピストンを右に移動させる。
② ピストンを固定し，気体に熱を加え，温度を上げる。
③ ピストンを自由に動けるようにし，気体から熱を奪って，温度を下げる。
④ ピストンを自由に動けるようにし，気体に熱を加え，温度を上げる。

問2 気体の圧力を一定値 P に保ち，気体の体積を $\varDelta V$ だけ大きくする。この変化に関する正しい文を選べ。| 2 |

① 気体がした仕事は $-P \cdot \varDelta V$ である。
② 気体がされた仕事は $P \cdot \varDelta V$ である。
③ 気体がした仕事は $P \cdot \varDelta V$ である。
④ 気体は仕事をしないし，されない。

問題 50 単原子分子からなる n [mol] の気体の温度を 1 [K] だけ上げるとき,内部エネルギーはどのように変化するか。ただし,気体定数を R [J/mol·K] とする。| 1 |

① 体積も同時に大きくすると,内部エネルギーの変化量は $\frac{3}{2}nR$ [J] より大きくなる。

② 圧力も同時に大きくすると,内部エネルギーの変化量は $\frac{3}{2}nR$ [J] より小さくなる。

③ 圧力や体積にかかわらず,内部エネルギーの変化量は $\frac{3}{2}nR$ [J] である。

④ 内部エネルギーは変化しない。

問題51 シリンダーを鉛直に立て，その中に単原子分子からなる理想気体を n [mol] 入れ，なめらかに動くピストンで閉じ込める。はじめ，ピストンは支えなしで静止しており，気体の温度は T [K]，ピストンのシリンダーの底からの高さは h [m] である。

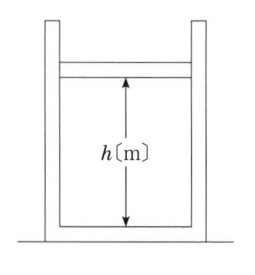

シリンダーの断面積を S [m^2]，気体定数を R [J/mol·K] とする。

問1 はじめの状態において，ピストンを固定し，気体に熱を加えたところ，気体の温度が ΔT [K] だけ上昇した。この間に，気体の内部エネルギーはどれだけ変化したか。 ☐1 [J] また，気体に加えた熱はいくらか。 ☐2 [J]

① $nR \cdot \Delta T$　　② $\dfrac{3}{2} nR \cdot \Delta T$　　③ $\dfrac{5}{2} nR \cdot \Delta T$

④ $3 nR \cdot \Delta T$　　⑤ $5 nR \cdot \Delta T$　　⑥ $7 nR \cdot \Delta T$

問2 はじめの状態に戻し，ピストンを自由に動けるようにする。この状態で気体に熱を加えたところ，気体の温度が問1と同じ ΔT [K] だけ上昇した。この間に，気体の内部エネルギーはどれだけ変化したか。 ☐3 [J] また，気体がした仕事はいくらか。 ☐4 [J] そして，気体に加えた熱はいくらか。 ☐5 [J]
（解答群は問1と共通）

問題 52 断熱壁で囲まれた A 室と B 室があり，A 室の容積は $0.5\,\mathrm{m}^3$，B 室の容積は $0.2\,\mathrm{m}^3$ である。A 室と B 室には，同じ単原子分子からなる理想気体が入れられており，A 室の圧力は $2\times10^5\,\mathrm{N/m}^2$，B 室の圧力は $3\times10^5\,\mathrm{N/m}^2$ である。

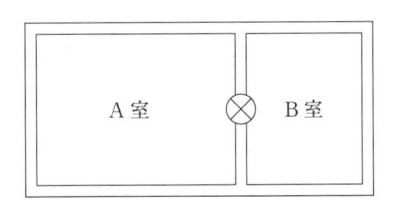

問1 A 室の気体の内部エネルギーはいくらか。 1 J

① 1.5×10^5　② 2×10^5　③ 3×10^5　④ 5×10^5

問2 B 室の気体の内部エネルギーはいくらか。 2 J

① 0.9×10^5　② 1.2×10^5　③ 1.5×10^5　④ 9×10^5

問3 A 室と B 室の間の仕切り壁のコックを開き，2 気体を混合する。混合した気体全体の内部エネルギーはいくらになるか。 3 J また，混合した気体の圧力はいくらになるか。 4 $\mathrm{N/m}^2$

① 1.4×10^5　② 2.3×10^5　③ 2.4×10^5
④ 2.8×10^5　⑤ 2.9×10^5　⑥ 4.4×10^5
⑦ 4.5×10^5　⑧ 5.8×10^5　⑨ 5.9×10^5

問題 53 文中の空欄に入れるべきものを，それぞれの解答群のうちから選べ．

定積モル比熱が，C_v〔J/mol·K〕の理想気体（単原子分子とは限らない）が n〔mol〕ある．

この気体の体積を一定に保ちながら，温度を ΔT〔K〕だけ上昇させる．このとき，気体が吸収する熱量は $Q_1 =$ 〔1〕〔J〕であり，内部エネルギーの増加は $\Delta U_1 =$ 〔2〕〔J〕である．

次に，この気体の圧力を一定に保ちながら，温度を ΔT〔K〕だけ上昇させる．気体定数を R〔J/mol·K〕とすると，このとき，気体がする仕事は $W_2' =$ 〔3〕〔J〕である．内部エネルギーの増加 ΔU_2〔J〕は，前述の ΔU_1〔J〕との間に

$$\Delta U_2 = \boxed{4} \times \Delta U_1$$

の関係がある．熱力学第1法則より，このとき，気体が吸収する熱量は，$Q_2 =$ 〔5〕〔J〕となる．よって，定圧モル比熱 C_p〔J/mol·K〕は $C_p =$ 〔6〕と表される．

〔1〕の解答群

① $\dfrac{C_v}{n \cdot \Delta T}$ ② $\dfrac{nC_v}{\Delta T}$ ③ $\dfrac{\Delta T C_v}{n}$ ④ $nC_v \cdot \Delta T$

〔2〕の解答群

① 0 ② Q_1 ③ $-Q_1$ ④ $Q_1 + nC_v \cdot \Delta T$
⑤ $Q_1 - nC_v \cdot \Delta T$

〔3〕の解答群

① 0 ② $nR \cdot \Delta T$ ③ $\dfrac{\Delta T}{nR}$ ④ $\dfrac{nR}{\Delta T}$

— 62 —

| 4 | の解答群

① 0　　　② 1　　　③ -1　　　④ $\left(1+\dfrac{R}{C_v}\right)$

⑤ $\left(1+\dfrac{C_v}{R}\right)$

| 5 | の解答群

① $nC_v\cdot \varDelta T + nR\cdot \varDelta T$　　　② $nC_v\cdot \varDelta T - nR\cdot \varDelta T$

③ $nR\cdot \varDelta T - nC_v\cdot \varDelta T$　　　④ $\dfrac{nC_v}{\varDelta T} + \dfrac{nR}{\varDelta T}$

⑤ $\dfrac{nC_v}{\varDelta T} - \dfrac{nR}{\varDelta T}$　　　⑥ $\dfrac{nR}{\varDelta T} - \dfrac{nC_v}{\varDelta T}$

| 6 | の解答群

① $C_v + R$　　　② $C_v - R$　　　③ $R - C_v$

④ $\dfrac{3}{4}C_v$　　　⑤ $\dfrac{3}{5}C_v$　　　⑥ $\dfrac{8}{7}C_v$

問題 54 一定量の理想気体を，状態 A から始めて，次の順に変化させる。

過程 I … 温度を一定に保ちながら，体積を大きくし，状態 B にする。このとき，気体が 32 J の熱を吸収した。

過程 II … 体積を一定に保ちながら，気体から熱を奪い，圧力を小さくし，状態 C にする。このとき，気体の内部エネルギーが 20 J だけ減少した。

過程 III … 状態 C の気体を断熱圧縮し，状態 A に戻す。

問1　過程 I において，気体の内部エネルギーの変化量はいくらか。| 1 | J また，気体がした仕事はいくらか。| 2 | J

① 48　　② −48　　③ 32　　④ −32
⑤ 20　　⑥ −20　　⑦ 0

問2　過程 II において，気体がした仕事はいくらか。| 3 | J また，気体が放出した熱はいくらか。| 4 | J

① 30　　② −30　　③ 20　　④ −20
⑤ 12　　⑥ −12　　⑦ 0

問3　過程 III において，気体の内部エネルギーの変化量はいくらか。| 5 | J また，気体がした仕事はいくらか。| 6 | J

① 32　　② −32　　③ 20　　④ −20
⑤ 8　　⑥ −8　　⑦ 0

問題 55 図の圧力 − 体積グラフで示すように，一定量の気体を変化させる。過程 A → B は定積変化で，この間に気体が吸収する熱量は Q_1，過程 B → C は定圧変化で，この間に気体が吸収する熱量は Q_2 である。過程 C → D は定積変化，過程 D → A は定圧変化である。

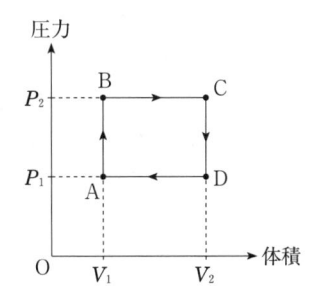

圧力
P_2 ---- B → C
P_1 ---- A → D
O V_1 V_2 体積

問1 過程 C → D と過程 D → A で気体が放出する熱量の和 Q はいくらか。$Q =$ ☐ 1

① $Q_1 + Q_2$
② $Q_1 + Q_2 + (P_2 - P_1)(V_2 - V_1)$
③ $Q_1 + Q_2 - (P_2 - P_1)(V_2 - V_1)$
④ $(P_2 - P_1)(V_2 - V_1)$

問2 過程 A → B → C → D → A を熱機関の1サイクルとするとき，この熱機関の熱効率はいくらか。☐ 2

① $\dfrac{Q}{Q_1 + Q_2}$
② $\dfrac{Q_1 + Q_2 + Q}{Q_1 + Q_2}$
③ $\dfrac{Q_1 + Q_2 - Q}{Q_1 + Q_2}$
④ 1

問題 56 次の文章中の空欄を埋めよ。

気体のエネルギーに関する重要法則に，熱力学第1法則と熱力学第2法則がある。熱力学第1法則は，熱と仕事を含む　1　である。気体が放出する熱量を Q，気体が外からされる仕事を W，気体の内部エネルギーの減少量を ΔU とすると，次式で表される。

　2　

熱力学第2法則は，熱は高温物体から低温物体に移動することを示す法則であるが，見方を変えると，　3　と表現することもできる。

　1　の解答群

① 状態方程式　　② 運動方程式　　③ 運動量保存則
④ エネルギー保存則　　⑤ ボイルの法則　　⑥ シャルルの法則

　2　の解答群

① $Q = \Delta U + W$　　② $Q = \Delta U - W$　　③ $Q = -\Delta U + W$
④ $Q = -\Delta U - W$

　3　の解答群

① 熱機関の熱効率は1に等しくなる
② 熱機関の熱効率は1より小さくなる
③ 熱機関の熱効率は1より大きくなる

第4章
波　　　　　動
（30題）

問題 57 次図(a)〜(d)の波形を示す式をそれぞれ選べ。

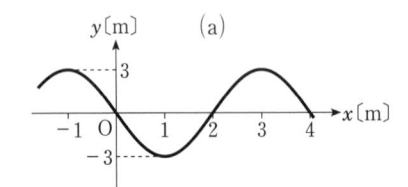

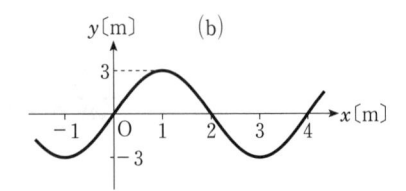

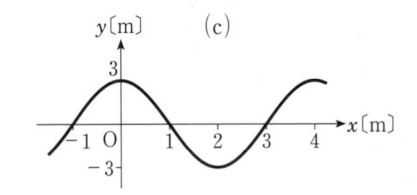

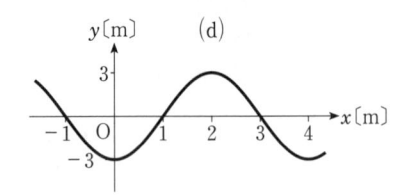

(a) $\boxed{1}$ ・(b) $\boxed{2}$ の解答群

① $y = 3\sin\dfrac{\pi x}{2}$ ② $y = -3\sin\dfrac{\pi x}{2}$ ③ $y = 3\sin\pi x$

④ $y = -3\sin\pi x$ ⑤ $y = 3\sin 2\pi x$ ⑥ $y = -3\sin 2\pi x$

(c) $\boxed{3}$ ・(d) $\boxed{4}$ の解答群

① $y = 3\cos\dfrac{\pi x}{2}$ ② $y = -3\cos\dfrac{\pi x}{2}$ ③ $y = 3\cos\pi x$

④ $y = -3\cos\pi x$ ⑤ $y = 3\cos 2\pi x$ ⑥ $y = -3\cos 2\pi x$

問題 58 x 軸の正方向に速さ 5 m/s で伝わる正弦波がある。図は, 原点 O ($x=0$) における媒質の変位 y〔mm〕と時刻 t〔s〕の関係を表したものである。

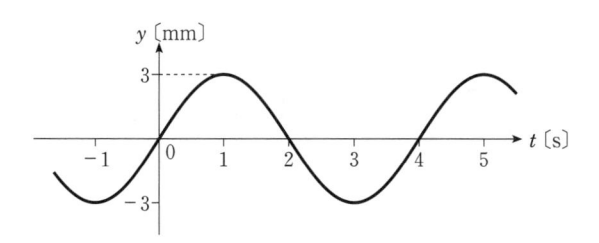

問1 この波の振動数はいくらか。[1] Hz また，この波の波長はいくらか。[2] m

① 0.25　② 0.5　③ 1　④ 2.5
⑤ 5　⑥ 10　⑦ 20　⑧ 50

問2 原点 O における媒質の変位 y〔mm〕と時刻 t〔s〕の関係を示す式はどれか。[3]

① $y = 3 \sin \dfrac{\pi}{2} t$　　② $y = -3 \sin \dfrac{\pi}{2} t$

③ $y = 3 \sin \pi t$　　　④ $y = -3 \sin \pi t$

⑤ $y = 3 \cos \pi t$　　　⑥ $y = -3 \cos \pi t$

問題 59 時刻 $t=0$ の波形が次図で示される正弦波が，x 軸の正方向に速さ 4 m/s で伝わっている。次の各位置における変位 y と時刻 t の関係式をそれぞれ選べ。

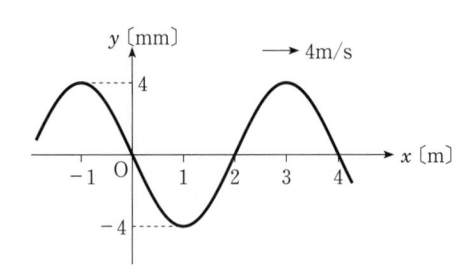

$x=0$ m 【 ⑤ 】 $x=4$ m 【 ⑤ 】

① $y=4\sin\dfrac{\pi t}{2}$ ② $y=-4\sin\dfrac{\pi t}{2}$ ③ $y=4\sin\pi t$

④ $y=-4\sin\pi t$ ⑤ $y=4\sin 2\pi t$ ⑥ $y=-4\sin 2\pi t$

$x=1$ m 【 ⑥ 】 $x=3$ m 【 ⑤ 】

① $y=4\cos\dfrac{\pi t}{2}$ ② $y=-4\cos\dfrac{\pi t}{2}$ ③ $y=4\cos\pi t$

④ $y=-4\cos\pi t$ ⑤ $y=4\cos 2\pi t$ ⑥ $y=-4\cos 2\pi t$

問題 60 図は，媒質 I を伝わってきた平面波が境界 XY で屈折し，媒質 II へ伝わっている様子を示している。実線 a，b は射線を表し，点線は波面を表している。媒質 I における，この波の速さを v_1，波長を λ_1，振動数を f_1 とする。

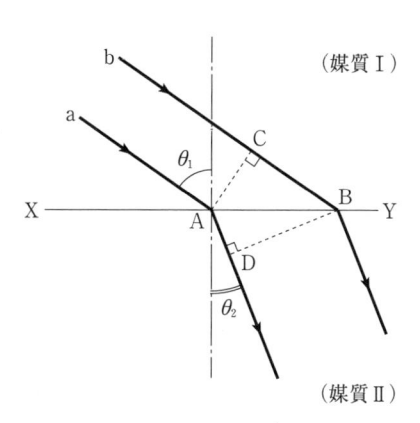

問 1 図において，距離 BC と距離 AD の比はいくらか。

$$\frac{\text{BC}}{\text{AD}} = \boxed{1}$$

① $\dfrac{\sin\theta_2}{\cos\theta_1}$　　② $\dfrac{\cos\theta_2}{\sin\theta_1}$　　③ $\dfrac{\sin\theta_2}{\sin\theta_1}$

④ $\dfrac{\cos\theta_2}{\cos\theta_1}$　　⑤ $\dfrac{\sin\theta_1}{\sin\theta_2}$　　⑥ $\dfrac{\cos\theta_1}{\cos\theta_2}$

問 2 媒質 II を伝わる波の速さ v_2 と v_1 の比はいくらか。

$$\dfrac{v_1}{v_2} = \boxed{2} \quad (\text{解答群は問 1 と共通})$$

問 3 媒質 I に対する媒質 II の屈折率を n とし，媒質 II における波長を λ_2 とする。これらと波の速さの関係式はどうなるか。$\boxed{3}$

① $n = \dfrac{v_1}{v_2} = \dfrac{\lambda_2}{\lambda_1}$　　② $n = \dfrac{v_2}{v_1} = \dfrac{\lambda_1}{\lambda_2}$　　③ $n = \dfrac{v_1}{v_2} = \dfrac{\lambda_1}{\lambda_2}$

④ $n = \dfrac{v_2}{v_1} = \dfrac{\lambda_2}{\lambda_1}$

問題 61 図は，媒質Iをa→b（c→d）の方向に伝わる平面波を示している。いま，波面bdが媒質IIとの境界XYに入射したところである。cdの延長線とXYの交点をeとし，Iに対するIIの屈折率を3とする。

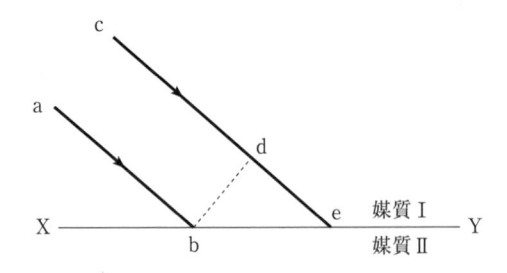

問1 図のb点における屈折波の進行方向を，ホイヘンスの原理を用いた作図によって求める方法として正しいのは，次のうちどれか。
　□1□

① 中心e，半径$3 \times de$の円にb点から接線を引く。

② 中心e，半径$\frac{1}{3} \times de$の円にb点から接線を引く。

③ 中心b，半径$3 \times de$の円にe点から接線を引き，bとその接点を結ぶ。

④ 中心b，半径$\frac{1}{3} \times de$の円にe点から接線を引き，bとその接点を結ぶ。

問 2 屈折波に関する次の説明のうち，どれが正しいか。　2

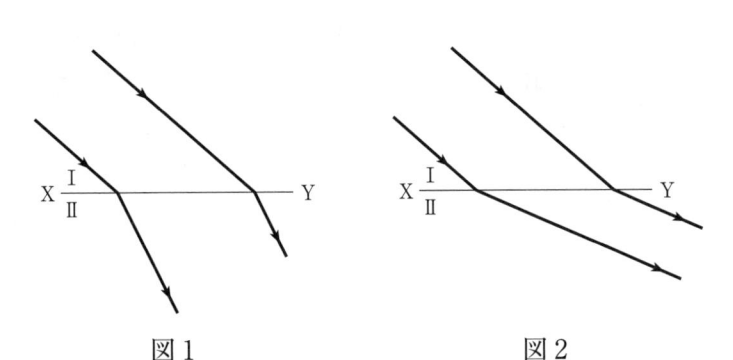

図 1　　　　　図 2

① 媒質Ⅱでは，波の速さが小さくなるから，図 1 のようになる。
② 媒質Ⅱでは，波の速さが大きくなるから，図 1 のようになる。
③ 媒質Ⅱでは，波の速さが小さくなるから，図 2 のようになる。
④ 媒質Ⅱでは，波の速さが大きくなるから，図 2 のようになる。

問題 62 屈折に関して，次の問いに答えよ。

問1 図1のように，媒質Aと媒質Bの境界面に平面波が入射し，屈折している。図は，ある瞬間の波面の様子を表したものである。媒質Aに対する媒質Bの屈折率はいくらか。 1

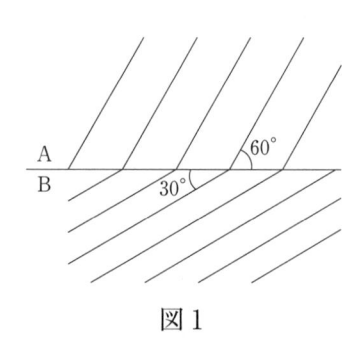

図1

① $\dfrac{\sqrt{2}}{2}$　② $\dfrac{\sqrt{3}}{2}$　③ $\sqrt{2}$　④ $\sqrt{3}$

問2 図2のように，媒質C中に点波源Xがあり，Xから出た波が境界面で屈折し，媒質Dに伝わっている。図はその様子を波面で表したものである。この波が伝わる速さは媒質CとDでどちらが大きいか。 2

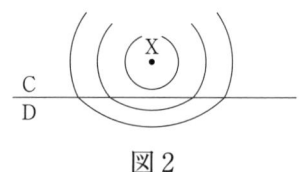

図2

① 媒質Cの方が大きい。
② 媒質Dの方が大きい。
③ 同じ速さである。
④ この図からは判断できない。

問題 63 媒質Ⅰと媒質Ⅱが平行な境界 p, q で接している。境界 p に平面波を入射角30°で入射させると，屈折角45°で屈折した。

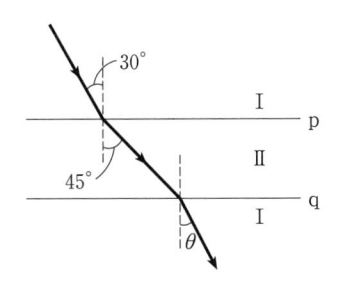

問1 媒質Ⅰに対する媒質Ⅱの屈折率はいくらか。 1

① $\dfrac{\sqrt{2}}{2}$　　② $\dfrac{\sqrt{3}}{2}$　　③ $\sqrt{2}$　　④ $\sqrt{3}$

問2 境界 q での屈折角 θ の正弦 ($\sin\theta$) はいくらか。$\sin\theta=$ 2

① $\dfrac{\sqrt{2}}{3}$　　② $\dfrac{1}{2}$　　③ $\dfrac{\sqrt{2}}{2}$　　④ $\dfrac{\sqrt{3}}{2}$

問3 境界 p に入射させるときの臨界角はいくらか。 3

① 30°　　② 45°　　③ 60°　　④ 90°

問題 64 水面上に点波源 A, B を置く。A, B からは波長 λ の水面波が広がっている。AB 間の距離は 3.2λ である。A, B からの波が強めあう点を結んだ線はどのようになるか。

問1 波源 A, B が同位相で振動している場合。 ④

問2 波源 A, B が逆位相で振動している場合。 ①

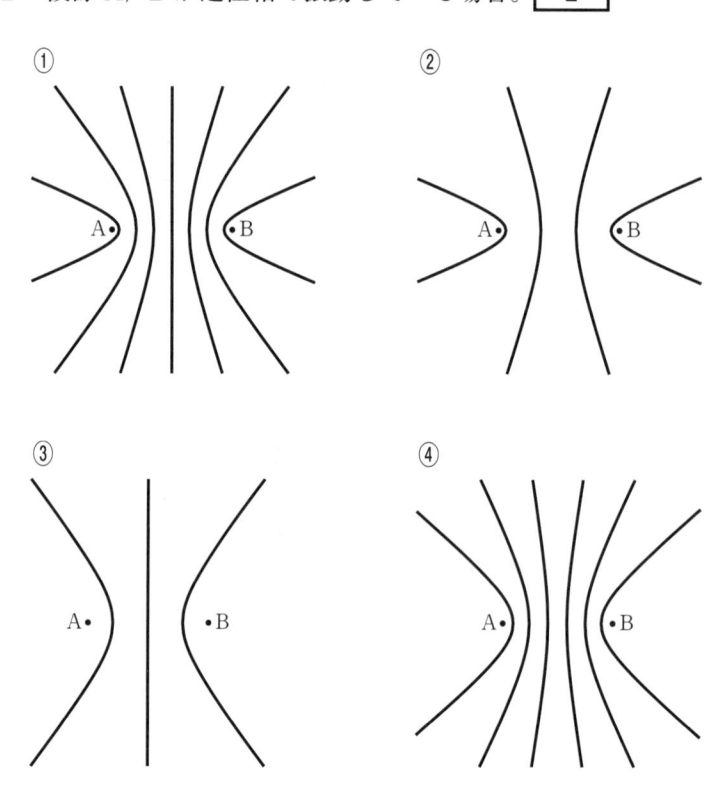

問題65 x-y平面内の2点 A$(\ell, 0)$, B$(-\ell, 0)$ が同位相で振動し，波長 $\frac{1}{2}\ell$，振幅 d の同じ平面波を送り出している。振幅は減衰しないものとする。

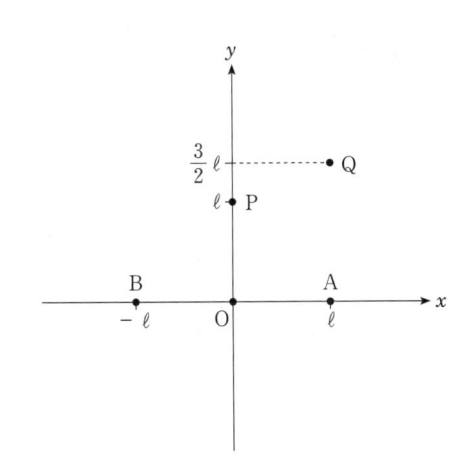

問1 次の各点において，合成波の振幅はいくらか。

原点O　[1]　　点P$(0, \ell)$　[2]

点Q$\left(\ell, \frac{3}{2}\ell\right)$　[3]

① 0　② $\frac{1}{2}d$　③ d　④ $\frac{\sqrt{3}}{2}d$　⑤ $2d$

問2 x軸上，$-\ell < x < \ell$ に生じている定常波の節の数は何個か。

[4] 個

① 1　② 2　③ 3　④ 4　⑤ 5
⑥ 6　⑦ 7　⑧ 8　⑨ 9　⓪ 10

問題 66 波の干渉について各問いに答えよ。

問1 図1のように，水面上に xy 座標をとり，原点 O と点 A $(-40\,\text{cm},\ 0\,\text{cm})$ に点波源を置く。O，A からは同位相で水面波が広がる。波源 O，A の振動数を 3 Hz から 9 Hz までゆっくり変化させるとき，点 B $(0\,\text{cm},\ 30\,\text{cm})$ で波が強めあうときの振動数をすべて求めよ。ただし，水面波の伝わる速さを 40 cm/s とする。 ┃ 1 ┃ Hz

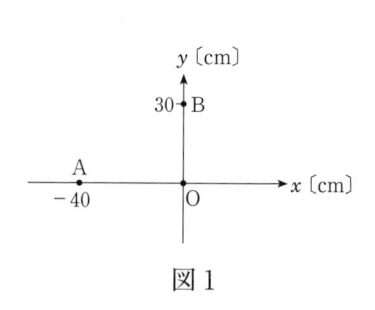

図1

① 3 ② 4 ③ 5 ④ 6
⑤ 7 ⑥ 8 ⑦ 9

問2 図2のように，波長，振幅，速さが等しい平面波1と平面波2が壁に入射している。それぞれの波面が壁となす角度はともに θ であり，反射波は考えないものとする。壁上には二つの波が強めあう点と弱めあう点が交互にできる。強めあう点の間隔は波長の何倍か。 ┃ 2 ┃ 倍

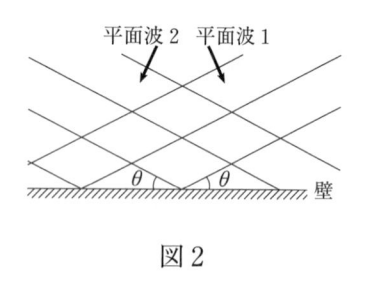

図2

① $\dfrac{1}{\sin\theta}$ ② $\dfrac{1}{\cos\theta}$ ③ $\dfrac{1}{\tan\theta}$

④ $\dfrac{1}{2\sin\theta}$ ⑤ $\dfrac{1}{2\cos\theta}$ ⑥ $\dfrac{1}{2\tan\theta}$

問題 67 ドップラー効果に関する各問いに答えよ．

問1 一直線上を音源と観察者が運動している．音源の速さは 20 m/s，観察者の速さは 10 m/s で，互いに近づく向きに動いている．音源の振動数を 800 Hz，音速を 340 m/s とする．観察者が聞く音の振動数はいくらか． ☐1☐ Hz

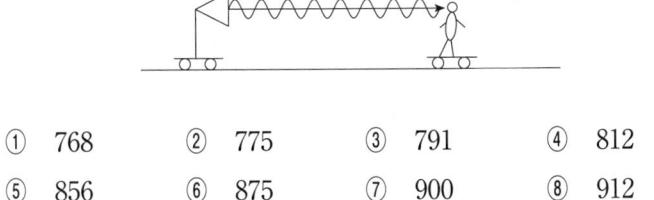

① 768　② 775　③ 791　④ 812
⑤ 856　⑥ 875　⑦ 900　⑧ 912

問2 問1において，音源の速さが 10 m/s，観察者の速さが 4 m/s で，互いに遠ざかる向きに動いている場合，観察者が聞く音の振動数はいくらか． ☐2☐ Hz　（解答群は**問1**と共通）

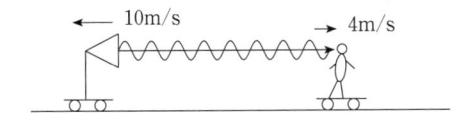

問題 68 一定の振動数 f_0 [Hz] の音を出す音源 S がある。音速を V [m/s] とする。S が一直線上を速さ v [m/s] で進むとき，S の前方に伝わる音波の速さは ┃ 1 ┃ [m/s] であり，その波長は ┃ 2 ┃ [m] である。S の後方に伝わる音波の速さは ┃ 3 ┃ [m/s] であり，その波長は ┃ 4 ┃ [m] である。よって，S から出る音波の波面が次図のようなとき，S は ┃ 5 ┃ の方向に進んでいる。

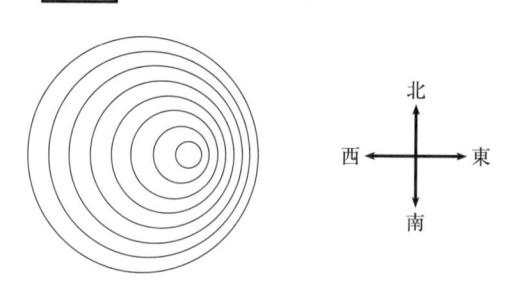

┃ 1 ┃ と ┃ 3 ┃ の解答群

① $V+v$ ② $V-v$ ③ $V+2v$ ④ $V-2v$
⑤ V

┃ 2 ┃ と ┃ 4 ┃ の解答群

① $\dfrac{V+v}{f_0}$ ② $\dfrac{V-v}{f_0}$ ③ $\dfrac{V+2v}{f_0}$ ④ $\dfrac{V-2v}{f_0}$
⑤ $\dfrac{V}{f_0}$

┃ 5 ┃ の解答群

① 東   ② 南   ③ 西   ④ 北
⑤ 南東   ⑥ 南西   ⑦ 北東   ⑧ 北西

問題 69 上下に振動して水面波を出す造波器 A が，水面上を直線 XY に沿って X から Y の向きに等速度運動している。次図はある瞬間における水面波の波面（波の山をつらねた線）を上から見たものである。1 目盛りを 20 cm，A の振動数を 3 Hz とする。

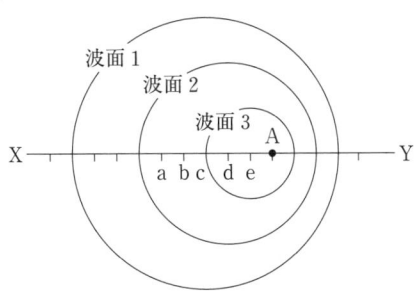

問1 図において，波面1が出たのは，造波器がどの位置を通過しているときか。 1

① a ② b ③ c ④ d ⑤ e

問2 図の瞬間は，波面1が造波器から出てから何秒後か。 2 秒後

① 1 ② 2 ③ 3 ④ 4 ⑤ 5

問3 水面波が伝わる速さはいくらか。 3 cm/s

① 90 ② 100 ③ 120 ④ 150 ⑤ 200

問題 70 次の文中の空欄を埋めよ。

半径 r の円周上を一定の速さ v で進みながら，振動数 f の音を出している発音体がある。観察者は円の中心 O から距離 $\sqrt{2}r$ の位置 P で静止している。音速を V とする。

発音体が点 [1] を通過するときに出た音を観察者が聞くときの振動数が最小である。また，発音体が点 A および点 D を通過するときに出る音を聞くときの振動数は [2] である。観察者が聞く音の振動数が最大になってから最小になるまでの時間は [3] である。

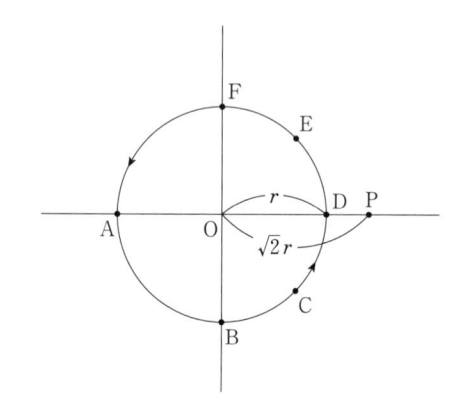

[1] の解答群

① A ② B ③ C ④ D ⑤ E ⑥ F

[2] の解答群

① f ② $\dfrac{V}{V-v}f$ ③ $\dfrac{V}{V+v}f$

④ $\dfrac{V-v}{V}f$ ⑤ $\dfrac{V+v}{V}f$

3 の解答群

① $\dfrac{4\pi r}{v}$ ② $\dfrac{3\pi r}{v}$ ③ $\dfrac{2\pi r}{v}$

④ $\dfrac{\pi r}{v}$ ⑤ $\dfrac{3\pi r}{4v}$ ⑥ $\dfrac{\pi r}{2v}$

問題 71 寒い屋外において，一定の振動数 f_0 の音源が建物の壁に向かって一定の速さ v で近づいている。壁に入射した音波のうち，一部分は壁で反射し，一部分は壁を通して広くて暖かい屋内に進む。屋外および屋内での音速を V_1, V_2 とする。

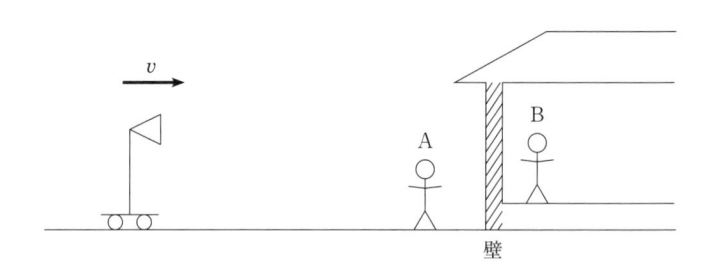

問1 壁近くの屋外にいる人 A が聞く音の振動数はいくらか。 [1]

① $\dfrac{V_1-v}{V_1}f_0$ ② $\dfrac{V_1+v}{V_1}f_0$ ③ $\dfrac{V_1}{V_1-v}f_0$ ④ $\dfrac{V_1}{V_1+v}f_0$

問2 屋内にいる人 B が聞く振動数はいくらか。 [2]

① $\dfrac{V_2-v}{V_2}f_0$ ② $\dfrac{V_2+v}{V_2}f_0$ ③ $\dfrac{V_2}{V_2-v}f_0$ ④ $\dfrac{V_2}{V_2+v}f_0$

⑤ $\dfrac{V_1-v}{V_1}f_0$ ⑥ $\dfrac{V_1+v}{V_1}f_0$ ⑦ $\dfrac{V_1}{V_1-v}f_0$ ⑧ $\dfrac{V_1}{V_1+v}f_0$

問3 音源を静止させ，人 A を壁近くから，音源に向かって，一定の速さ v で歩ませる。このとき，人 A はうなりを聞く。単位時間あたりのうなりの回数はいくらか。 [3]

① $\dfrac{2v}{V_1}f_0$ ② $\dfrac{2vV_1}{V_1^2-v^2}f_0$ ③ $\dfrac{2V_1}{v}f_0$ ④ $\dfrac{V_1^2-v^2}{2vV_1}f_0$

問題 72 日常生活で現れる光の現象についての文中の空欄を埋め，下の問いに答えよ。

　可視光線は波長が非常に短い電磁波であり，空気などの媒質中だけでなく，真空中を伝わることができる。光には偏光という現象があることから，光が ┃ 1 ┃ であることがわかる。シャボン玉が色づくのは，光の ┃ 2 ┃ によるものであり，雨上がりの空に虹が見えるのは，光の ┃ 3 ┃ によるものである。また，レンズを用いて小さい物体を大きく見る顕微鏡などでは，光の ┃ 4 ┃ を利用している。光ファイバーを用いて情報を遠くに送ったりするときは光の ┃ 5 ┃ を利用している。

┃ 1 ┃ の解答群

① 横波　　② 縦波　　③ 疎密波　　④ 進行波

┃ 2 ┃ ～ ┃ 5 ┃ の解答群

① 分散　　② 屈折　　③ 干渉　　④ 回折　　⑤ 全反射

問　光が真空中から屈折率 n の媒質中に入射角 θ で入射し，屈折角 ϕ で屈折した。

　　　$\sin\phi$ は $\sin\theta$ の何倍か。┃ 6 ┃
　　　媒質中の光の波長は真空中の光の波長の何倍か。┃ 7 ┃
　　　媒質中を光が伝わる速さは真空中の光速の何倍か。┃ 8 ┃

┃ 6 ┃ ～ ┃ 8 ┃ の解答群

① n　　② n^2　　③ $\sqrt{n}$　　④ $\dfrac{1}{n}$　　⑤ $\dfrac{1}{n^2}$　　⑥ $\dfrac{1}{\sqrt{n}}$

問題 73 広い水槽に，深さ h まで水を入れる。水槽の底に点光源を置き，そこから出る光を空気中から観測する。点光源から出た光が水面に入射するときの入射角を θ，空気と水の絶対屈折率を 1 と n とする。

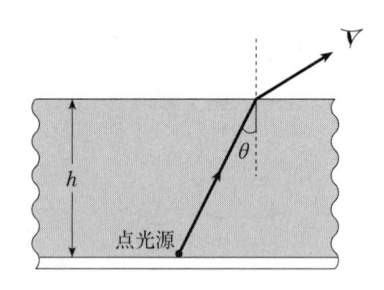

問1 点光源から出た光が水面で全反射するとき，$\sin\theta$ はいくら以上か。$\sin\theta \geqq$ ┃ 1 ┃

① n ② $\dfrac{1}{n}$ ③ $\sqrt{n^2-1}$ ④ $\dfrac{1}{\sqrt{n^2-1}}$

問2 空気中のどこから見ても点光源が見えないようにするため，光を通さない円板を水面に浮かべる。この円板の半径の最小値はいくらか。┃ 2 ┃

① nh ② $\dfrac{h}{n}$ ③ $h\sqrt{n^2-1}$ ④ $\dfrac{h}{\sqrt{n^2-1}}$
⑤ $\sqrt{n}\,h$ ⑥ $\dfrac{h}{\sqrt{n}}$ ⑦ $h(n-1)$ ⑧ $\dfrac{h}{n-1}$

問題 74 同形の透明な板 A，B，C を重ね，空気中に置く。A と C の屈折率は n_1 で，B の屈折率は n_2 であり，空気の屈折率を 1 とする。

B の左端に，空気中から入射角 θ_2 で光を入射させたところ，屈折角 ϕ_2 で屈折した。B 中を進んだ光は A と B との境界面および B と C との境界面で全反射をくり返しながら，B 中を進んだ。

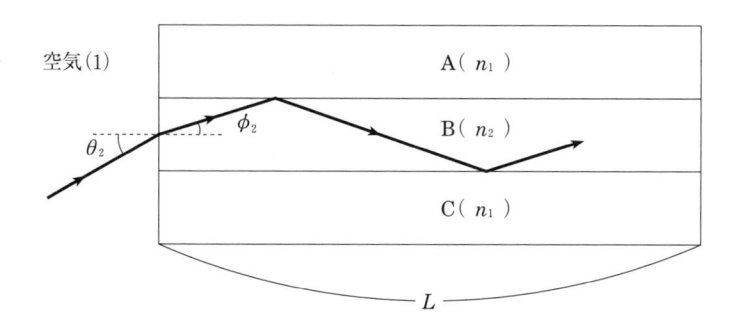

空気(1) A(n_1) B(n_2) C(n_1) L θ_2 ϕ_2

問1 B の左端に入射した光が B の右端に達するまでの時間はいくらか。真空中の光速を c とし，板の長さを L とする。 ☐ 1 ☐

① $\dfrac{n_2 L}{c\cos\phi_2}$ ② $\dfrac{n_2 L \cos\phi_2}{c}$ ③ $\dfrac{L\cos\phi_2}{c}$

問2 A と B および C と B の境界面で全反射をする条件式はどう表されるか。 ☐ 2 ☐

① $\sin\theta_2 < \sqrt{n_2^2 - n_1^2}$ ② $\sin\theta_2 < \sqrt{n_1^2 - n_2^2}$

③ $\sin\theta_2 < \sqrt{n_1^2 - 1}$ ④ $\sin\theta_2 < \sqrt{n_2^2 - 1}$

問題 75 水中の物体を水面の上方から見るとき，その水面からの深さが，実際の深さより浅く見える。この現象について考える。ただし，空気と水の屈折率（絶対屈折率）を 1 と n とする。

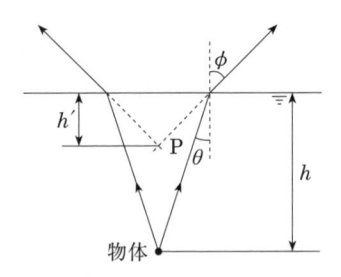

問1 図のように，水面からの深さが h の位置に小物体があり，その小物体から上方に光が出ていると考える。これらの光のうち，小物体を含む鉛直線に対して対称な方向に進み，水面に入射角 θ で入射した光を考える。これらの光の屈折光（屈折角 ϕ）を延長した2本の直線の交点Pが真上から見たときの小物体の位置である。この交点Pの水面からの深さ h' はいくらか。$h'=$ ［ 1 ］

① $h\tan\theta\tan\phi$　② $\dfrac{h}{\tan\theta\tan\phi}$　③ $\dfrac{h\tan\phi}{\tan\theta}$　④ $\dfrac{h\tan\theta}{\tan\phi}$

問2 問1において，θ が非常に小さいときの h' の値はいくらか。ただし，θ が非常に小さいときは $\sin\theta\fallingdotseq\theta$，$\cos\theta\fallingdotseq1$ が成り立つものとする。$h'\fallingdotseq$ ［ 2 ］

① nh　② $\dfrac{h}{n}$　③ $h\sqrt{n^2-1}$　④ $\dfrac{h}{\sqrt{n^2-1}}$

⑤ $\sqrt{n}\,h$　⑥ $\dfrac{h}{\sqrt{n}}$　⑦ $h(n-1)$　⑧ $\dfrac{h}{n-1}$

問題 76 図のように，中心 O，焦点 F，F′ の凸レンズを立て，その光軸上で焦点 F より左側に棒 AB を置く。次の問いに答えよ。

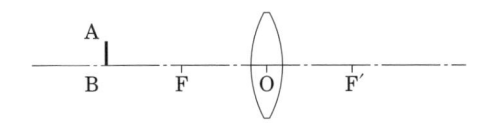

```
     A
     |
─────┼─────────( )─────────
     B   F    (O)   F′
```

問 1 棒の A 端からレンズの右側に進む光のみちすじについて，正しい記述を選べ。　1

① 焦点 F を通ってレンズに入射する光は，レンズで屈折して，焦点 F′ を通る。

② レンズの中心 O に入射する光は，レンズで屈折して，光軸と平行に進む。

③ 光軸と平行にレンズに入射する光は，レンズで屈折して，焦点 F′ を通る。

問 2 距離 BO = 30 cm，焦点距離 OF = OF′ = 10 cm とする。棒 AB の実像はどの位置にできるか。　2

① レンズの左側で，レンズからの距離が 20 cm のところ。
② レンズの右側で，レンズからの距離が 20 cm のところ。
③ レンズの左側で，レンズからの距離が 15 cm のところ。
④ レンズの右側で，レンズからの距離が 15 cm のところ。

問題 77 図のように，中心 O，焦点 F，F′ の凹レンズを立て，その光軸上で，焦点 F より左側に棒 AB を立てる。次の問いに答えよ。

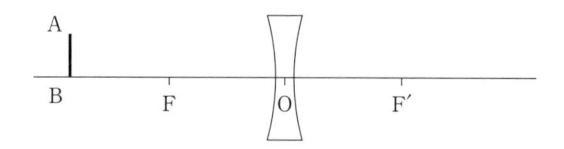

問1 棒の A 端からレンズの右側に進む光のみちすじを正しく表した図を選べ。 $\boxed{1}$

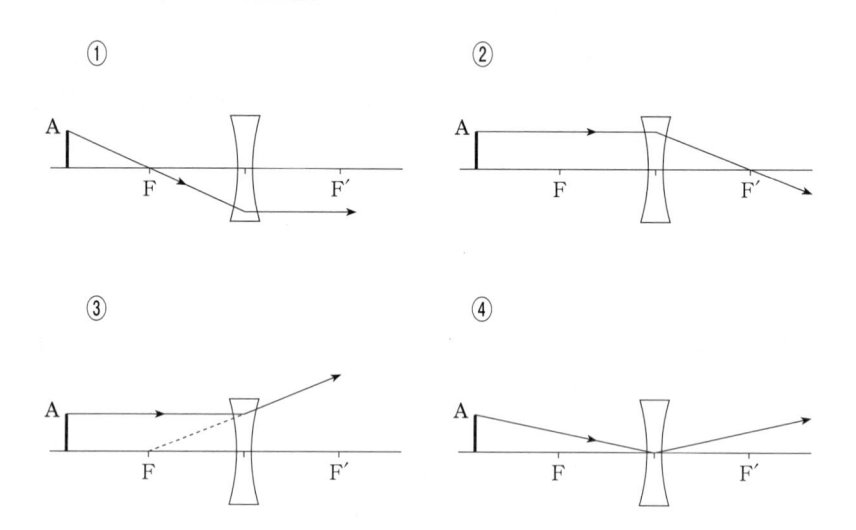

① ② ③ ④

問2　距離 BO = 15 cm，焦点距離 OF = OF′ = 10 cm とする。棒 AB の虚像はどの位置にできるか。　| 2 |

①　レンズの右，距離 30 cm のところ。
②　レンズの左，距離 30 cm のところ。
③　レンズの右，距離 6 cm のところ。
④　レンズの左，距離 6 cm のところ。

問3　問2において，棒 AB の位置を少し右に移動させ，レンズに近づける。このとき，棒 AB の虚像の長さ（大きさ）はどうなるか。| 3 |

①　長く（大きく）なる。　　②　短く（小さく）なる。
③　変わらない。

問題 78 焦点距離 10 cm の凸レンズを置き，レンズの左側，距離 30 cm の位置の光軸付近に，長さ 4 cm の棒を光軸に垂直に置く。

問 1 凸レンズの右側にできる棒の実像の長さはいくらになるか。 ☐1☐ cm

① 8   ② 4   ③ 2   ④ 1

問 2 光を通さない板をレンズの左側に置き，レンズの上半分に入射する光をさえぎる。棒の実像はどのようになるか。 ☐2☐

① 実像はできなくなる。
② 棒の一部分の実像ができるが，全体の実像はできなくなる。
③ 棒の全体の実像ができるが，その明るさが減少する。
④ 棒の全体の実像ができるが，その長さが縮む。

問 3 板を除き，棒をレンズに近づけ，焦点とレンズの間に置く。このときの像について，正しい記述を選べ。 ☐3☐

① レンズの左側に実像が生じる。
② レンズの右側に実像が生じる。
③ レンズの左側に虚像が生じる。
④ レンズの右側に虚像が生じる。
⑤ 実像も虚像も生じない。

問題 79 レンズについて答えよ。

問1 虫めがねを使って，小さい物体を大きく見ることに関する最も適当な記述を選べ。 ☐1

① このとき見ているのは物体の虚像である。
② 目と虫めがねの距離を虫めがねの焦点距離より大きくしなければいけない。
③ 虫めがねは凹レンズである。
④ 物体の位置を虫めがねの焦点に一致させるときピントがあい，はっきり見ることができる。

問2 レンズをつくっているガラスの屈折率を n_1，水の屈折率を n_2，空気の屈折率を n_3 とすると，$n_1 > n_2 > n_3$ である。次の文中の空欄を埋めよ。

ガラス製の凸レンズを水中に入れると，レンズの焦点距離は，レンズが空気中にあるときに比べ ☐2 。また，ガラス製の凹レンズを水中に入れると，レンズの焦点距離は，レンズが空気中にあるときに比べ ☐3 。

☐2 ・ ☐3 の解答群
① 長くなる　② 短くなる　③ 変わらない

問題 80 次の文中の空欄に入れるべきものを，それぞれの解答群のうちから選べ。

図は光の干渉を観察する装置を示す。S，A，Bは互いに平行なスリットである。この装置で，スリットSを通った光源からの光はスリットAにもスリットBにも達する。このように，光がAやBの位置にまでまわり込む性質を ⬜1⬜ とよぶ。また，A，Bを通った光が ⬜2⬜ し，スクリーン上に明暗のしま模様が生じる。

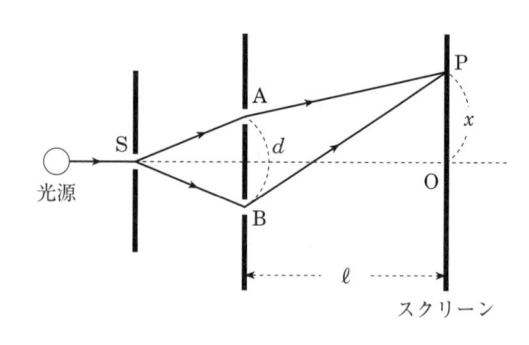

光源からの光の波長がλのとき，スクリーン上の点Pについて
$$|BP - AP| = m\lambda \quad (m = 0, 1, 2, \cdots\cdots)$$
が成り立つと，点Pは ⬜3⬜ なる。また，
$$|BP - AP| = \left(m + \frac{1}{2}\right)\lambda \quad (m = 0, 1, 2, \cdots\cdots)$$
が成り立つと，点Pは ⬜4⬜ なる。

スリットA，Bの間隔をd，スリットA，Bとスクリーンの距離をℓ，図のOPの距離をxとする。$d \ll \ell$のとき，次の近似式が成り立つ。
$$|BP - AP| \fallingdotseq \frac{dx}{\ell}$$

このとき，波長λの光がスクリーン上につくる明線の間隔は ⬜5⬜ となる。また，スリットA，Bとスクリーン間だけを屈折率nの媒質で満たすとき，⬜6⬜ 。

1 と **2** の解答群

① 反射　② 屈折　③ 回折　④ 散乱
⑤ 干渉　⑥ 直進　⑦ 分散　⑧ 偏光

3 と **4** の解答群

① 明るく　② 暗く　③ 広く　④ 大きく

5 の解答群

① $\dfrac{\ell\lambda}{d}$　② $\dfrac{d\lambda}{\ell}$　③ $\dfrac{\ell d}{\lambda}$　④ $\dfrac{\ell\lambda}{2d}$

⑤ $\dfrac{d\lambda}{2\ell}$　⑥ $\dfrac{\ell d}{2\lambda}$

6 の解答群

① 明線の間隔が n 倍になる
② 明線の間隔が $\dfrac{1}{n}$ 倍になる
③ 明線の間隔は変わらず，図の上方に明線が移動する
④ 明線の間隔は変わらず，図の下方に明線が移動する

問題 81 図のように，スリット A，B が間隔 d で開けられている板とスクリーンが距離 ℓ ($\ell \gg d$) だけ隔てて平行に並べられている。A，B の垂直 2 等分線とスクリーンとの交点を O とし，図の上向きを正方向とする。入射角 θ で波長 λ のレーザー光線をスリットにあてたところ，スクリーン上の点 O 近くに明暗のしま模様が生じた。

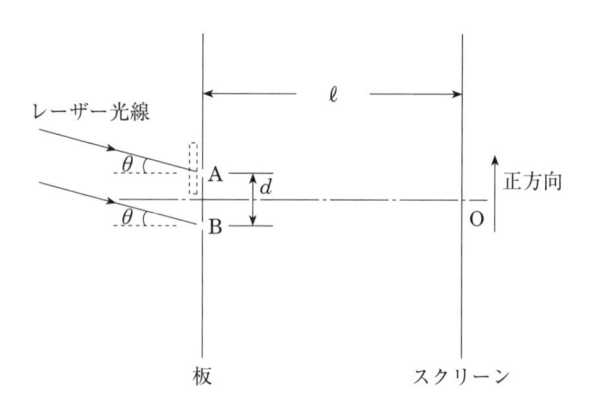

問 1 $\theta = 0$ のとき，点 O には明線が生じていた。θ の値を 0 から徐々に大きくするとき，スクリーン上のしま模様はどのようになるか。 ☐ 1 ☐

① しま模様の間隔は変わらず，しま全体が正方向に移動する。
② しま模様の間隔は変わらず，しま全体が負方向に移動する。
③ しま模様の間隔が徐々に小さくなっていく。
④ しま模様の間隔が徐々に大きくなっていく。

問 2 $\theta = 0$ に固定し，スリット A の左側に透明で薄い膜（図の点線）を張り付ける。膜の厚さを 0 近くから徐々に厚くするとき，スクリーン上のしま模様はどのようになるか。 ☐ 2 ☐ （解答群は問 1 と共通）

問題 82 間隔 d の多数のスリットからなる回折格子 G に，波長 λ の単色光を入射させる。このとき，回折光が数本生じた。このうち，中心の回折光に一番近い回折光が中心の回折光となす角度を θ_1 とする。次の問いに答えよ。

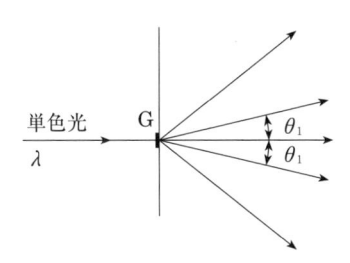

問1 $d = 1700$ 〔nm〕，$\lambda = 500$ 〔nm〕のとき
(a) $\sin\theta_1$ の値はいくらか。$\sin\theta_1 = $ boxed{1}

① 0.135 ② 0.185 ③ 0.294 ④ 0.540

(b) 回折光は何本生じるか。boxed{2} 本

① 3 ② 5 ③ 7 ④ 9

問2 単色光の代わりに白色光を回折格子 G に入射させる。このとき，回折光はどのようになるか。boxed{3}

① 白色光の回折光が数本生じる。
② すべての回折光がスペクトルに分解される。
③ 中心の回折光だけ白色光で，残りの回折光はスペクトルに分解される。
④ 回折光は生じない。

問題 83 間隔 d の平行な溝を多数きざんだ金属板がある。この金属板に波長 λ の単色光を垂直に当てたところ，いくつかの方向に光が反射された。反射角を θ ($0° < 90°$) とする。

金属板

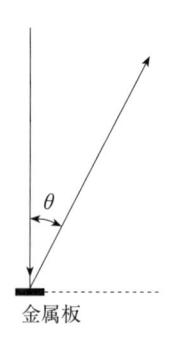

問1 溝の間隔 d と波長 λ および θ との間の関係はどのように示されるか。ただし，n を自然数とする。　1

① $d\sin\theta = n\lambda$　　　　② $d\tan\theta = n\lambda$

③ $d\cos\theta = n\lambda$　　　　④ $d\sin\theta = \left(n - \dfrac{1}{2}\right)\lambda$

⑤ $d\tan\theta = \left(n - \dfrac{1}{2}\right)\lambda$　　　⑥ $d\cos\theta = \left(n - \dfrac{1}{2}\right)\lambda$

問2 光が反射される方向は，$\theta = 0°$ を含め，全体で5本であった。このことから d と λ の間の関係はどのように示されるか。　2

① $5d < \lambda < 6d$　　　　② $2d < \lambda < 3d$

③ $\dfrac{d}{3} < \lambda < \dfrac{d}{2}$　　　　④ $\dfrac{d}{6} < \lambda < \dfrac{d}{5}$

問題 84 長さ ℓ のガラス板 2 枚を重ね，右端に直径 d ($d \ll \ell$) の細い針金をはさむ。波長 λ の単色光を上方から入射させ，その反射光を観察すると明暗のしま模様が見えた。

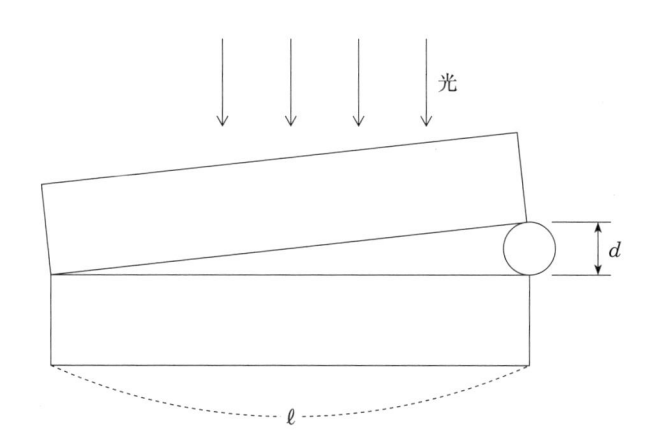

問 1 隣りあう明線の間隔を Δx とする。単色光の波長 λ を Δx を用いて表すとどうなるか。$\lambda = $ [1]

① $\dfrac{d \Delta x}{\ell}$ ② $\dfrac{2 d \Delta x}{\ell}$ ③ $\dfrac{\ell \Delta x}{d}$ ④ $\dfrac{2 \ell \Delta x}{d}$

問 2 2 枚のガラス板の間を，屈折率 n の液体で満たす。明線の間隔は Δx の何倍になるか。[2] 倍

① n^2 ② $\dfrac{1}{n^2}$ ③ n ④ $\dfrac{1}{n}$

問題 85 次の文中の空欄に入れるべきものを，それぞれの解答群のうちから選べ。

屈折率 n_1 の平面ガラス板 A の上に，屈折率 n_2 ($n_1 < n_2$) の平凸レンズ B を，図のように置く。上方から波長 λ の単色光をあて，その反射光を見ると，A の上面で反射した光 a と，B の凸面で反射した光 b との干渉により，同心円の明暗の環ができる。空気の屈折率を 1 とする。

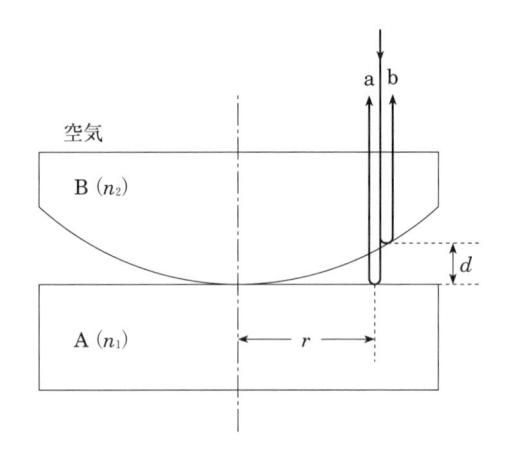

A の上面で反射するとき，光 a の位相は 1 。また B の凸面で反射するとき，光 b の位相は 2 。A, B 間の空気層の厚さを d とすると，光 a と b が干渉して強めあう条件式は，$m = 1, 2, \cdots\cdots$ として，3 となる。平凸レンズ B の凸面の曲率半径を R とすると，中心から距離 r の位置での空気層の厚さは $d \fallingdotseq \dfrac{r^2}{2R}$ と近似的に示される。これを用いると，明るい環の最小の半径は 4 となる。

次に，A と B のすき間だけを，屈折率 n_3 ($n_1 < n_3 < n_2$) の液体で満たす。この場合，A の上面で反射されるとき，光 a の位相は 5 。また，B の凸面で反射されるとき，光 B の位相は 6 。中心付近から数えて 8 番目の暗い環の半径は 7 となる。

$\boxed{1}$, $\boxed{2}$, $\boxed{5}$, $\boxed{6}$ の解答群

① ずれない　　　② 半波長分ずれる

$\boxed{3}$ の解答群

① $2d = \left(m - \dfrac{1}{2}\right)\lambda$　　② $2n_1 d = \left(m - \dfrac{1}{2}\right)\lambda$

③ $2n_2 d = \left(m - \dfrac{1}{2}\right)\lambda$　　④ $2d = m\lambda$

⑤ $2n_1 d = m\lambda$　　⑥ $2n_2 d = m\lambda$

$\boxed{4}$ の解答群

① $\sqrt{\dfrac{R\lambda}{2}}$　② $\sqrt{R\lambda}$　③ $\sqrt{\dfrac{R\lambda}{n_1}}$　④ $\sqrt{\dfrac{R\lambda}{n_2}}$

⑤ $\sqrt{n_1 R\lambda}$　⑥ $\sqrt{n_2 R\lambda}$

$\boxed{7}$ の解答群

① $\sqrt{\dfrac{15 R\lambda}{2 n_3}}$　② $\sqrt{\dfrac{8 R\lambda}{n_3}}$　③ $\sqrt{\dfrac{8 R\lambda}{n_1 n_3}}$

④ $\sqrt{\dfrac{8 R\lambda}{n_2 n_3}}$　⑤ $\sqrt{8 n_3 R\lambda}$　⑥ $\sqrt{\dfrac{15 R\lambda}{2 n_1 n_2 n_3}}$

問題 86 平行平面ガラスの表面を，透明な物質の薄膜で被膜することにより，光の反射を防止したり，逆に反射を増強したりすることができる。ガラスの屈折率を n_g，薄膜の屈折率を n，空気の屈折率を 1 とする。また，薄膜の厚さを d，ガラスの厚さを D とする。

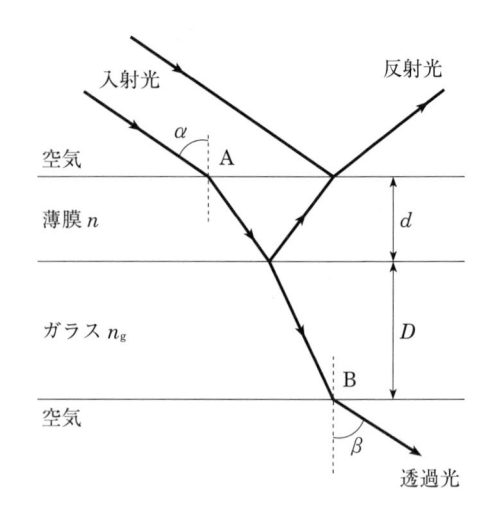

問1 空気中から薄膜へ角度 α で入射した光が，薄膜とガラスを透過し，再び空気中へ角度 β で出ていくものとする。$\sin\beta$ はいくらか。
$\sin\beta = \boxed{1}$

① $\sin\alpha$ ② $\dfrac{n}{n_g}\sin\alpha$ ③ $\dfrac{n_g}{n}\sin\alpha$

問2 $n_g = 1.5$，$n = 1.4$ とする。上から垂直（$\alpha = 0°$）に波長 6.0×10^{-7} m の光が入射するとき，薄膜の表面で反射した光と，薄膜とガラスの境界面で反射した光が干渉して弱めあった。この条件に合う d のうち，最小の値 $d_{\min}$ はいくらか。

$d_{\min} = \boxed{2} \times 10^{-7}$ m

① 1.1   ② 1.5   ③ 2.2   ④ 3.0
⑤ 3.2   ⑥ 4.4   ⑦ 5.4   ⑧ 6.0

第5章

電場と直流

(31題)

問題 87 次の a 〜 c に示されている事項について，最も適当な記述をそれぞれ選べ。

a．物体の帯電 ［ 1 ］

　① 物体を構成する原子内で電子が発生すると，負に帯電する。
　② 物体を構成する原子内で原子核が発生すると，正に帯電する。
　③ 静電気の場合，摩擦などによって電子が移動し，帯電する。
　④ 静電気の場合，摩擦などによって原子核が移動し，帯電する。

b．誘電分極 ［ 2 ］

　① 不導体に現れる静電誘導。
　② 不導体に生じる電磁誘導。
　③ 導体中の自由電子が移動するため起こる現象。
　④ 導体中の自由電子が磁石に引かれる現象。

c．陰極線 ［ 3 ］

　① 真空放電において，陽極から陰極に向かう電子の流れ。
　② 真空放電において，陰極から陽極に向かう原子核の流れ。
　③ 陽極の材質と陰極の材質の組合せにより，正体が異なる。
　④ 写真フィルムを感光させる。

問題 88 次の文中の空欄に入れるのに最も適当なものをそれぞれの解答群から選べ。

図のように，はく検電器の金属板に正の帯電体を近づけると金属板の下のはくが開く。このとき，金属板は　1　に帯電しており，はくは　2　に帯電している。このままの状態で，金属板に手をふれるとはくが閉じる。次に，金属板から手を離し，さらに帯電体を金属板から十分に遠ざけると，はくは　3　。このとき，　4　。

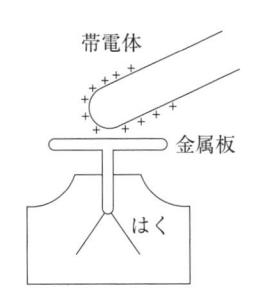

　1　，　2　の解答群

① 正　　　　② 負

　3　の解答群

① はじめより大きく開く　　② はじめより小さく開く
③ 閉じたままになる

　4　の解答群

① 金属板もはくも正に帯電している
② 金属板もはくも負に帯電している
③ 金属板もはくも帯電していない
④ 金属板は正に，はくは負に帯電している
⑤ 金属板は負に，はくは正に帯電している

問題 89 直線上の3点に帯電した小球A, B, Cを等間隔 d で固定する。電気量はAが $+Q$, Bが $+Q$, Cが $-Q$ である。クーロンの法則の比例定数を k とする。

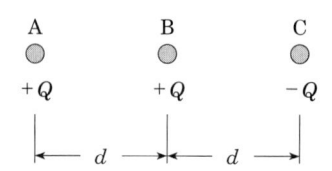

```
  A       B       C
  ●       ●       ●
 +Q      +Q      -Q
  |←  d  →|←  d  →|
```

問1 小球Bが小球Aから受ける静電気力の大きさ ア と向き イ の組合せを求めよ。 1

	ア	イ
①	$\dfrac{kQ}{d^2}$	図の右向き
②	$\dfrac{kQ}{d^2}$	図の左向き
③	$\dfrac{kQ^2}{d}$	図の右向き
④	$\dfrac{kQ^2}{d}$	図の左向き
⑤	$\dfrac{kQ^2}{d^2}$	図の右向き
⑥	$\dfrac{kQ^2}{d^2}$	図の左向き

問2 小球Bが小球A, Cから受ける静電気力の合力の大きさはいくらか。 2

① 0   ② $\dfrac{3kQ^2}{4d^2}$ ③ $\dfrac{5kQ^2}{4d^2}$ ④ $\dfrac{2kQ^2}{d^2}$

問題 90 x, y 平面上の点 A $(3a, 0)$ に電気量 q $(q>0)$ の点電荷を固定し，点 B $(-3a, 0)$ に電気量 $-q$ の点電荷を固定する。また，点 C $(0, 4a)$ に電気量 q の点電荷を固定する。クーロンの法則の比例定数を k とする。

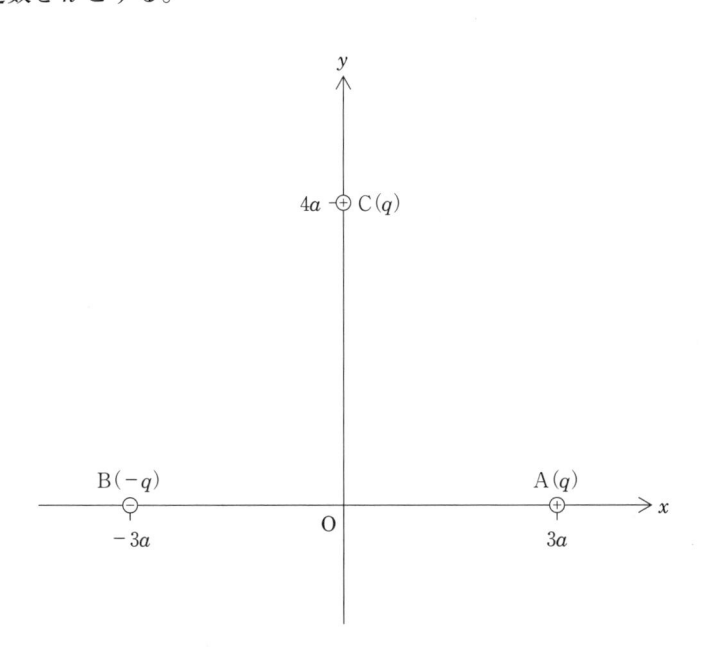

問1　点 A の点電荷が点 B の点電荷から受ける静電気力の大きさはいくらか。　1

① $\dfrac{kq^2}{6a}$　　② $\dfrac{kq^2}{6a^2}$　　③ $\dfrac{kq^2}{9a^2}$　　④ $\dfrac{kq^2}{36a^2}$

問2　点 C の点電荷が点 A と点 B の点電荷から受ける静電気力の合力の大きさはいくらか。　2

① $\dfrac{6kq^2}{125a^2}$　　② $\dfrac{6kq^2}{5a^2}$　　③ $\dfrac{5kq^2}{6a^2}$　　④ $\dfrac{125kq^2}{6a^2}$

問題 91 一辺の長さ ℓ [m] の正方形 ABCD がある。その頂点 B に q [C] ($q>0$)，頂点 C に $3q$ [C] の電荷を固定する。クーロンの法則の比例定数を k [N·m²/C²] とする。

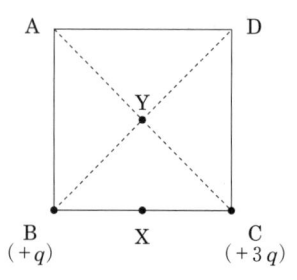

問 1 辺 BC の中点 X の電場の強さはいくらか。 ☐1☐ [N/C]

① $\dfrac{4kq}{\ell^2}$　② $\dfrac{6kq}{\ell^2}$　③ $\dfrac{8kq}{\ell^2}$　④ $\dfrac{16kq}{\ell^2}$

問 2 正方形の中心点 Y の電場の強さはいくらか。 ☐2☐ [N/C]

① $\dfrac{2kq}{\ell^2}$　② $\dfrac{\sqrt{2}kq}{\ell^2}$　③ $\dfrac{8kq}{\ell^2}$　④ $\dfrac{2\sqrt{10}kq}{\ell^2}$

問 3 直線 BC 上で，電場の強さが 0 になる位置（無限遠を除く）はどこか。 ☐3☐

① BX 間　② XC 間　③ B の左側　④ C の右側

問題92 xy平面上を考える。位置$(a, 0)$に電気量$-Q$の負電荷を固定し，位置$(-a, 0)$に電気量$2Q$の正電荷を固定する。クーロンの法則の比例定数をkとする。

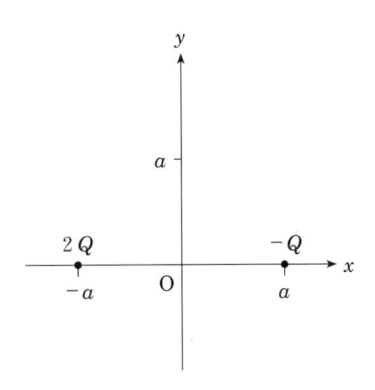

問1 位置$(0, a)$における電場の強さを求めよ。 ⬜1

① 0 ② $\dfrac{3kQ}{4a^2}$ ③ $\dfrac{\sqrt{5}\,kQ}{2a^2}$ ④ $\dfrac{3kQ}{2a^2}$

問2 x軸上で電場の強さが0になる位置を求めよ。$x=$ ⬜2

① $-(3+2\sqrt{2})a$ ② $-(3-2\sqrt{2})a$

③ $(3-2\sqrt{2})a$ ④ $(3+2\sqrt{2})a$

問題 93　x 軸上，原点 O に電気量 Q の点電荷 A を固定し，位置 $x=r\,(r>0)$ に，電気量 q の点電荷 B を置く。B は x 軸上をなめらかに動くことができる。クーロンの法則の比例定数を k とする。

```
            A       B
────────────●───────●────────→ x
            O       r
```

問1　点電荷 A による x 軸上の電位 V を x を用いて表せ。ただし，電位の基準は無限遠（$x=\pm\infty$）とする。　| 1 |

① $V=\dfrac{kQ}{x}$　② $V=\dfrac{kQ}{|x|}$　③ $V=\dfrac{k|Q|}{x}$　④ $V=\dfrac{k|Q|}{|x|}$

問2　$Q>0$，$q>0$ の場合を考える。

(a) 位置 $x=r$ の点電荷 B を静かに放す。十分に時間がたつとき，点電荷 B の運動エネルギーはいくらになるか。　| 2 |

① 0　② $\dfrac{kqQ}{r}$　③ $\dfrac{kqQ}{r^2}$　④ $\dfrac{kqQ^2}{r^2}$

(b) 原点 O の点電荷 A に加え，$x=-r$ の位置に電気量 $2Q$ の点電荷 C を固定する。この状態で，位置 $x=r$ に点電荷 B を置き，静かに放す。十分に時間がたつとき，点電荷 B の運動エネルギーはいくらになるか。　| 3 |

① 0　② $\dfrac{3kqQ}{2r}$　③ $\dfrac{3kqQ}{2r^2}$　④ $\dfrac{2kqQ}{r}$

問題 94 x 軸上に 2 点 $A(x=-\ell)$, $B(x=\ell)$ をとる。点 A に電気量 $3Q$ $(Q>0)$ の点電荷を固定し，点 B に電気量 $-Q$ の点電荷を固定する。クーロンの法則の比例定数を k とする。

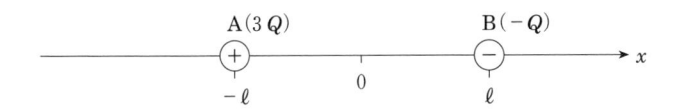

```
              A(3Q)         B(-Q)
    ───────────(+)────────────(−)──────────→ x
               -ℓ     0       ℓ
```

問 1 2 点 $C(x=2\ell)$, $D(x=3\ell)$ の電位 V_C, V_D はいくらか。

$V_C = \boxed{1}$ $V_D = \boxed{2}$

① 0 ② $\dfrac{kQ}{16\ell}$ ③ $\dfrac{2kQ}{\ell}$ ④ $\dfrac{kQ}{4\ell}$

問 2 電気量 q の点電荷 P を点 C から点 D にまで移動させるのに要する仕事はいくらか。$\boxed{3}$

① $q(V_C - V_D)$ ② $q(V_D - V_C)$ ③ $\dfrac{V_C - V_D}{q}$

④ $\dfrac{V_D - V_C}{q}$

問題 95 強さ E の一様な電場があり，電場に沿って x 軸をとる。x 軸上の原点 O から $+x$ 方向に，質量 m，電気量 $-q\,(q>0)$ の点電荷を速さ v_0 で投げ出した。点電荷は $x=d$ まで達した後，$-x$ 方向に戻ってくる。

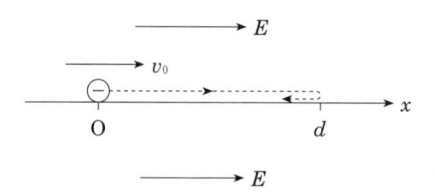

問1 一様な電場による x 軸上の電位 V と x の関係を表すグラフを選べ。ただし，電位の基準を原点 O にとる。 1

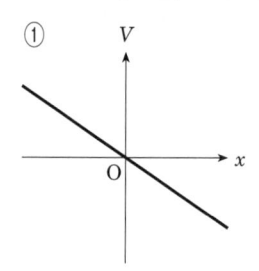

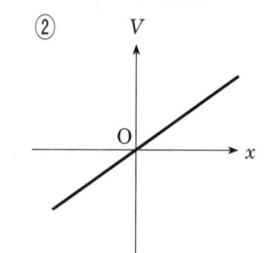

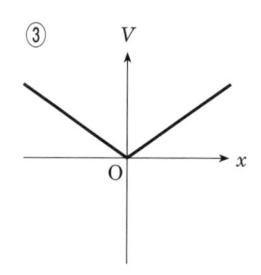

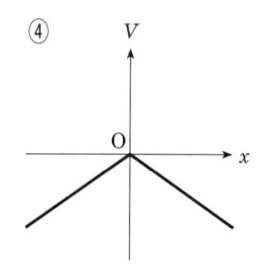

問2 d を求めよ。$d=$ 2

① $\dfrac{mv_0^2}{2qE}$ ② $\dfrac{mv_0^2}{qE}$ ③ $\dfrac{qE}{2mv_0^2}$ ④ $\dfrac{qE}{mv_0^2}$

問題 96 ガウスの法則に関する次の文中の空欄を埋めよ。

電気力線を引く約束として,電場の強さが E 〔N/C〕の場所では,電場に垂直な面 $1\,\mathrm{m}^2$ につき E 〔本〕の電気力線を電場の向きに沿って引くものとする。クーロンの法則の比例定数を k 〔Nm^2/C^2〕とする。

電気量 Q 〔C〕($Q>0$)の点電荷から距離 r 〔m〕の位置における電場の強さは $\boxed{1}$ 〔N/C〕なので,この点電荷から出ている電気力線の総数は $\boxed{2}$ 〔本〕であることがわかる。この考え方を平面板がつくる電場に適用してみる。

面積 S 〔m^2〕の板が電気量 Q 〔C〕に一様に帯電し,板の近くは,一様な電場が生じているものとする。このときの電気力線の総数は点電荷と同じ $\boxed{2}$ 〔本〕である。この電気力線の本数から,板の近くの電場の強さを求めると,$\boxed{3}$ 〔N/C〕であることがわかる。

$\boxed{1}$ の解答群

① $\dfrac{kQ^2}{r^2}$　② $\dfrac{kQ^2}{r}$　③ $\dfrac{kQ}{r^2}$　④ $\dfrac{kQ}{r}$

$\boxed{2}$ の解答群

① $4\pi kQ$　② $2\pi kQ$　③ πkQ　④ $\dfrac{\pi kQ}{2}$

$\boxed{3}$ の解答群

① $\dfrac{4\pi kQ}{S}$　② $\dfrac{2\pi kQ}{S}$　③ $\dfrac{\pi kQ}{S}$　④ $\dfrac{\pi kQ}{2S}$

問題 97 帯電していない中空の導体球の中心に正に帯電した点電荷を置く場合について考える。クーロンの法則の比例定数を k とする。

問1 導体球内外の電気力線の様子を示す図として，最も適当なものを選べ。 1

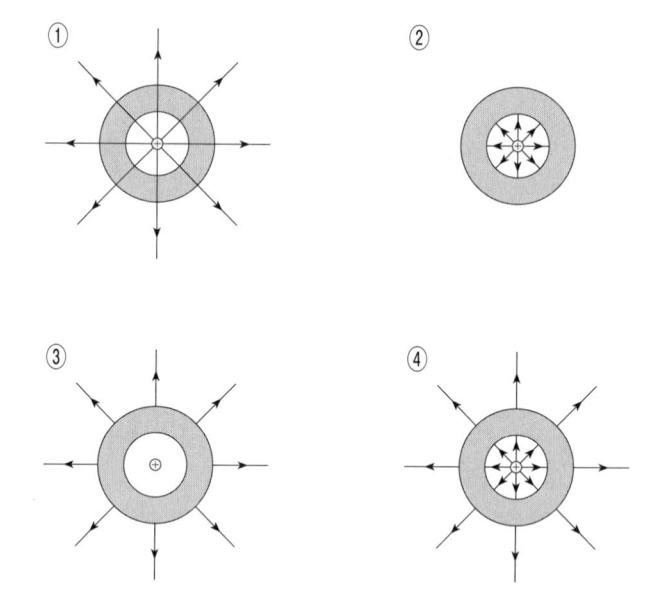

① ② ③ ④

問2 中心の点電荷の電気量を q，導体球の内半径を r，外半径を $2r$，クーロンの法則の比例定数を k とする。導体球の中心から距離 $3r$ の点の電場の強さはいくらか。 2

① $\dfrac{kq}{9r^2}$ ② $\dfrac{kq}{4r^2}$ ③ $\dfrac{kq}{r^2}$ ④ $\dfrac{4kq}{r^2}$

問題 98 次図は，電場の様子を1ボルトごとの等電位面で表したものである。

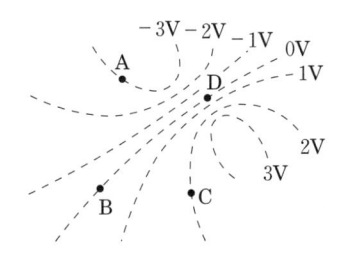

```
     -3V -2V
        A    -1V  0V
        •  D      -1V
           •
                  2V
                3V
        B   •C
```

問1 電場の強さが一番大きいのはA～Dのうちどの点か。　1

① A　　② B　　③ C　　④ D

問2 電気量4クーロンの点電荷を点Aから点Cにまで移動させるのに要する仕事は何ジュールか。　2　ジュール

① 10　　② 20　　③ 30　　④ 40

問題 99 電気容量 $100\,\mu\mathrm{F}$ のコンデンサー C を抵抗 R，スイッチ S を通して起電力 $100\,\mathrm{V}$ の電池 E に接続する。

図1

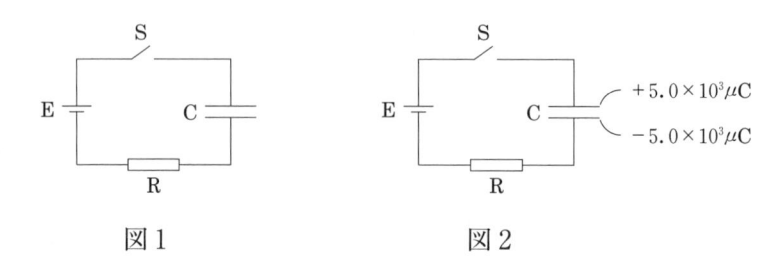

図2　$+5.0\times10^3\mu\mathrm{C}$　$-5.0\times10^3\mu\mathrm{C}$

図1のように，コンデンサー C が電荷を蓄えていない状態にして，スイッチ S を閉じる。

問1 スイッチ S を閉じて十分に時間がたつとき，コンデンサー C が蓄えている電気量は何 $\mu\mathrm{C}$ か。 $\boxed{1}$ $\mu\mathrm{C}$

① 1.0　② 1.0×10^2　③ 1.0×10^3　④ 1.0×10^4

問2 スイッチ S を閉じて十分に時間がたつとき，コンデンサー C が蓄えている静電エネルギーは何 J か。 $\boxed{2}$ J

① 5.0　② 5.0×10^{-1}　③ 5.0×10^{-2}　④ 5.0×10^{-4}

図2のように，コンデンサー C が $5.0\times10^3\mu\mathrm{C}$ の電荷を蓄えている状態にして，スイッチ S を閉じる。

問3 スイッチ S を閉じて十分に時間がたつまでの間に，抵抗 R を通過する電気量の大きさは何 $\mu\mathrm{C}$ か。 $\boxed{3}$ $\mu\mathrm{C}$

① 5.0×10^2　② 5.0×10^3　③ 1.0×10^4　④ 1.5×10^4

問題100 図の回路において,Cは電気容量が4×10^{-11}Fで極板間隔が0.2 mmの平行板コンデンサー,Eは電位差が300 Vの電池,Rは抵抗,Sはスイッチである。はじめ,Cは電荷を蓄えていない。

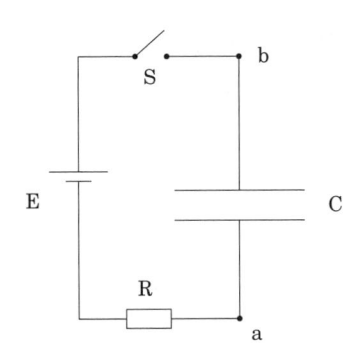

問1 Sを閉じて十分に時間がたつとき,Cの極板間の電場の強さは何V/mか。$\boxed{1}\times10^6$ V/m

① 1 ② 1.5 ③ 2 ④ 6 ⑤ 8

問2 Sを閉じて十分に時間がたつまでの間に,電池が回路に供給するエネルギーは何Jか。$\boxed{2}\times10^{-7}$ J

① 0 ② 4 ③ 12 ④ 18 ⑤ 36

また,この間にRで発生するジュール熱は何Jか。
$\boxed{3}\times10^{-7}$ J

① 0 ② 4 ③ 12 ④ 18 ⑤ 24

問題 101 電気容量が $20\mu F$ と $30\mu F$ のコンデンサー，それに電池 E を用いて，図1と図2の回路をつくる。はじめ，各コンデンサーは電荷を蓄えていないものとする。

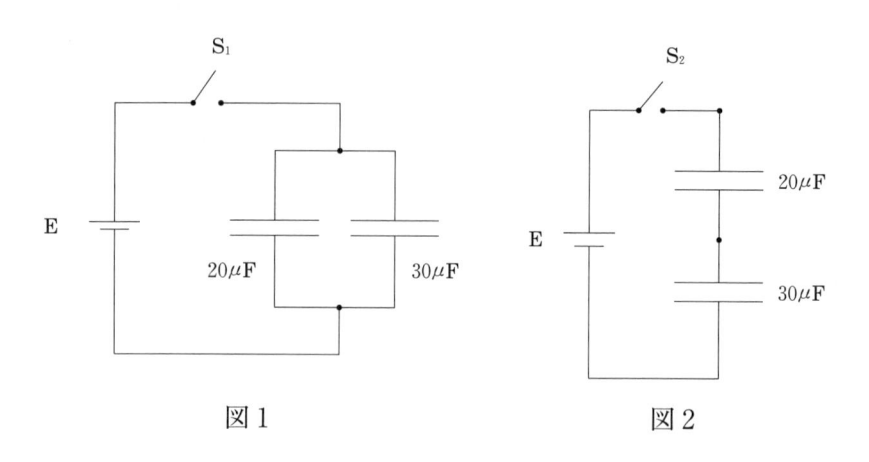

図1　　　　図2

問1 図1の回路で，スイッチ S_1 を閉じる。十分に時間がたつと $20\mu F$ のコンデンサーに $Q_1 [\mu C]$，$30\mu F$ のコンデンサーに $Q_2 [\mu C]$ が蓄えられた。

(ア) Q_1 と Q_2 の比はいくらか。$\dfrac{Q_1}{Q_2} = \boxed{1}$

① 1　　② $\dfrac{2}{3}$　　③ $\dfrac{3}{2}$

(イ) 電池 E の電位差を 50 V とする。S_1 を閉じてから十分に時間がたつまでの間に，S_1 を通った電気量はいくらか。$\boxed{2}\ \mu C$

① 1000　　② 1500　　③ 2500　　④ 0

問2 図2の回路で，スイッチ S_2 を閉じる。十分に時間がたつと $20\mu F$ のコンデンサーに Q_1' 〔μC〕，$30\mu F$ のコンデンサーに Q_2' 〔μC〕が蓄えられた。

(ウ) Q_1' と Q_2' の比はいくらか。$\dfrac{Q_1'}{Q_2'} = \boxed{\ 3\ }$

① 1　　② $\dfrac{2}{3}$　　③ $\dfrac{3}{2}$

(エ) 電池 E の電位差を 50 V とする。$20\mu F$ のコンデンサーの電位差はいくらになるか。$\boxed{\ 4\ }$ V

① 10　　② 20　　③ 30　　④ 40　　⑤ 50

問題102 電気容量が，それぞれ $10\mu\text{F}$，$20\mu\text{F}$ および $30\mu\text{F}$ のコンデンサーを用いて，図の回路をつくる。はじめ，各コンデンサーは電荷を蓄えていないものとし，電池の電位差を 10V とする。

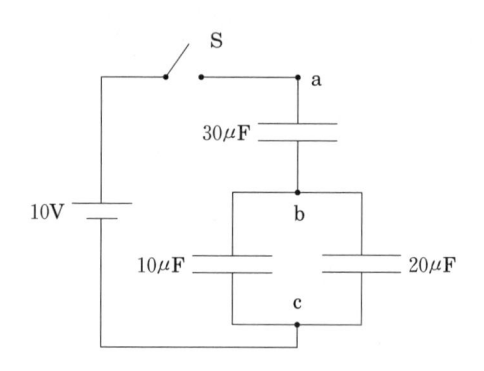

問1 ac 間の合成容量はいくらか。 1 μF

① 5 ② 10 ③ 15 ④ 20 ⑤ 25
⑥ 30 ⑦ 40 ⑧ 50 ⑨ 60 ⓪ 70

問2 S を閉じる。十分に時間がたつとき，$30\mu\text{F}$ のコンデンサーに蓄えられている電気量はいくらか。 2 μC

① 50 ② 100 ③ 150 ④ 200 ⑤ 250
⑥ 300 ⑦ 400 ⑧ 500 ⑨ 600 ⓪ 700

また，bc 間の電位差はいくらか。
 3 V（解答群は**問1**と共通）

問題 103 次の文中の空欄を埋めよ．

電気容量 C のコンデンサーに起電力 V の電池と起電力 $2V$ の電池をつなぐ．コンデンサーの極板 A，B の間隔は d，電位の基準は図の接地点 Z とする．

スイッチを閉じて十分に時間がたつとき，極板 A の電位は [1] であり，極板 B の電位は [2] である．したがって，極板 A が蓄えている電気量は [3] であり，極板 B が蓄えている電気量は [4] である．また，極板 AB 間に生じている電場の強さは [5] である．

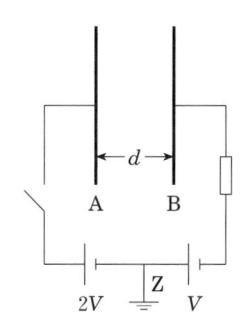

[1]・[2] の解答群

① $-2V$　② $-V$　③ 0　④ V　⑤ $2V$

[3]・[4] の解答群

① $-3CV$　② $-2CV$　③ $-CV$　④ 0
⑤ $+CV$　⑥ $+2CV$　⑦ $+3CV$

[5] の解答群

① $\dfrac{3V}{d}$　② $\dfrac{2V}{d}$　③ $\dfrac{V}{d}$　④ $\dfrac{V}{3d}$

問題 104 真空中に，間隔 $3d$ で 2 枚の金属板 A，B が平行に固定され，その中央に厚さ d の金属板 C が A，B と平行に固定されている。金属板 A，B，C は同形で，その面積 S は十分に広い。真空の誘電率を ε_0 とする。

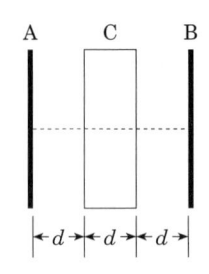

A C B

|←d→|←d→|←d→|

問1 金属板 C が中央に入っている状態において，金属板 A，B からなるコンデンサーの電気容量 C_{AB} はいくらか。$C_{AB}=$ ☐ 1

① $\dfrac{\varepsilon_0 S}{d}$ ② $\dfrac{\varepsilon_0 S}{2d}$ ③ $\dfrac{\varepsilon_0 S}{3d}$ ④ $\dfrac{\varepsilon_0 S}{4d}$

問2 金属板 A を $-Q\,(Q>0)$ に帯電させ，金属板 B を $+Q$ に帯電させる。このとき，AC 間における電場の強さはいくらか。☐ 2

① $\dfrac{Q}{C_{AB}d}$ ② $\dfrac{Q}{2C_{AB}d}$ ③ $\dfrac{Q}{3C_{AB}d}$ ④ $\dfrac{Q}{4C_{AB}d}$

また，AB の中心を結ぶ線分（図の点線）上における電位の様子を表しているグラフを選べ。ただし，電位の基準を極板 A にとるものとする。☐ 3

① 電位 A B

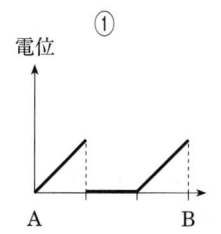

② 電位 A B

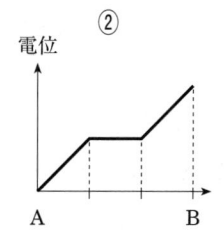

③ 電位 A B

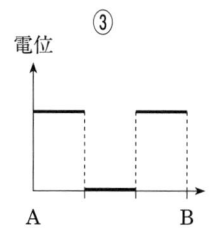

④ 電位 A B

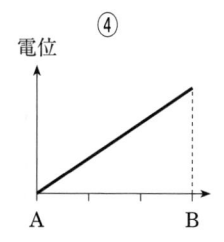

問題 105 距離 d だけ隔てて向き合わせると，電気容量が C になる極板 A，B がある。これを距離 $4d$ だけ隔てて向き合わせ，その間に厚さが d で，A，B と同形の金属板 X を，図のように置く。電位差 V の電池 2 個とスイッチ S_1, S_2, S_3 を図のようにつなぐ。はじめ，A，B および X は電荷を蓄えていないものとし，電位の基準を図の接地点とする。

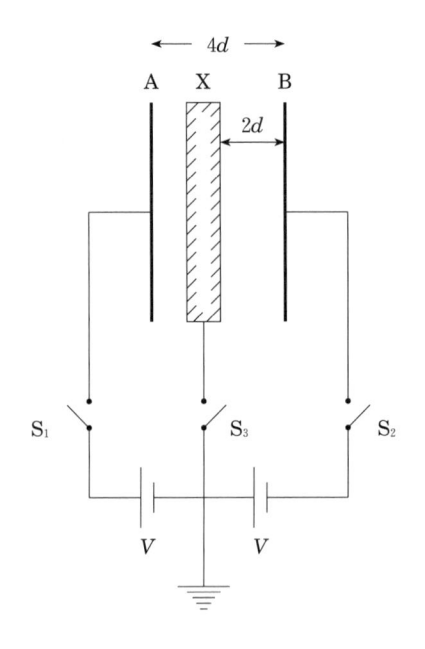

[I] S_1 と S_2 を閉じ，S_3 は開けておく。

問 1 極板 B に蓄えられる電気量はいくらか。 ☐ 1

① CV ② $\dfrac{1}{3}CV$ ③ $\dfrac{1}{2}CV$ ④ $\dfrac{2}{3}CV$

⑤ $-CV$ ⑥ $-\dfrac{1}{3}CV$ ⑦ $-\dfrac{1}{2}CV$ ⑧ $-\dfrac{2}{3}CV$

問2 極板A, Bの中心を結ぶ直線上の各点における電場の強さ E を表すグラフはどれか。 $\boxed{2}$

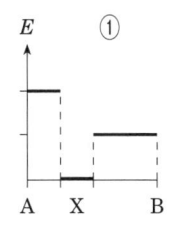

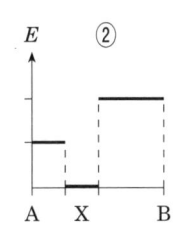

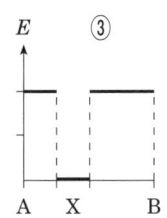

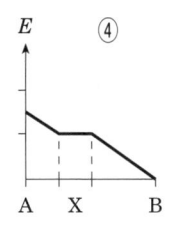

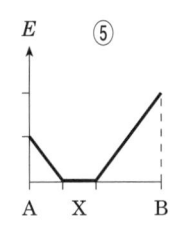

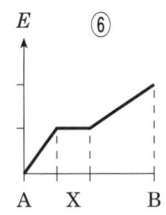

〔Ⅱ〕 S_1, S_2 に加えて, S_3 も閉じる。

問3 金属板Xに現れる電気量の総和はいくらか。 $\boxed{3}$

① CV ② $\dfrac{1}{2}CV$ ③ $\dfrac{1}{3}CV$ ④ $\dfrac{2}{3}CV$ ⑤ 0

⑥ $-CV$ ⑦ $-\dfrac{1}{2}CV$ ⑧ $-\dfrac{1}{3}CV$ ⑨ $-\dfrac{3}{2}CV$

問4 極板A, Bの中心を結ぶ直線上の各点における電場の強さ E を表すグラフはどれか。 $\boxed{4}$ （解答群は問2と共通）

問題 106 電気容量 $10\,\mu\mathrm{F}$ のコンデンサーに起電力 $10\,\mathrm{V}$ の電池を接続し，電荷を蓄える。このコンデンサーの極板間隔を2倍にするとき，次の各量はどのようになるか。

問1 コンデンサーと電池を接続したまま極板間隔を2倍にする場合。
電気容量： ☐1 $\mu\mathrm{F}$　　蓄えている電気量： ☐2 $\mu\mathrm{C}$
コンデンサーの電位差： ☐3 V

問2 コンデンサーと電池の接続を切ってから極板間隔を2倍にする場合。
電気容量： ☐4 $\mu\mathrm{F}$　　蓄えている電気量： ☐5 $\mu\mathrm{C}$
コンデンサーの電位差： ☐6 V

☐1 ・ ☐4 の解答群

① 2.5　　② 5　　③ 10　　④ 20　　⑤ 40

☐2 ・ ☐5 の解答群

① 25　　② 50　　③ 100　　④ 200　　⑤ 400

☐3 ・ ☐6 の解答群

① 2.5　　② 5　　③ 10　　④ 20　　⑤ 40

問題 107 電気容量 $20\mu F$ のコンデンサー C_1 と $30\mu F$ のコンデンサー C_2, それに電位差 5 V の電池 E を用いて図の回路をつくる。はじめ, C_1, C_2 は電荷を蓄えておらず, 電位の基準を接地点 b とする。

まず, スイッチ S_1 のみを閉じ, 十分に時間がたってから S_1 を開く。

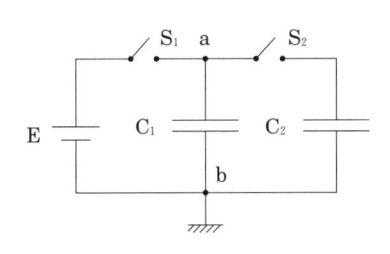

問1 次に, スイッチ S_2 を閉じる。十分に時間がたつとき, コンデンサー C_1 に蓄えられている電気量はいくらか。 1 μC

① 20   ② 40   ③ 60   ④ 80   ⑤ 100

また, このとき点 a の電位はいくらか。 2 V

① 1   ② 2   ③ 3   ④ 4   ⑤ 5

問2 次に, スイッチ S_2 を開いてからスイッチ S_1 を閉じる。十分に時間がたつまでの間に, S_1 を通って移動する電気量はいくらか。 3 μC

① 18   ② 36   ③ 60   ④ 72   ⑤ 100

問3 最後に, スイッチ S_1 を開いてからスイッチ S_2 を閉じる。十分に時間がたつとき, 点 a の電位はいくらか。 4 V

① 1   ② 1.2   ③ 2   ④ 2.4   ⑤ 3.2

問題 108 コンデンサーの極板間に金属板や誘電体を挿入する場合について考える。

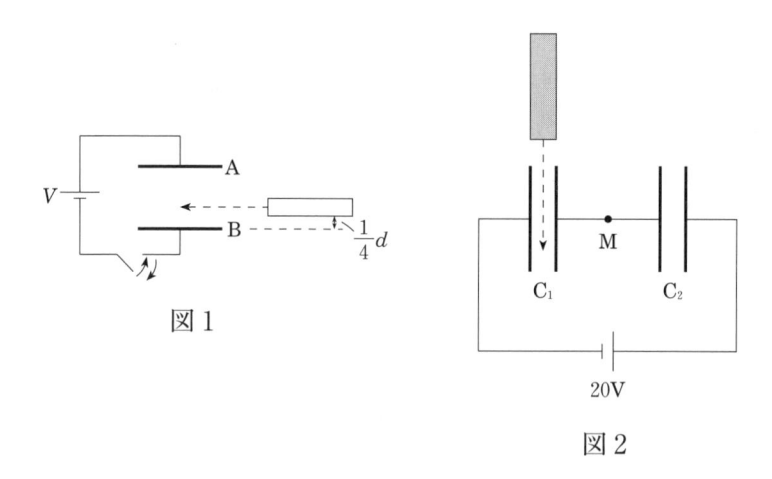

図1

図2

問1 極板 A, B の間隔が d で，電気容量が C のコンデンサーがある。スイッチを介して電圧 V の電池に接続し，充電後，スイッチを切る。次に，厚さ $\frac{1}{4}d$ の金属板を図1の位置に挿入する。AB 間の電圧はいくらになるか。　1　

① $\frac{1}{4}V$　② $\frac{1}{2}V$　③ $\frac{3}{4}V$　④ V

⑤ $\frac{4}{3}V$　⑥ $2V$　⑦ $4V$

問2 電気容量が 30μF の2個のコンデンサー C_1, C_2 を直列に接続し，起電力 20 V の電池につなぐ。電池を接続したまま，C_1 に比誘電率3の誘電体をすき間なく挿入する。このとき，図2の点 M を通って移動する電気量はいくらか。　2　μC

① 150　② 300　③ 450　④ 600

問題 109 次の文中の空欄を埋めよ。

極板間隔 d, 極板面積 S のコンデンサーがあり，電気量 Q の電荷を蓄えている。誘電率を ε_0 とする。

極板の電気量が変わらないようにして，極板間隔を微小量 Δd だけゆっくりと大きくする。このときの静電エネルギーの変化量 ΔU は，

$$\Delta U = \boxed{1}$$

となる。この静電エネルギーの変化量は，この間にした外力の仕事に等しい。したがって，極板間隔を大きくするために加えた外力の大きさ F は，

$$F = \boxed{2}$$

である。また，この力の大きさは，極板間の電場の強さを E とすると，

$$F = \boxed{3}$$

と表すこともできる。

$\boxed{1}$ の解答群

① $\dfrac{Q^2 \Delta d}{2\varepsilon_0 S}$　② $\dfrac{Q^2 \Delta d}{\varepsilon_0 S}$　③ $\dfrac{2Q^2 \Delta d}{\varepsilon_0 S}$　④ $\dfrac{4Q^2 \Delta d}{\varepsilon_0 S}$

⑤ $-\dfrac{Q^2 \Delta d}{2\varepsilon_0 S}$　⑥ $-\dfrac{Q^2 \Delta d}{\varepsilon_0 S}$　⑦ $-\dfrac{2Q^2 \Delta d}{\varepsilon_0 S}$　⑧ $-\dfrac{4Q^2 \Delta d}{\varepsilon_0 S}$

$\boxed{2}$ の解答群

① $\dfrac{\Delta U}{2\Delta d}$　② $\dfrac{\Delta U}{\Delta d}$　③ $\dfrac{2\Delta U}{\Delta d}$　④ $\dfrac{4\Delta U}{\Delta d}$

$\boxed{3}$ の解答群

① $\dfrac{1}{2}QE$　② QE　③ $2QE$　④ $4QE$

問題 110 次の文中の空欄を埋めよ。

一様な断面の棒状の抵抗に電流が流れている。このとき，内部を流れる自由電子の平均の速さを v とし，抵抗の断面積を S とする。いま，図の断面 A と B に囲まれた部分に着目する。時間 Δt の間に断面 A を通過する自由電子は断面 AB 間の自由電子だけであった。このことより，距離 AB は $\boxed{1}$ である。また，単位体積あたりの自由電子の個数を n とすると，AB 間の自由電子の総個数は $\boxed{2}$ である。自由電子の電気量を $-e$ とすると，時間 Δt の間に断面 A を通過する電気量の絶対値は $\boxed{3}$ となる。したがって，このときの電流の強さは $\boxed{4}$ である。

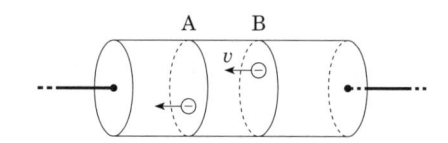

$\boxed{1}$ の解答群

① $vS\Delta t$　　② $\dfrac{S}{v}\Delta t$　　③ $S\Delta t$　　④ $v\Delta t$

$\boxed{2}$ の解答群

① $vSn\Delta t$　　② $\dfrac{Sn}{v}\Delta t$　　③ $Sn\Delta t$　　④ $vn\Delta t$

$\boxed{3}$ の解答群

① $vSne\Delta t$　　② $\dfrac{Sne}{v}\Delta t$　　③ $Sne\Delta t$　　④ $vne\Delta t$

$\boxed{4}$ の解答群

① $vSne$　　② $\dfrac{Sne}{v}$　　③ Sne　　④ vne

問題 111 次の文中の空欄を埋めよ。

長さ ℓ，断面積 S の抵抗に電池をつなぎ，電位差 V の電圧をかける。このとき，抵抗に生じる電場の強さ E は $E=\boxed{1}$ である。抵抗内の自由電子（電気量 $-e$）は電場から力を受けて動き，陽イオンと衝突しながら，平均すると一定の速さで流れる。この運動は，速さ v に比例する抵抗力を受ける運動とみなせる。抵抗力の大きさを kv（k は正の比例定数）とすると，等速になった自由電子の速さは $v=\boxed{2}\times E$ である。単位体積あたりの自由電子の数を n とすると，電流の強さ I は $I=enSv$ となる。ここに v と E を代入すると，抵抗値 R は，

$$R=\frac{V}{I}=\boxed{3}$$

となり，オームの法則が示されたことになる。なお，この抵抗の抵抗率は $\boxed{4}$ である。

$\boxed{1}$ の解答群

① $\dfrac{\ell}{V}$　② $\dfrac{V}{\ell}$　③ $\dfrac{S}{V}$　④ $\dfrac{V}{S}$

$\boxed{2}$ の解答群

① $\dfrac{k}{eS}$　② $\dfrac{e}{kS}$　③ $\dfrac{k}{e}$　④ $\dfrac{e}{k}$

$\boxed{3}$ の解答群

① $\dfrac{ke}{\ell^2 Sn}$　② $\dfrac{\ell^2 Sn}{ke}$　③ $\dfrac{k\ell}{e^2 Sn}$　④ $\dfrac{e^2 Sn}{k\ell}$

$\boxed{4}$ の解答群

① $\dfrac{ke}{n}$　② $\dfrac{n}{ke}$　③ $\dfrac{k}{e^2 n}$　④ $\dfrac{e^2 n}{k}$

問題 112 抵抗値が 8Ω, 20Ω および 30Ω の抵抗と, 内部抵抗が無視でき, 起電力が 40 V の電池で図の回路をつくる。

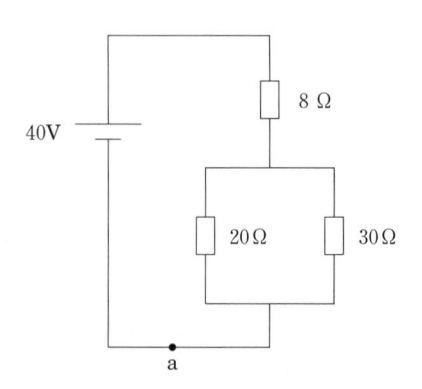

問 1 20Ω の抵抗を流れる電流の強さを I_1, 30Ω の抵抗を流れる電流の強さを I_2 とする。このとき, $\dfrac{I_1}{I_2}$ はいくらか。$\dfrac{I_1}{I_2}=$ 〔 1 〕

① 1   ② $\dfrac{2}{3}$ ③ $\dfrac{3}{2}$

問 2 20Ω の抵抗にかかる電圧を V_1 〔V〕, 30Ω の抵抗にかかる電圧を V_2 〔V〕, 8Ω の抵抗にかかる電圧を V_3 〔V〕 とする。V_1, V_2, V_3 の関係式を選べ。〔 2 〕

① $V_1+V_2+V_3=40$, $\dfrac{V_1}{V_2}=\dfrac{2}{3}$

② $V_1+V_2+V_3=40$, $\dfrac{V_1}{V_2}=\dfrac{3}{2}$

③ $V_1+V_2+V_3=40$, $V_1=V_2$

④ $V_1+V_3=40$, $V_1=V_2$

問 3 図の点 a を流れる電流の強さはいくらか。〔 3 〕 A

① 0   ② 2   ③ 5   ④ 8.3

問題 113 内部抵抗が 1.2Ω で，起電力が 60V の電池と抵抗値が 2Ω，3Ω，6Ω の抵抗，検流計Ⓖ，可変抵抗 R からなる回路がある。

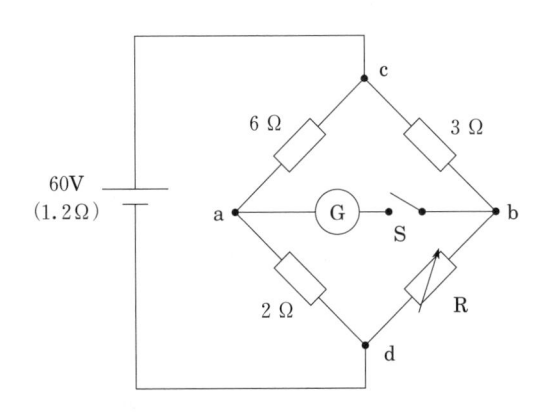

問1 可変抵抗 R の抵抗値を 9Ω にし，スイッチ S を開く。このとき，電池を流れる電流の強さはいくらか。[1] A　また，cd 間の電位差はいくらか。[2] V　また，ab 間の電位差はいくらか。[3] V

① 10　② 12　③ 24　④ 36　⑤ 48
⑥ 52　⑦ 60　⑧ 72

問2 可変抵抗 R の抵抗値をある値にすると，スイッチ S を閉じても，検流計Ⓖに電流が流れない。このときの，R の抵抗値はいくらか。[4] Ω

① $\dfrac{1}{3}$　② $\dfrac{2}{3}$　③ 1　④ 2　⑤ 3
⑥ 6　⑦ 9　⑧ 18

問題 114 2Ωと4Ωの抵抗と電池を使って図のような回路を組んだところ，点Bと点Cの間の抵抗には2A，点Cと点Dの間の抵抗には6Aの電流が流れた．

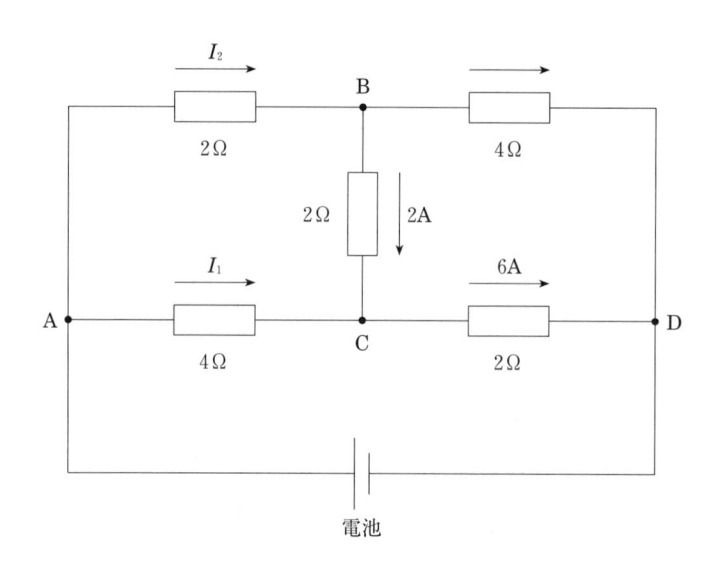

点Cに流入する電流に関するキルヒホッフの法則より，AC間の4Ωの抵抗に流れる電流 I_1 は ┃ 1 ┃ A であることがわかる．したがって，点Cに対する点Aの電位は ┃ 2 ┃ V である．また，点Cに対する点Bの電位は ┃ 3 ┃ V なので，AB間の電位は ┃ 4 ┃ V である．以上の結果より，AB間の2Ωの抵抗に流れる電流 I_2 は ┃ 5 ┃ A である．

┃ 1 ┃ ～ ┃ 5 ┃ の解答群

① 1　　② 2　　③ 3　　④ 4　　⑤ 5
⑥ 6　　⑦ 8　　⑧ 10　　⑨ 12　　⓪ 16

問題 115 抵抗値が 2Ω, 3Ω, 4Ω の抵抗と, 起電力が 19 V と 27 V の電池で, 図の回路をつくる。電池の内部抵抗は無視できるものとする。図において, A から B に流れる電流を i_1〔A〕とし, C から B に流れる電流を i_2〔A〕とする。

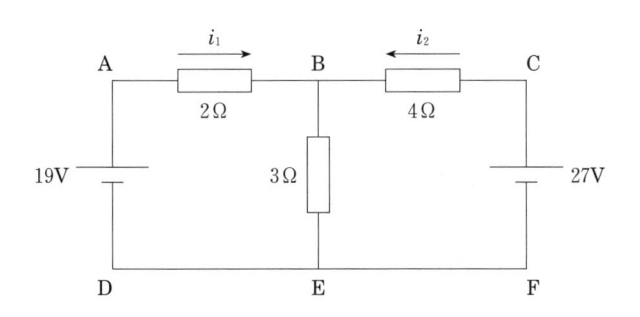

問1 閉回路 ABED について, 電位に関するキルヒホッフの法則はどのように表されるか。 ☐ 1

① $19 = 2i_1 + 3i_1$ ② $19 = 2i_1 + 3(i_1 + i_2)$
③ $27 = 4i_2 + 3i_2$ ④ $27 = 4i_2 + 3(i_1 + i_2)$

問2 閉回路 CBEF について, 電位に関するキルヒホッフの法則はどのように表されるか。 ☐ 2 (解答群は**問1**と共通)

問3 点 E に対する点 B の電位はいくらになるか。 ☐ 3 V

① 11 ② 12 ③ 15 ④ 17

問題 116 電流と電圧の関係が図1のグラフで示される電球 L がある。この電球 L と 100 Ω の抵抗，それに，内部抵抗が無視でき，起電力が 50 V の電池を用いて，図2と図3の回路をつくる。

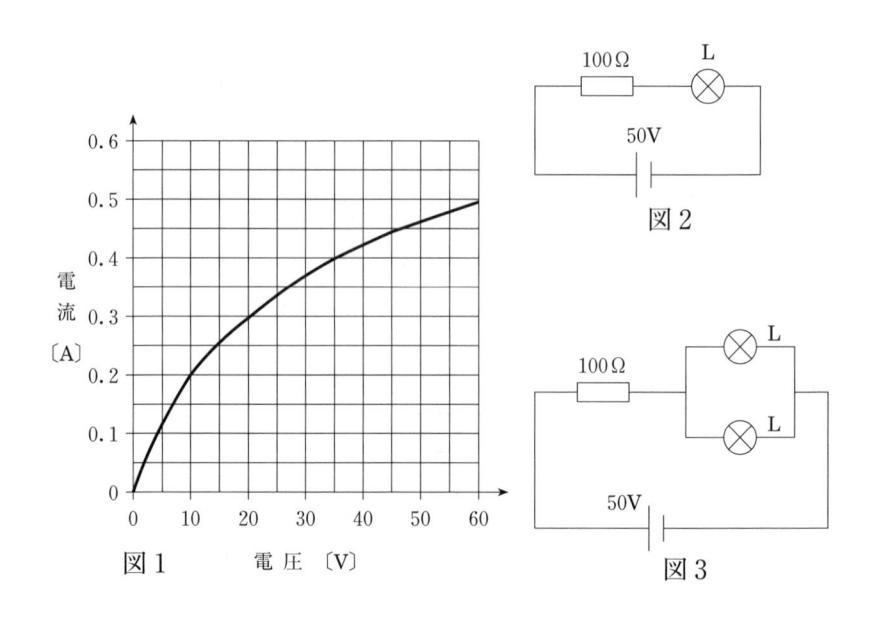

図1
図2
図3

問1 図2の回路において，L にかかる電圧 V 〔V〕と L に流れる電流 I 〔A〕は，次のどの式を満たすか。　1

① $I^2 = 2V$　　② $100I + V = 50$　　③ $200I + V = 50$
④ $2I^2 = V$　　⑤ $100I - V = 50$　　⑥ $200I - V = 50$

また，V の値はいくらか。$V =$　2　V

① 10　　② 15　　③ 20　　④ 25　　⑤ 30
⑥ 35　　⑦ 40　　⑧ 45

問2　図3の回路において，電球L1個の消費電力はいくらか。
　　　　3　W

① 1　　② 2　　③ 3　　④ 4　　⑤ 5
⑥ 6　　⑦ 7　　⑧ 8　　⑨ 9　　⓪ 10

問題 117 内部抵抗が1Ωで，1目盛りが1mAの電流計Aがある。この電流計を用いて以下の装置をつくるには何Ωの抵抗（**ア**）をどのように接続（**イ**）すればよいか。

問1 1目盛りが5mAの電流計をつくる場合。　1

	ア	イ
①	0.2 Ω	直列
②	0.2 Ω	並列
③	0.25 Ω	直列
④	0.25 Ω	並列
⑤	4 Ω	直列
⑥	4 Ω	並列

問2 1目盛りが1Vの電圧計をつくる場合。　2

	ア	イ
①	99 Ω	直列
②	99 Ω	並列
③	999 Ω	直列
④	999 Ω	並列
⑤	9999 Ω	直列
⑥	9999 Ω	並列

第6章
磁場と交流
(19題)

問題 118 十分に長い直線導線を流れる電流がつくる磁場について答えよ。ただし，**問 2，3** では地磁気の影響は無視する。

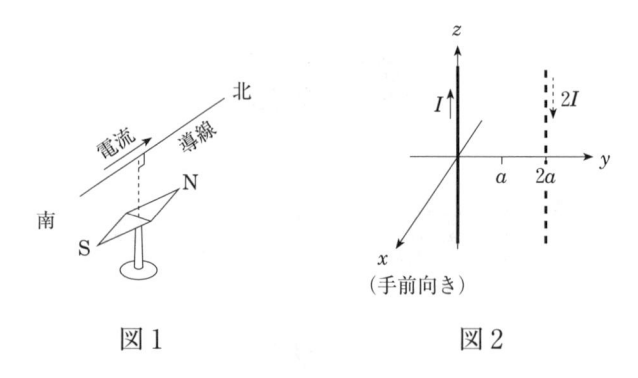

図 1   図 2

問 1 図 1 のように，導線を南北に張り，南から北の向きに電流を流す。導線の真下に置かれた方位磁針の振れはどうなるか。 1

① N 極が東へ振れる。　② N 極が西へ振れる。
③ 磁針は振れない。

問 2 図 2 のように導線を z 軸に一致させ，$+z$ 方向に強さ I の電流を流す。y 軸上，$y=a$ の位置における磁場の強さと向きを求めよ。
強さ： 2

① $\dfrac{2\pi I}{a}$　② $\dfrac{2I}{a}$　③ $\dfrac{I}{2\pi a}$　④ $\dfrac{I}{2a}$

向き： 3

① $+x$ 方向　② $-x$ 方向　③ $+y$ 方向　④ $-y$ 方向
⑤ $+z$ 方向　⑥ $-z$ 方向

問3 図2の導線に加え，z軸に平行でy軸上，$y=2a$を通る導線（点線）を張り，強さ$2I$の電流を$-z$方向に流す。y軸上で磁場の強さが0になる位置はどこか。$y=\boxed{\ 4\ }$

① $-3a$　　② $-2a$　　③ $-a$　　④ a
⑤ $3a$　　⑥ $4a$

問題 119 十分に長い直線導線を流れる電流がつくる磁場について答えよ。

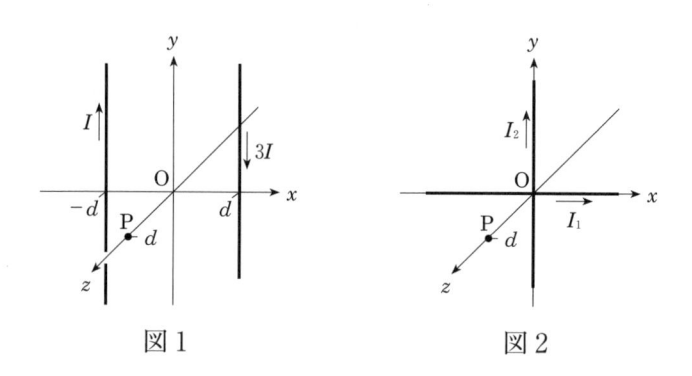

図 1

図 2

問 1 図 1 のように，x 軸上，$x=-d$ を通り，y 軸に平行に導線を張り，$+y$ 方向に強さ I の電流を流す。また，x 軸上，$x=d$ を通り，y 軸に平行に導線を張り，$-y$ 方向に強さ $3I$ の電流を流す。原点 O および，点 P $(0,0,d)$ における磁場の強さはいくらか。

原点 O： 1

① $\dfrac{2\pi I}{d}$ ② $\dfrac{2I}{d}$ ③ $\dfrac{2I}{\pi d}$ ④ $\dfrac{\pi I}{2d}$

点 P： 2

① $\dfrac{\sqrt{5}I}{2\pi d}$ ② $\dfrac{\sqrt{5}\pi I}{2d}$ ③ $\dfrac{2\pi I}{\sqrt{5}d}$ ④ $\dfrac{2I}{\sqrt{5}\pi d}$

問 2 図 2 のように 2 本の導線を x 軸と y 軸に一致させ，それぞれ正方向に，強さ I_1 と I_2 ($I_1 > I_2$) の電流を流す。点 P $(0, 0, d)$ における磁場の強さはいくらか。　3

① $\dfrac{\sqrt{I_1^2 + I_2^2}}{2\pi d}$　　② $\dfrac{\pi\sqrt{I_1^2 + I_2^2}}{2d}$　　③ $\dfrac{\sqrt{I_1^2 - I_2^2}}{2\pi d}$

④ $\dfrac{\pi\sqrt{I_1^2 - I_2^2}}{2d}$

問題 120 十分に長い2本の直線導線 A，B を距離 d だけ隔てて平行に置く。A に強さ I の電流を，B に強さ $2I$ の電流を互いに逆向きに流す。この空間の透磁率を μ とする。

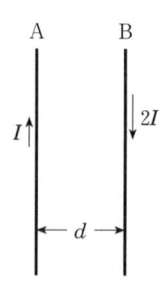

```
    A    B
    │    │
  I↑│    │↓2I
    │    │
    └─d─┘
```

問1 2本の導線にはたらく力はどの向きか。 1

① A，B ともに，図の右向き
② A，B ともに，図の左向き
③ 互いに反発しあう向き
④ 互いに引きあう向き

問2 導線 A の電流の向きだけを逆にするとき，2本の導線にはたらく力はどの向きか。 2 （解答群は**問1**と共通）

問3 導線 A にはたらく力の大きさは，単位長さあたりいくらか。 3

① $\dfrac{\mu I^2}{2\pi d}$ ② $\dfrac{\mu I^2}{\pi d}$ ③ $\dfrac{2\mu I^2}{\pi d}$ ④ $\dfrac{4\mu I^2}{\pi d}$

問題 121 文中の空欄に入れるべきものを，それぞれの解答群のうちから選べ。

長さ ℓ [m]，断面積 S [m^2] の導線が図のように置かれ，図の右向きに強さ I [A] の電流を流す。磁束密度の大きさが B [Wb/m^2] の一様な磁場を図の上向きにかける。

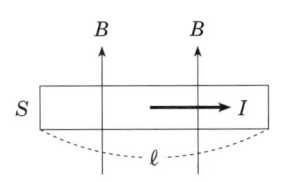

このとき，導線が磁場から受ける力の大きさは　1　[N] で，その向きは　2　である。電流の正体は，電流と反対の向きに流れる自由電子である。導線を流れる自由電子（電気量は $-e$ [C] とする）の速さを v [m/s] とすると，自由電子1個が受けるローレンツ力の大きさは　3　[N] で，その向きは　4　である。

1 の解答群

① ISB　　② $I\ell SB$　　③ $IB\ell$　　④ $\dfrac{IBS}{\ell}$

2 と 4 の解答群

① 図の右向き　　② 図の左向き
③ 図の上向き　　④ 図の下向き
⑤ 紙面の裏から表へ向かう向き
⑥ 紙面の表から裏へ向かう向き

3 の解答群

① eSv　　② evB　　③ eSB　　④ $e\ell SB$

問題 122 図のように，真空中で一様な磁場が x 軸の正方向にかけられている。原点 O から荷電粒子を y 軸の正方向に向けて打ち出すと，荷電粒子は yz 平面内で等速円運動をする。重力の影響は無視する。

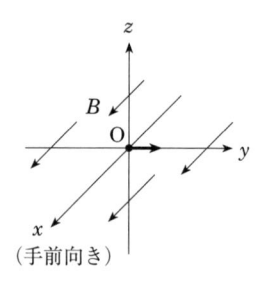

問1 荷電粒子のもつ電気量が正の場合，等速円運動の軌跡はどのようになるか。　1

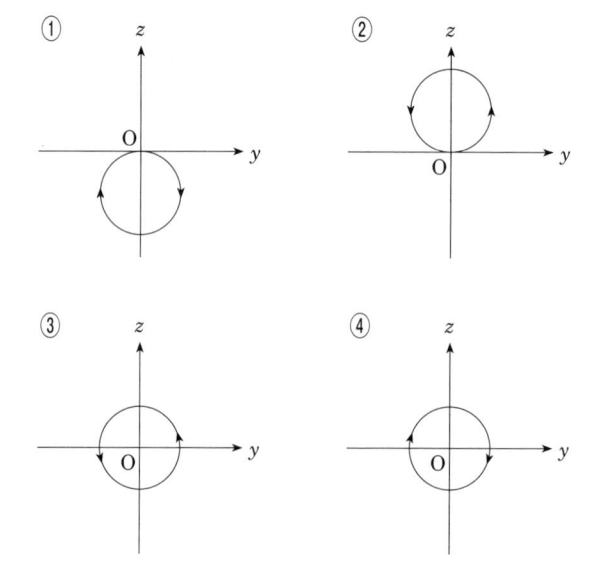

問2 荷電粒子のもつ電気量が負の場合，等速円運動の軌跡はどのようになるか。　2　（解答群は問1と共通）

問3　荷電粒子の電気量の大きさを q，質量を m，原点Oから打ち出す速さを v とする。円運動の半径はいくらか。　3

① $\dfrac{qB}{mv}$　　② $\dfrac{qm}{vB}$　　③ $\dfrac{mB}{qv}$　　④ $\dfrac{mv}{qB}$

問題 123 次の文中の空欄を埋めよ。

図のように，コイルに磁石のN極を下から近づける。このとき，コイルを上向きに貫く磁束が [1] する。そのため，コイルには誘導電流が流れる。レンツの法則によると，コイルを流れる誘導電流は [2] 向きにコイルを貫く磁場をつくる。したがって，誘導電流の向きは，コイルにつけた矢印と [3] である。また，磁石はコイルを流れる誘導電流から [4] 向きの力を受ける。

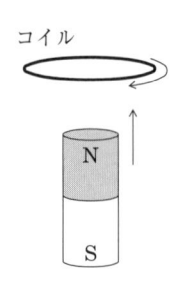

[1] の解答群

① 増加　　② 減少　　③ 回転　　④ 上昇

[2]・[4] の解答群

① 下　　② 上　　③ 横

[3] の解答群

① 同じ　　② 反対

問題 124　電磁誘導について，下の問いに答えよ。

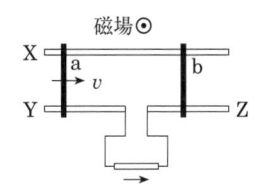

磁場⊙

問　図のように，水平な床上にレールX，Y，Zを置き，導体棒a，bをその上にのせる。磁場を鉛直上向きにかけておいて，aを速さvで右に動かし，bを固定する。このとき，

(ア)　Y，Z間につながれた抵抗を流れる電流はどうなるか。　| 1 |

　① 図の矢印の向きに流れる。
　② 図の矢印と反対の向きに流れる。
　③ 電流は流れない。

(イ)　導体棒bの固定を外すとbの動きはどうなるか。　| 2 |

　① 図の右方に動きだす。
　② 図の左方に動きだす。
　③ 静止したまま動かない。

問題 125 紙面内に x–y 平面をとり，磁束密度 B の一様な磁場を紙面に垂直に，紙面の裏から表に向かう向きにかける。長さ L の導体棒 PQ を x–y 平面内で運動させる。

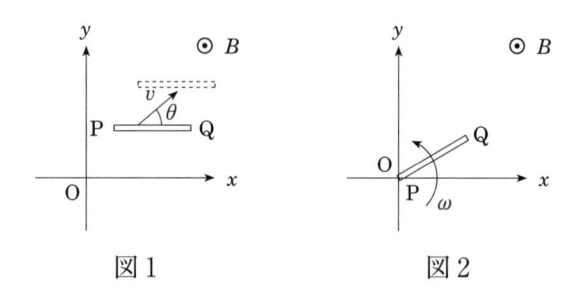

図1　　　　　図2

問1 図1のように，導体棒 PQ を x 軸と平行を保ったまま，x 軸と角度 θ の向きに速さ v で動かす。

(a) 時間 Δt の間に導体棒 PQ が横切る磁束はいくらか。　1

① $vBL\Delta t\cos\theta$　　② $vBL\Delta t\sin\theta$　　③ $vBL^2\Delta t\sin\theta$
④ $vBL^2\Delta t\cos\theta$

(b) 導体棒の P 端に対する Q 端の電位はいくらか。　2

① $vBL\cos\theta$　　② $vBL\sin\theta$　　③ $-vBL\sin\theta$
④ $-vBL\cos\theta$　　⑤ $vBL^2\cos\theta$　　⑥ $vBL^2\sin\theta$
⑦ $-vBL^2\sin\theta$　　⑧ $-vBL^2\cos\theta$

問2 図2のように，導体棒のP端を原点Oに一致させ，Pを回転軸として，反時計回りに一定の角速度ωで回転させる。

(a) 時間Δtの間に導体棒PQが横切る磁束はいくらか。 3

① $\omega BL\Delta t$　　② $\dfrac{1}{2}\omega BL\Delta t$　　③ $\omega BL^2\Delta t$

④ $\dfrac{1}{2}\omega BL^2\Delta t$

(b) 導体棒のP端に対するQ端の電位はいくらか。 4

① ωBL　　② $\dfrac{1}{2}\omega BL$　　③ $-\omega BL$　　④ $-\dfrac{1}{2}\omega BL$

⑤ ωBL^2　　⑥ $\dfrac{1}{2}\omega BL^2$　　⑦ $-\omega BL^2$　　⑧ $-\dfrac{1}{2}\omega BL^2$

問題 126 図のように，磁束密度 B の磁場が鉛直上向きにかけられている。間隔 ℓ で2本の長い導体レールが水平に設置され，その左端には抵抗値 R の抵抗が接続されている。レールに垂直に長さ ℓ，質量 m の導体棒を置き，右向きの初速 v_0 を与える。抵抗以外の電気抵抗，および装置各部の摩擦は無視でき，導体棒は常にレールと垂直な状態を保ちながら運動するものとする。

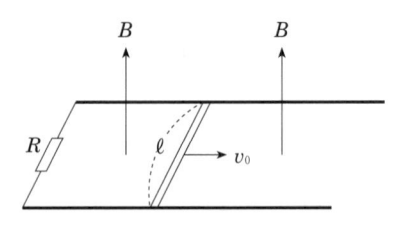

問1 導体棒に初速を与えた直後に，導体棒が磁場から受ける力の大きさはいくらか。 ☐1

① $\dfrac{v_0 B^2 \ell^2}{R}$ ② $\dfrac{v_0^2 B^2 \ell}{R}$ ③ $\dfrac{v_0^2 B \ell^2}{R}$ ④ $\dfrac{v_0 B \ell}{R}$

問2 導体棒に初速を与えてから十分に時間がたつまでの間の導体棒の運動はどのようになるか。 ☐2

① 減速しながら右に進み，ある位置で静止し，そのまま動かない。
② 減速しながら右に進むが，ある速さからは減速せず，一定の速さで右に進む。
③ 初速を与えた位置を中心に，往復運動をする。

問3 導体棒に初速を与えてから十分に時間がたつまでの間に抵抗で生じるジュール熱の和はいくらか。 3

① $\dfrac{v_0^2 B^2 \ell^2}{R}$ 　　② $R v_0^2 B^2 \ell^2$

③ $\dfrac{1}{2} m (v_0^2 - v_0 B^2 \ell^2)$ 　　④ $\dfrac{1}{2} m v_0^2$

問題 127 磁束密度 B の磁場が鉛直上向きにかけられている。2本の長い導体レールが間隔 ℓ で水平に設置され，その両端に抵抗値 R の抵抗がそれぞれ接続されている。レールに垂直に長さ ℓ，質量 m の導体棒を置く。導体棒の中点に絶縁体の糸をつなぎ，糸の他端に質量 m のおもりを取り付け，右側の軽い滑車に糸をかけておもりをつるす。重力加速度の大きさを g とする。

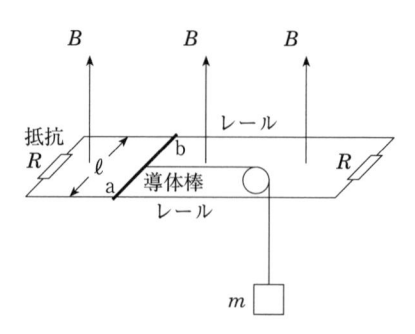

抵抗以外の電気抵抗，および装置各部の摩擦は無視できるものとする。また，導体棒と滑車の間の糸は常に水平を保ち，導体棒は常にレールと垂直を保ちながら運動するものとする。全体を自由にすると，おもりは下がり，導体棒は右に動いた。

問 1 導体棒の速度が右向きに v のとき，導体棒の端子 a に対する端子 b の電位はいくらか。 | 1 |

① $vB\ell$ ② $-vB\ell$ ③ $2vB\ell$ ④ $-2vB\ell$
⑤ 0

問2 十分に時間がたつと，導体棒の速さは一定値になる。ただし，その間に導体棒が滑車と衝突することはないものとする。

(a) 導体棒の速さが一定値のとき，導体棒に流れている電流の強さはいくらか。 $\boxed{2}$

① $\dfrac{mg}{2B\ell}$　② $\dfrac{2mg}{B\ell}$　③ $\dfrac{2mg}{3B\ell}$　④ $\dfrac{mg}{B\ell}$

(b) 一定値になった導体棒の速さを v_0 とする。このとき，2個の抵抗で生じるジュール熱の合計は単位時間あたりいくらか。 $\boxed{3}$

① mgv_0　② $\dfrac{1}{2}mv_0{}^2$

③ $mgv_0 + \dfrac{1}{2}mv_0{}^2$　④ $mgv_0 - \dfrac{1}{2}mv_0{}^2$

問題 128 長い2本のレールを，間隔 ℓ で，水平面上に平行に置く。レール上には，質量 m，長さ ℓ の導体棒 PQ を乗せる。レールの左端に，抵抗値 R の抵抗とスイッチ，起電力が E で内部抵抗が無視できる電池を図のようにつなぐ。導体棒 PQ とレールとの間の摩擦，抵抗以外の電気抵抗は無視できるものとする。装置全体に，鉛直上向きの一様な磁場をかける。磁場の磁束密度の大きさを B とする。

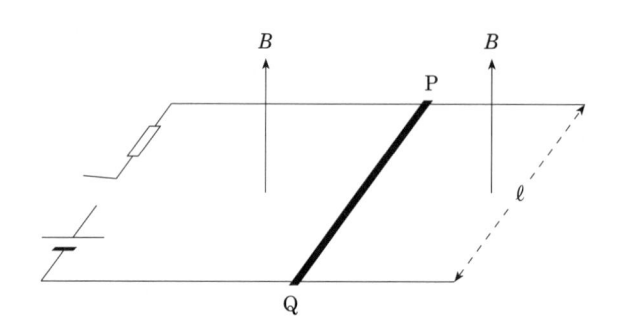

スイッチを閉じ，導体棒 PQ をレール上で放す。PQ は動きだし，やがて一定の速さ u_0 になる。

問1 導体棒 PQ の速さが u $(u<u_0)$ のとき，導体棒を P から Q の向きに流れる電流はいくらか。 1

① $\dfrac{E+uB\ell}{R}$ ② $\dfrac{E-uB\ell}{R}$ ③ $-\dfrac{E+uB\ell}{R}$

④ $-\dfrac{E-uB\ell}{R}$ ⑤ $\dfrac{(u_0-u)B\ell}{R}$ ⑥ $-\dfrac{uB\ell}{R}$

問2 u_0 はいくらか。$u_0 =$ 2

① $\dfrac{E}{B\ell}$ ② $\dfrac{B\ell}{E}$ ③ $\dfrac{B\ell R}{E}$ ④ $\dfrac{EB\ell}{R}$

問3 導体棒 PQ が一定の速さ u_0 で運動しているとき，電池が供給している電力はいくらか。 3

① $\dfrac{1}{2}mu_0^2$ ② $\dfrac{E^2}{R}$ ③ $\dfrac{EB\ell}{R}u_0$ ④ 0

問題 129 半径 r〔m〕の円形コイルがある。このコイルの中心軸に沿って図1の向きに磁場がかけてある。磁場の磁束密度の大きさ B〔Wb/m²〕は時間 t〔s〕に対して，図2のように変化した。図1の抵抗 R は十分に大きな抵抗値をもつものとする。

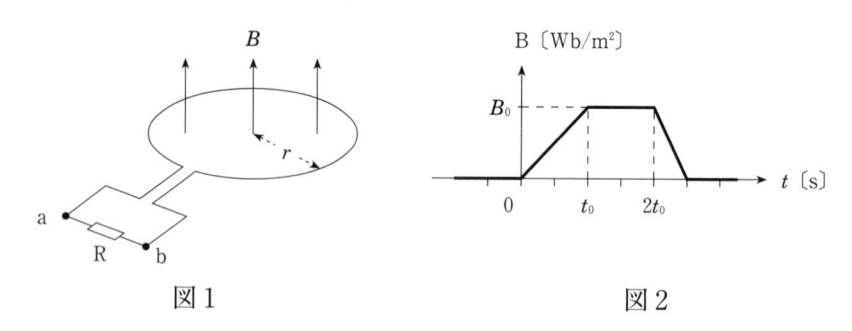

図1

図2

問　点 a に対する点 b の電位 V〔V〕と時間の関係を示すグラフを選べ。　1

① ② ③

④ ⑤ ⑥

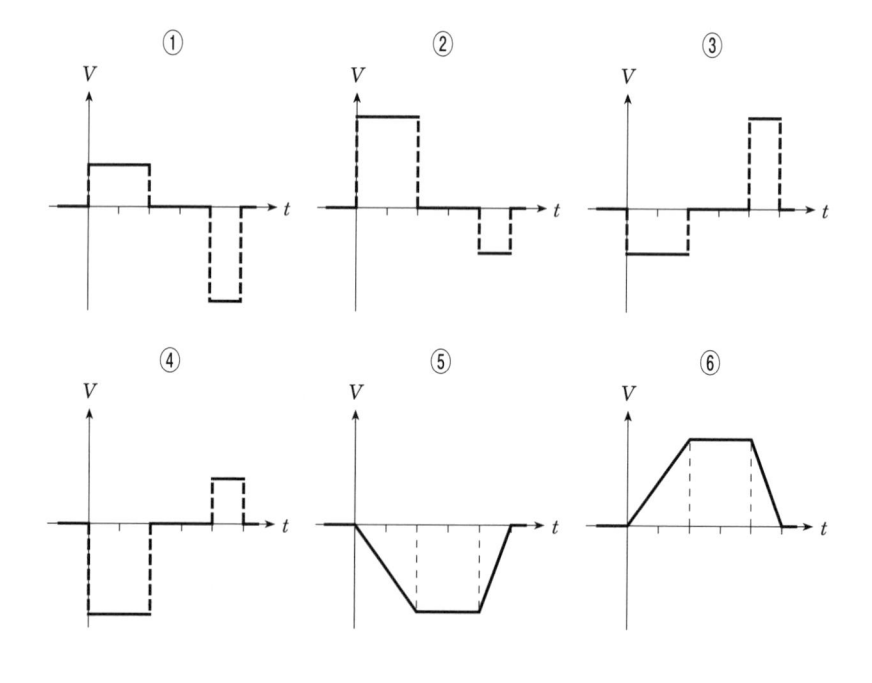

問題 130 図のように，断面積が $5.0 \times 10^{-3}\,\mathrm{m}^2$，巻き数 2000 回のコイルがある。このコイルを矢印の向きに貫く一様な磁場の磁束密度が 0.4 秒につき $0.32\,\mathrm{Wb/m}^2$ の割合で減少した。

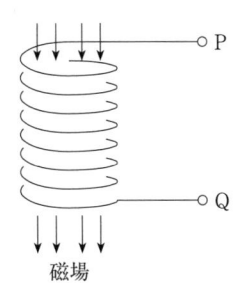

問1　P と Q とではどちらの電位が高くなるか。　1

① P　② Q　③ 条件が不足しているので特定できない。

問2　PQ 間の電圧はいくらか。　2 V

① 8.0　② 12　③ 16　④ 32

問題 131 鉄心にコイル A, B を図 1 のように巻きつける。コイル A を電源 C につなぎ，A に流れる電流 I [A]（図の矢印の向きを正とする）を時間 t [s] に対して，図 2 のように変化させる。コイル A と B の間の相互インダクタンスを 3 H とする。

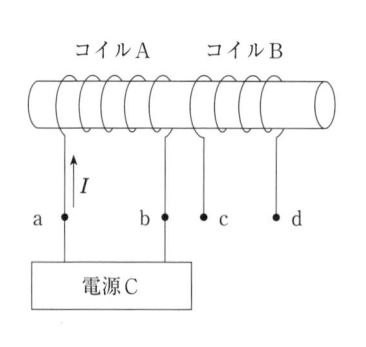

図 1

図 2

問 1 $0 < t < 2$ s のとき，鉄心を貫く磁束の向きはどちら向きか。
　　 [1]

　① 右向き　② 左向き　③ どちらともいえない

　また，このときコイル B に生じる相互誘導起電力の大きさはいくらか。 [2] V

　① 1　② 2　③ 3　④ 4　⑤ 5
　⑥ 6　⑦ 7　⑧ 8　⑨ 9　⓪ 10

問2 コイルBの，端子dに対する端子cの電位 V [V] と時間 t [s] の関係を示すグラフの略図はどれか。　3

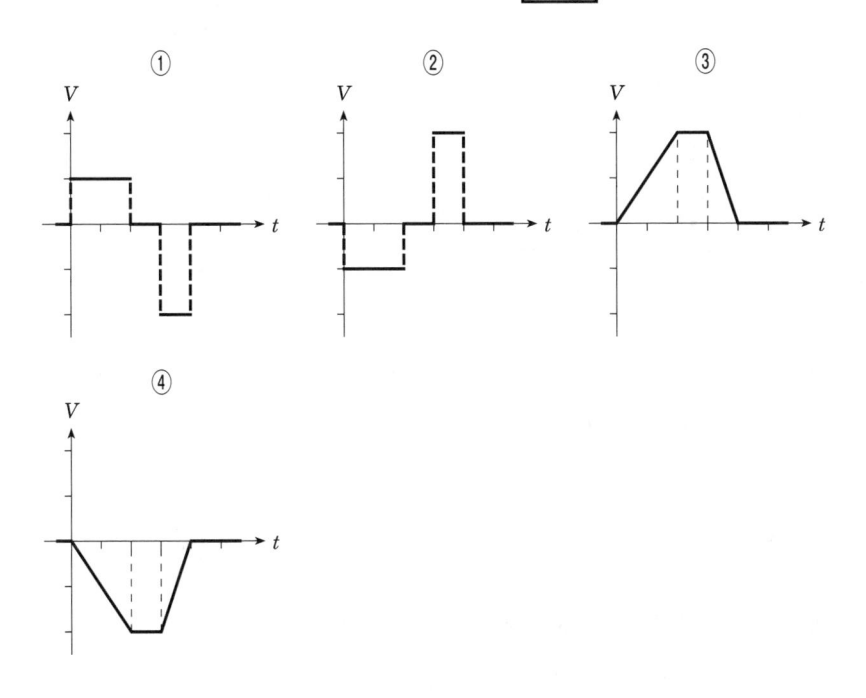

問題 132 図1のように，自己インダクタンス2Hのコイルと抵抗値3Ωの抵抗を直列に接続し，電位差を変化させることのできる可変電源につなぐ。電源の電位差を変化させると，コイルを図1の矢印の向きに流れる電流 I が時刻 t に対して図2のように変化した。

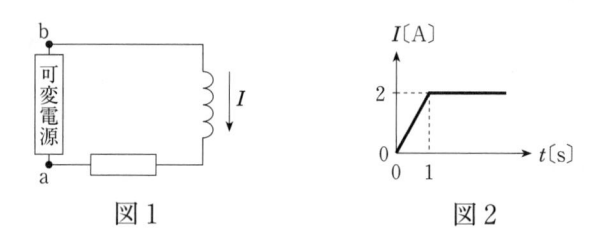

図1

図2

問1 $t=0\sim1$s において，コイルに生じる自己誘導起電力の大きさはいくらか。 $\boxed{1}$ V

① 1 　　② 2 　　③ 3 　　④ 4
⑤ 5 　　⑥ 6 　　⑦ 7 　　⑧ 8

問2 電源の端子 a に対する端子 b の電位 V は時刻 t に対してどのように変化しているか。 $\boxed{2}$

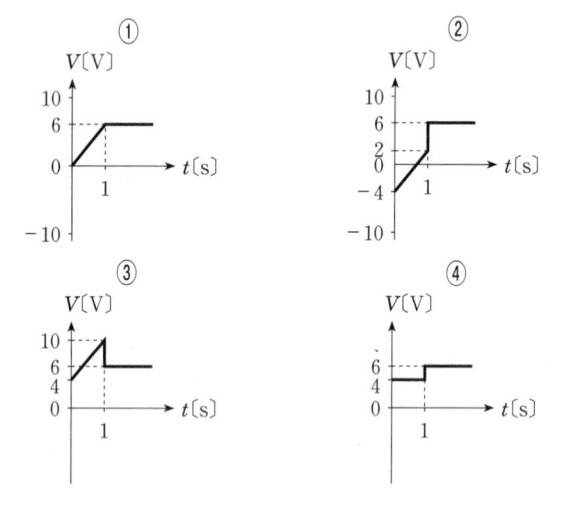

①

②

③

④

問題133 図1において，Eは内部抵抗が無視でき，起電力が12Vの電池，Rは抵抗，Lはコイルである．図2は，スイッチSを閉じた時刻を$t=0$として横軸にとり，回路に流れる電流Iを縦軸にとって，電流の変化を表したグラフである．直線アは$t=0$におけるグラフの接線である．

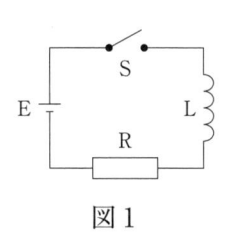

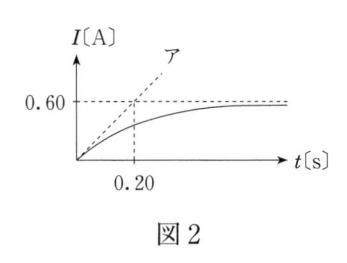

図1

図2

問1 $t=0$にコイルLに生じる自己誘導起電力の大きさは，電池の起電力に等しく，12Vである．コイルLの自己インダクタンスはいくらか． ボックス1 H

① 1 ② 2 ③ 3 ④ 4
⑤ 5 ⑥ 6 ⑦ 7 ⑧ 8

問2 抵抗Rの抵抗値はいくらか． ボックス2 Ω

① 10 ② 20 ③ 30 ④ 40
⑤ 50 ⑥ 60 ⑦ 70 ⑧ 80

問題 134 抵抗値が 20 Ω の抵抗 R，自己インダクタンスが 5 H のコイル L，電気容量が 100 μF のコンデンサー C がある。これらと，最大電圧 100 V，角周波数 50 rad/s の交流電源を接続する。交流電源の起電力 v〔V〕と時間 t〔s〕の関係は，下のグラフのようになる。起電力および電流は時計まわり（図の矢印の向き）を正とする。

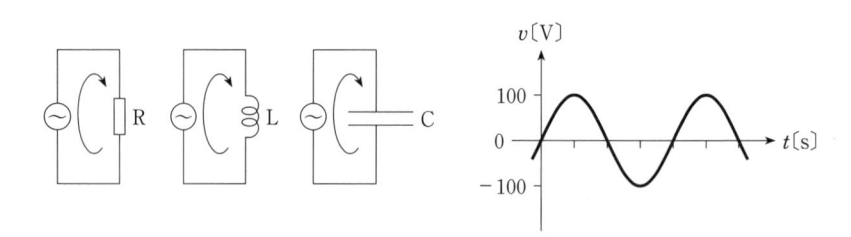

問1 交流電源の電圧の実効値はいくらか。 1 V

① 141 ② 100 ③ 71 ④ 50 ⑤ 0

問2 R，L および C に流れる交流電流の実効値はいくらか。
R； 2 A　　L； 3 A　　C； 4 A

① 0.14 ② 0.20 ③ 0.28 ④ 0.35 ⑤ 0.40
⑥ 0.50 ⑦ 2.8   ⑧ 3.5   ⑨ 4   ⓪ 5

問 3 R, L および C に流れる電流 i 〔A〕と時間 t 〔s〕の関係を示すグラフの略図はどれか。

R： 5   L： 6   C： 7

① ② 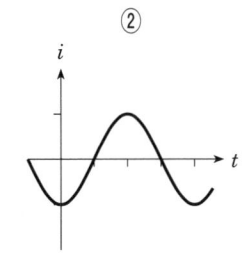 ③

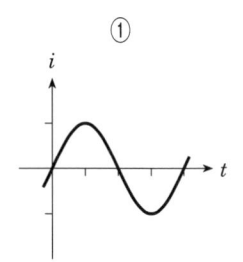

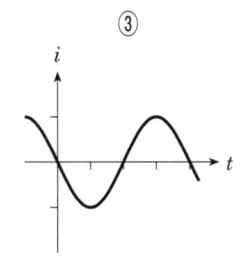

④

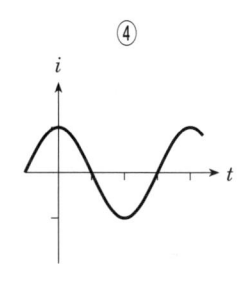

問題135

抵抗値 15Ω の抵抗，自己インダクタンス 250 mH のコイル，電気容量 2000 μF のコンデンサーを直列につなぐ。これに角周波数 20 rad/s，実効電圧 150 V の交流電源を接続する。

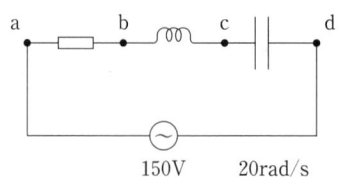

問1 回路のインピーダンスはいくらか。　[1] Ω

　① 5　　② 10　　③ 15　　④ 20　　⑤ 25

問2 回路に流れる交流電流の実効値はいくらか。　[2] A

　① 30　　② 15　　③ 10　　④ 7.5　　⑤ 6

問3 ab 間にかかる交流電圧の実効値はいくらか。　[3] V

　① 450　　② 225　　③ 150　　④ 112.5　　⑤ 90
　⑥ 60　　⑦ 45　　⑧ 30　　⑨ 15　　⓪ 0

問4 回路全体の消費電力の平均値はいくらか。　[4] W

　① 900　　② 600　　③ 540　　④ 300
　⑤ 150　　⑥ 100　　⑦ 75　　⑧ 60

問題 136 電位差 100 V の電池，電気容量 20 μF のコンデンサー，自己インダクタンス 50 mH のコイルを図のようにつなぐ。はじめに，スイッチ S_1 を閉じ，十分に時間がたってから，S_1 を開く。次に，スイッチ S_2 を閉じる。S_2 を閉じると，コンデンサーとコイルからなる回路に，振動電流が流れる。回路内の抵抗は無視できるものとする。

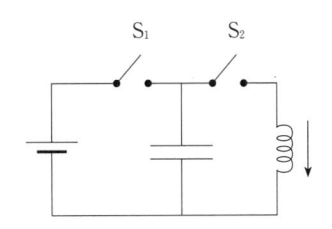

問1 スイッチ S_2 を閉じる瞬間を時刻 $t=0$ とする。コイルを図の矢印の向きに流れる電流 I〔A〕と時刻 t〔s〕の関係を示すグラフの略図はどれか。 ☐1☐

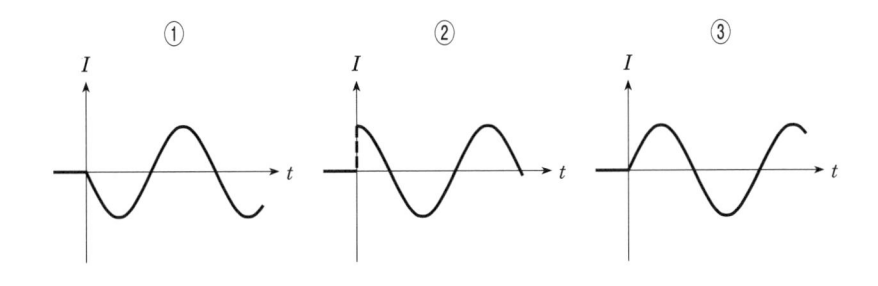

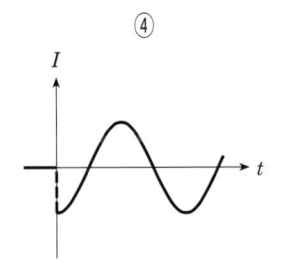

① ② ③

④

問2 振動電流の周期はいくらか。 | 2 | ×10⁻³ s

① 3.14　　② 6.28　　③ 9.42　　④ 12.6

また，振動電流の最大値はいくらか。 | 3 | A

① 1　　② 2　　③ 3　　④ 4　　⑤ 5

第7章
電子と原子
（9題）

問題 137 真空中に，長さ ℓ の同形の金属極板 A, B を距離 d だけ隔てて置き，電位差 V をかける。A, B の左端で中間点 O に電子（質量 m，電気量 $-e$）を初速 v_0 で，A, B に平行に入射させる。点 O を原点とし，x 軸と y 軸を図のようにとる。A, B 間の電場は一様であるとし，重力は無視できるものとする。$0 \leq x \leq \ell$ について答えよ。

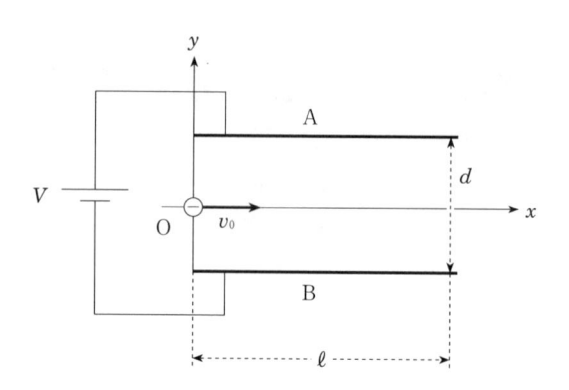

問1 A, B 間で電子が受ける力の大きさ F はいくらか。$F =$ 　1　

① eV　② eVd　③ $\dfrac{eV}{d}$　④ $\dfrac{eV}{m}$　⑤ $\dfrac{V}{e}$

問2 原点 O を通ってから時間 t 後の電子の速度成分はいくらになるか。　x 成分：　2　　y 成分：　3　

① 0　② $\dfrac{F}{m}t$　③ $\dfrac{F}{2m}t^2$　④ $v_0 + \dfrac{F}{m}t$

⑤ v_0　⑥ $-\dfrac{F}{m}t$　⑦ $-\dfrac{F}{2m}t^2$　⑧ $v_0 - \dfrac{F}{m}t$

問3　電子が描く軌道の式はどうなるか。　4

① $y = \dfrac{F}{2mv_0} x$　　② $y = -\dfrac{F}{2mv_0} x$　　③ $y = \dfrac{F}{2mv_0^2} x^2$

④ $y = -\dfrac{F}{2mv_0^2} x^2$　　⑤ $x = \dfrac{F}{2mv_0} y$　　⑥ $x = -\dfrac{F}{2mv_0} y$

⑦ $x = \dfrac{F}{2mv_0^2} y^2$　　⑧ $x = -\dfrac{F}{2mv_0^2} y^2$　　⑨ $y = 0$

問題 138 真空中に，図のような装置がある。質量 m〔kg〕，電気量 $-e$〔C〕$(e>0)$ の電子（熱電子）が極板 K から出てくる。電子の初速はゼロとし，重力は無視できるものとする。十分に広い極板 L と K には電位差 V〔V〕がかけられており，L の右側の領域は磁束密度 B〔Wb/m²〕の磁場が紙面の裏から表に向かってかけられている。

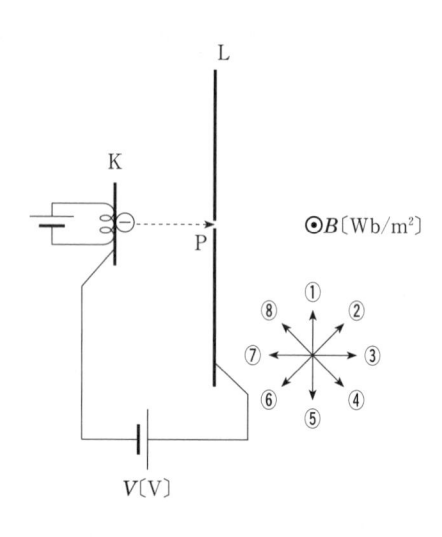

問1 極板 L の小孔 P を通過するとき，電子の運動エネルギーはいくらか。 $\boxed{1}$ 〔J〕

① $\dfrac{e}{V}$ ② eV ③ $\sqrt{\dfrac{e}{V}}$ ④ $\sqrt{\dfrac{V}{e}}$

問2 小孔Pを速さv〔m/s〕で通過した電子は，極板の右側の領域で円軌道の一部を描く。

(ア) 円軌道の半径はいくらか。 2 〔m〕

① evB　② $\dfrac{ev}{B}$　③ $\dfrac{eB}{mv}$　④ $\dfrac{mv}{eB}$　⑤ $\dfrac{mvB}{e}$

⑥ $\dfrac{e}{mvB}$

(イ) 電子は小孔Pを通過してから，磁場中を運動し，極板Lに衝突する。この間の時間はいくらか。 3 〔s〕

① $\dfrac{\pi e}{mB}$　② $\dfrac{\pi eB}{m}$　③ $\dfrac{\pi m}{eB}$　④ $\dfrac{2\pi e}{m}$

⑤ $\dfrac{2\pi eB}{m}$　⑥ $\dfrac{2\pi m}{eB}$

問3 極板Lの右側の領域に一様な電場を磁場に加えてかけると，小孔Pを通過した電子はこの領域で直進することができる。この電場の強さはいくらか。 4 〔V/m〕

① $\dfrac{v}{B}$　② $\dfrac{B}{v}$　③ vB　④ $\dfrac{1}{vB}$

また，その電場の向きはどちら向きか，図中の矢印①〜⑧のうちから選べ。 5

問題 139 文中の空欄に入れるべきものを，それぞれの解答群のうちから選べ。ただし，プランク定数を 6.6×10^{-34} J·s，真空での光速を 3.0×10^{8} m/s とする。

光を波動とみるとき，波長 7.5×10^{-7} m の光（赤色光）の振動数は [1] Hz である。また，明るい光というのは [2] が大きい光のことである。

光を粒子とみるとき，その粒子を光子という。波長 7.5×10^{-7} m の光は，1個のエネルギーが [3] J で，運動量の大きさが [4] kg·m/s の光子が集まったものである。このとき，明るい光というのは [5] が大きいものである。

[1] と [3] と [4] の解答群

① 4.0×10^{-19}　　② 4.0　　③ 4.0×10^{14}
④ 2.6×10^{-19}　　⑤ 2.6　　⑥ 2.6×10^{28}
⑦ 8.8×10^{-28}　　⑧ 8.8　　⑨ 8.8×10^{28}

[2] と [5] の解答群

① 波長　　② 周期　　③ 振動数　　④ 振幅
⑤ 光子の数　　⑥ 光子の重さ　　⑦ 光子の色

問題 140　静止している質量 m の電子に波長 λ の光子が衝突し，光子が進行方向と反対の方向に散乱され，電子が速さ v ではじきとばされる場合を考える。散乱された光子の波長を λ_1，プランク定数を h，真空中の光速を c とする。

問1　エネルギー保存を示す式は次のうちどれか。　1
　　　また，運動量保存を示す式は次のうちどれか。　2

① $\dfrac{h}{\lambda} = \dfrac{h}{\lambda_1} + mv$　　　② $\dfrac{h}{\lambda} = \dfrac{h}{\lambda_1} - mv$

③ $\dfrac{h}{\lambda} = -\dfrac{h}{\lambda_1} + mv$　　④ $\dfrac{h}{\lambda} = \dfrac{h}{\lambda_1} + \dfrac{1}{2}mv^2$

⑤ $\dfrac{hc}{\lambda} + mc^2 = \dfrac{hc}{\lambda_1} + \dfrac{1}{2}mv^2$

⑥ $\dfrac{hc}{\lambda_1} + mc^2 = -\dfrac{hc}{\lambda_1} + \dfrac{1}{2}mv^2$

⑦ $\dfrac{hc}{\lambda} + mc^2 = \dfrac{hc}{\lambda_1} - \dfrac{1}{2}mv^2$　　⑧ $\dfrac{hc}{\lambda} = \dfrac{hc}{\lambda_1} + \dfrac{1}{2}mv^2$

問2　λ と λ_1 の関係式を次のうちから選べ。　3

① $2mc\lambda_1\lambda(\lambda_1 - \lambda) = h(\lambda_1 + \lambda)^2$

② $2mc\lambda_1\lambda(\lambda_1 + \lambda) = h(\lambda_1 - \lambda)^2$

③ $2mc\lambda_1\lambda(\lambda_1 + \lambda)^2 = h(\lambda_1 - \lambda)$

④ $2mc\lambda_1\lambda(\lambda_1 - \lambda)^2 = h(\lambda_1 + \lambda)$

問題 141 図1は光電効果の測定装置である。光源からの光は陰極Kにあたり，Kから光電子が飛び出る。陽極Pと陰極Kの間に電位差V（Kに対するPの電位）をかけて，光電流Iを測定する。図2は，振動数ν_0の一定の強さの光についてのIとVの測定結果である。プランク定数をh，電気素量をeとする。

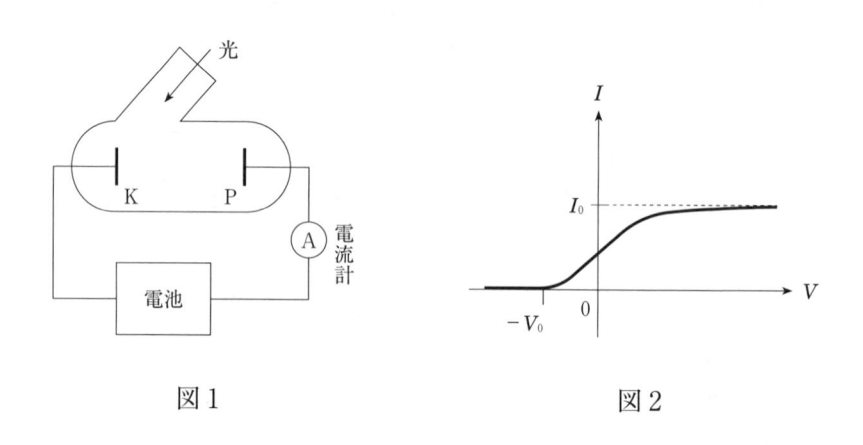

図1

図2

問1 陰極Kの金属の仕事関数をWとする。Kから飛び出る光電子の運動エネルギーの最大値はいくらか。　1

① $h\nu_0$ ② $h\nu_0 - W$ ③ $h\nu_0 + W$ ④ W

問2 図2におけるV_0と**問1**のWの関係式はどうなるか。　2

① $eV_0 = h\nu_0 - W$ ② $eV_0 = W - h\nu_0$ ③ $eV_0 = W + h\nu_0$
④ $eV_0 = -h\nu_0 - W$ ⑤ $eV_0 = h\nu_0$ ⑥ $eV_0 = W$

問3 光の振動数を ν_0 のままにし，光の強さを2倍にする。図2の実験結果はどうなるか。 3

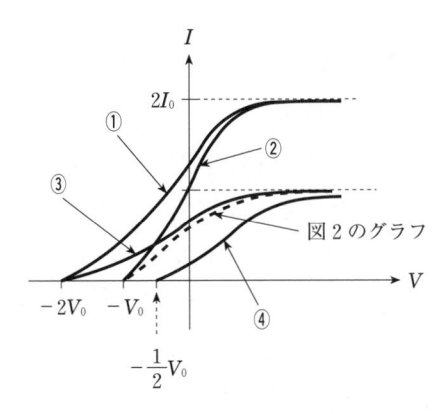

問4 Kにあてる光の振動数を ν_0 から ν に変える。このとき，Vの値にかかわらず，光電流が流れないのはどのようなときか。
4

① $\nu > \dfrac{W}{h}$　　② $\nu < \dfrac{W}{h}$　　③ $\nu < \nu_0 - \dfrac{W}{h}$

④ $\nu > \nu_0 - \dfrac{W}{h}$　　⑤ $\nu < \nu_0 + \dfrac{W}{h}$　　⑥ $\nu > \nu_0 + \dfrac{W}{h}$

問題 142

文中の空欄に入れるべきものを，それぞれの解答群のうちから選べ。

定常状態の水素原子では，質量 m，電気量 $-e$ の電子が，電気量 $+e$ の原子核（陽子）のまわりを，半径 r，速さ v で等速円運動していると考えられる。クーロンの法則の比例定数を k とすると，円運動の式は ┌─1─┐ となる。また，電子は粒子であると同時に，波の性質ももっていて，プランク定数を h とすると，その波長 λ は $\lambda =$ ┌─2─┐ となる。この波動性に対して，ボーアは ┌─3─┐ の条件を満たしていると考えた。ただし，n は自然数とする。以上の関係式から，r と n の関係に注目すると，r は ┌─4─┐ に比例し，軌道半径は n によって定まる不連続な値しかとり得ないことがわかった。

┌─1─┐ の解答群

① $\dfrac{mv}{r} = ke^2$ ② $mvr^2 = \dfrac{ke}{r}$ ③ $\dfrac{mv^2}{r} = \dfrac{ke^2}{r^2}$

④ $\dfrac{1}{2}mv^2 = \dfrac{ke^2}{r}$ ⑤ $\dfrac{1}{2}mv^2 = -\dfrac{ke^2}{r}$ ⑥ $\dfrac{mv^2}{r} = \dfrac{ke^2}{r}$

┌─2─┐ の解答群

① $\dfrac{h}{v}$ ② $\dfrac{h}{mv}$ ③ $\dfrac{hv}{m}$ ④ $\dfrac{mv^2}{2h}$ ⑤ $\dfrac{h^2}{mv^2}$

┌─3─┐ の解答群

① $\lambda = nr$ ② $r = n\lambda$ ③ $\pi\lambda = nr$

④ $2\pi r = n\lambda$ ⑤ $2r = n\lambda$ ⑥ $\pi r^2 = n\lambda^2$

┌─4─┐ の解答群

① n ② $\dfrac{1}{n}$ ③ n^2 ④ $\dfrac{1}{n^2}$ ⑤ n^2+1

問題 143 水素原子のエネルギー準位は次式で示される。
$$E_n = -\frac{2.2 \times 10^{-18}}{n^2} \text{ [J]}$$
プランク定数を 6.6×10^{-34} J·s, 真空での光速を 3.0×10^8 m/s, 電気素量を 1.6×10^{-19} C とする。

問1 水素原子の電子が $n=3$ の軌道から $n=2$ の軌道に移るとき, 放出される光子1個のエネルギーは何Jか。$\boxed{1} \times 10^{-19}$ J また, それは何eV（電子ボルト）か。$\boxed{2}$ eV そして, この光子の波長は何mか。$\boxed{3} \times 10^{-7}$ m

① 1.3　② 1.9　③ 2.2　④ 3.1　⑤ 5.8
⑥ 6.5　⑦ 7.3　⑧ 8.1　⑨ 9.1

問2 基底状態 ($n=1$) の電子を原子核から完全に引き離すには, 何m以下の波長をもつ光をあてればよいか。$\boxed{4} \times 10^{-8}$ m

① 1.0　② 2.0　③ 3.0　④ 4.0　⑤ 5.0
⑥ 6.0　⑦ 7.0　⑧ 8.0　⑨ 9.0

問題 144 図1はX線発生装置の略図である。陰極Kを出た電子（速さゼロ）はV〔V〕の電位差で加速され，陽極Pに達する。Pと電子が衝突するとき，X線が発生する。発生したX線の波長λ〔m〕と，その強さの分布は図2のようになる。

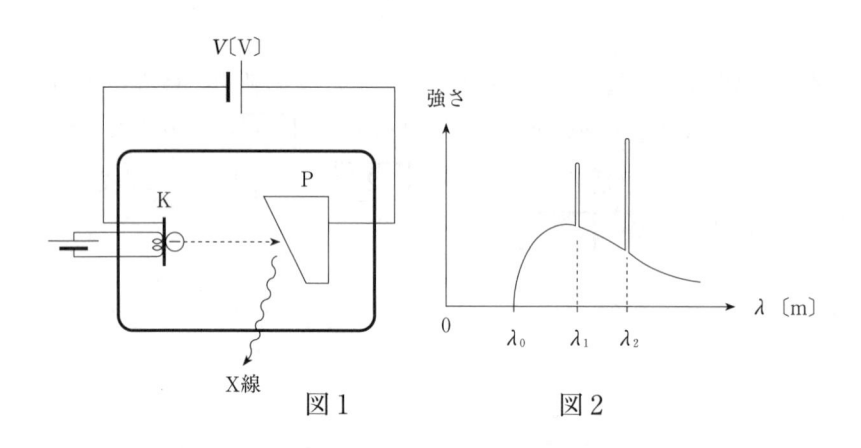

図1　　　　図2

プランク定数をh〔J·s〕，真空での光速をc〔m/s〕，電子の電気量を$-e$〔C〕，質量をm〔kg〕とする。

問1 陽極Pに達するときの電子の速さはいくらか。　1　〔m/s〕

① $\dfrac{eV}{m}$　　② $\sqrt{\dfrac{eV}{m}}$　　③ $\dfrac{2eV}{m}$　　④ $\sqrt{\dfrac{2eV}{m}}$

問2 図2におけるλ_0の値はいくらか。$\lambda_0 =$　2　〔m〕

① $\dfrac{h}{\sqrt{2meV}}$　　② $\dfrac{h}{\sqrt{meV}}$　　③ $\dfrac{hc}{eV}$　　④ $\dfrac{hc}{\sqrt{2meV}}$

問3 PK間の電位差V〔V〕を大きくするとき，図2のグラフはどのようになるか。　3

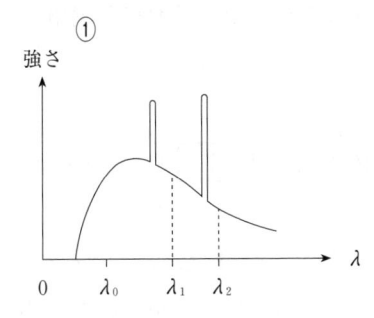

① 強さ / λ ($0, \lambda_0, \lambda_1, \lambda_2$)

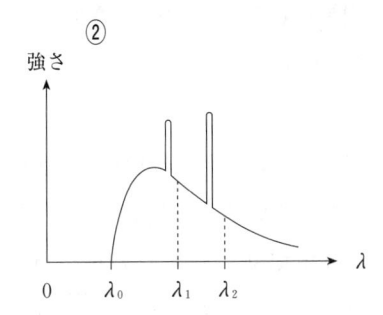

② 強さ / λ ($0, \lambda_0, \lambda_1, \lambda_2$)

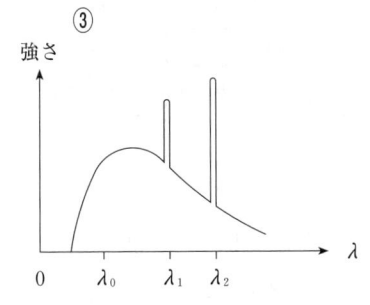

③ 強さ / λ ($0, \lambda_0, \lambda_1, \lambda_2$)

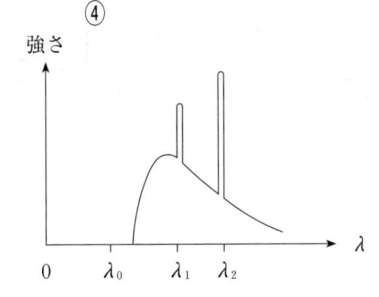

④ 強さ / λ ($0, \lambda_0, \lambda_1, \lambda_2$)

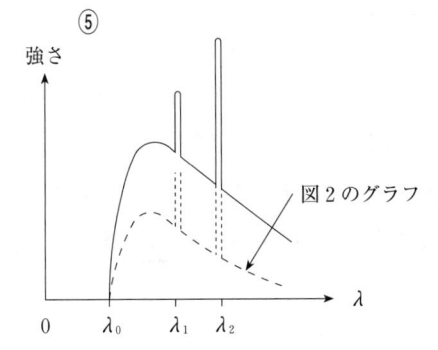

⑤ 強さ / λ ($0, \lambda_0, \lambda_1, \lambda_2$) 図2のグラフ

問題 145 文中の空欄に入れるべきものを，それぞれの解答群のうちから選べ。

〔I〕 ウラン $^{238}_{92}\text{U}$ の原子核は ① 個の陽子と ② 個の中性子からできている。α崩壊は，原子核がα線を放出して別の原子核に変わる現象である。α線の正体はヘリウム $^{4}_{2}\text{He}$ の原子核なので，ウラン $^{238}_{92}\text{U}$ がα崩壊すると， ③ になる。β崩壊は，原子核がβ線を放出して別の原子核に変わる現象である。β線の正体は，高速の電子なので，原子核の原子番号は ④ 。また，質量数は ⑤ 。ウラン $^{238}_{92}\text{U}$ が $^{206}_{82}\text{Pb}$ になるまでの間に，α崩壊が ⑥ 回，β崩壊が ⑦ 回起きる。

〔II〕 ラジウム $^{226}_{88}\text{Ra}$ の半減期は1600年である。はじめ400gのラジウム $^{226}_{88}\text{Ra}$ があったとすると，残っている $^{226}_{88}\text{Ra}$ は，800年後には ⑧ gになり，3200年後には ⑨ gになる。

〔III〕 $^{4}_{2}\text{He}$ 核1個の質量は4.0015 u（1u＝1.66×10^{-27}kg）であり，中性子1個の質量は1.0087 u，陽子1個の質量は1.0073 uである。これより，$^{4}_{2}\text{He}$ 核の質量欠損は ⑩ $\times 10^{-29}$ kgである。真空での光速を 3.0×10^{8} m/s とすると，$^{4}_{2}\text{He}$ の結合エネルギーは ⑪ $\times 10^{-12}$ Jである。

$\boxed{1}$ と $\boxed{2}$ の解答群

① 92　　② 146　　③ 238　　④ 340

$\boxed{3}$ の解答群

① $^{238}_{90}\text{Th}$　　② $^{234}_{91}\text{Pa}$　　③ $^{234}_{90}\text{U}$　　④ $^{234}_{90}\text{Th}$　　⑤ $^{234}_{89}\text{Ac}$

$\boxed{4}$ と $\boxed{5}$ の解答群

① 4減る　　② 3減る　　③ 2減る　　④ 1減る
⑤ 4増える　⑥ 3増える　⑦ 2増える　⑧ 1増える
⑨ 変わらない

$\boxed{6}$ と $\boxed{7}$ の解答群

① 2　　② 4　　③ 6　　④ 8　　⑤ 10

$\boxed{8}$ と $\boxed{9}$ の解答群

① 100　　② 200　　③ 283　　④ 400

$\boxed{10}$ と $\boxed{11}$ の解答群

① 3.2　　② 4.6　　③ 5.1　　④ 6.7　　⑤ 8.9

河合塾
SERIES

マーク式
基礎問題集
物理

[解答・解説編]

河合出版

第1章 運動と力

問題1

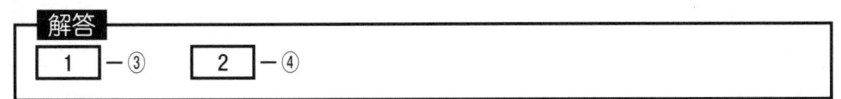

解答
1 — ③   2 — ④

解説

問1 問題の図より，時刻 $t=0$ における速度成分は，
$$v_x = 3.0 \text{ m/s} \qquad v_y = 4.0 \text{ m/s}$$
したがって，$t=0$ における速さ v_0 は，
$$v_0 = \sqrt{3.0^2 + 4.0^2} = \underline{5.0} \text{ m/s}$$

問2 問題の v_x-t グラフの傾きより，加速度の x 成分 a_x は，
$$a_x = -\frac{3+3}{10} = -0.6 \text{ m/s}^2$$
したがって，時刻 t における小物体の位置 x は，
$$x = 3.0t + \frac{1}{2}a_x t^2$$
$$= 3.0t - 0.3t^2$$
問題の v_y-t グラフより，加速度の y 成分は 0 なので，時刻 t における小物体の位置 y は，
$$y = 4.0t$$
2式から t を消去して，
$$x = 0.75y - 0.01875y^2$$
この式より，次のようなグラフであることがわかる。

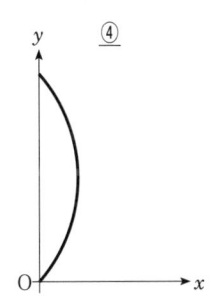

④

問題2

解答

1 — ③   2 — ①

解説

問1 物体1の速度を $\vec{v_1}$，物体2の速度を $\vec{v_2}$ とすると，物体2から見た物体1の速度 $\vec{v_{21}}$ は，

$$\vec{v_{21}} = \vec{v_1} - \vec{v_2}$$

この関係式を，$t=0$ についてベクトルで表示すると，次図のようになる。

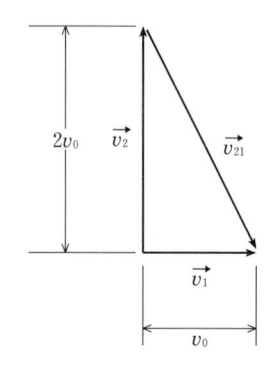

(図: $\vec{v_2}$ は上向きで大きさ $2v_0$，$\vec{v_1}$ は右向きで大きさ v_0，$\vec{v_{21}}$ は斜め下向き)

したがって，

$$\left|\vec{v_{21}}\right| = \sqrt{v_0^2 + (2v_0)^2} = \sqrt{5}\,v_0$$

問2 $\vec{v_{21}}$ が x 軸の正方向を向くのは，$\vec{v_2}=0$ のときである。

$$v_2 = 2v_0 - 2at = 0$$

$$\therefore\ t = \frac{v_0}{a}$$

問題 3

解答

1 — ③   2 — ③

解説

問1　鉛直方向の運動は，高さ h の位置からの自由落下である。時間 t は，

$$h = \frac{1}{2}gt^2$$

$$t = \sqrt{\frac{2h}{g}}$$

問2　水平方向の運動は，速さ V_0 の等速度運動である。

$$X = V_0 t = V_0\sqrt{\frac{2h}{g}}$$

問題 4

解答

| 1 |-②| 2 |-③| 3 |-②| 4 |-③| 5 |-②|

解説

問1 水平方向の運動は等速度運動である。したがって，速度の水平成分 V_X は初速度の水平成分と同じである。

$$V_X = V_0 \cos 30° = \frac{\sqrt{3}}{2} V_0$$

鉛直方向の運動は加速度が $-g$ の等加速度直線運動である。初速度の鉛直成分は $V_0 \sin 30°$ なので，速度の鉛直成分 V_Y は，

$$V_Y = V_0 \sin 30° - gt$$
$$= \frac{1}{2} V_0 - gt$$

問2 小球の位置 X は，水平方向が等速度運動なので，

$$X = \frac{\sqrt{3}}{2} V_0 t$$

小球の位置 Y は，初めの位置が $Y = h$ なので，

$$Y = h + \frac{1}{2} V_0 t - \frac{1}{2} g t^2$$

問3 小球の質量を m，水平面に落下するときの速さを V_1 とする。力学的エネルギー保存則より，

$$mgh + \frac{1}{2} m V_0^2 = \frac{1}{2} m V_1^2$$
$$V_1 = \sqrt{V_0^2 + 2gh}$$

問題 5

解答

1 - ①   2 - ③

解説

問1　等速度運動をするとき，物体にはたらく重力と空気抵抗がつりあっている。

$$kv_0 = mg$$

$$v_0 = \frac{mg}{k}$$

問2　物体の加速度の大きさを a とする。物体の速さが v_0 に達していないので，物体は鉛直下向きの加速度で運動している。運動方程式より，

$$ma = mg - k \times \frac{v_0}{4}$$

$$= mg - \frac{mg}{4}$$

$$\therefore\ a = \frac{3}{4}g$$

問題 6

解答

| 1 |—③ | 2 |—④

解説

問1 小球1の速度を $\vec{v_1}$, 小球2の速度を $\vec{v_2}$ とすると，小球2に対する小球1の相対速度 $\vec{v_{21}}$ は，

$$\vec{v_{21}} = \vec{v_1} - \vec{v_2}$$

この関係式を図示すると，次のようになる。

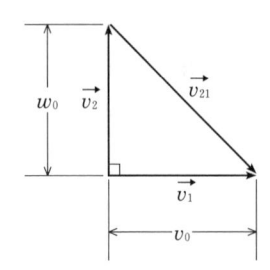

三平方の定理より，

$$|\vec{v_{21}}| = \sqrt{{v_0}^2 + {w_0}^2}$$

また，小球1と小球2の加速度は同じ（重力加速度）なので，相対加速度は $\underline{0}$ である。

問2 衝突までの時間を t とする。衝突点は直線 $x=a$ 上なので，小球1の水平方向の運動に着目して，

$$v_0 t = a$$

$$t = \frac{a}{v_0}$$

衝突点の位置（高さ）を $y=b$ とする。小球1の鉛直方向の運動に着目して，

$$b = h - \frac{1}{2}gt^2$$

$$= h - \frac{1}{2}g\left(\frac{a}{v_0}\right)^2 \cdots\cdots\cdots(\mathrm{i})$$

小球2の鉛直方向の運動に着目して,

$$b = w_0 t - \frac{1}{2}gt^2$$
$$= w_0\left(\frac{a}{v_0}\right) - \frac{1}{2}g\left(\frac{a}{v_0}\right)^2 \cdots\cdots\cdots\text{(ii)}$$

(i), (ii)より b を消去する。

$$h - \frac{1}{2}g\left(\frac{a}{v_0}\right)^2 = w_0\left(\frac{a}{v_0}\right) - \frac{1}{2}g\left(\frac{a}{v_0}\right)^2$$

$$h = w_0\left(\frac{a}{v_0}\right)$$

$$\therefore \quad \frac{h}{a} = \underline{\frac{w_0}{v_0}}$$

問題 7

解答

1 — ②　　2 — ⑤　　3 — ①

解説

〈図1〉

8Nの力を棒の長手方向と，それに垂直な方向に分解する。

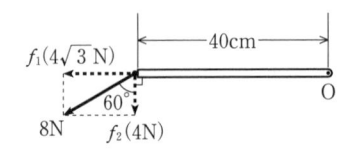

この図において，成分 f_1 のモーメントは0なので，成分 f_2 のモーメントが8Nの力のモーメント M_1 である。

$$M_1 = 4 \times 0.4 = \underline{1.6} \text{ N·m}$$

〈図2〉

物体の中心にはたらく力のモーメントは反時計まわりなので正である。左上端の力のモーメントは時計まわりなので負である。これらの和 M_2 は，

$$M_2 = 5 \times 0.1 - 5 \times 0.3 = \underline{-1.0} \text{ N·m}$$

〈図3〉

力を直角2方向に分解する。

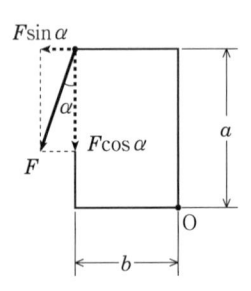

この図において，各成分のモーメントの和がこの力 F のモーメント M_3 である。

$$M_3 = F\sin\alpha \times a + F\cos\alpha \times b = \underline{F(a\sin\alpha + b\cos\alpha)}$$

問題 8

解答
1 — ③   2 — ③

解説

　大きさがあり，変形しない物体を剛体という。剛体に作用する力の作用線とある点Oとの距離がℓのとき，その力の大きさFとℓとの積を点Oまわりの**力のモーメント**という。

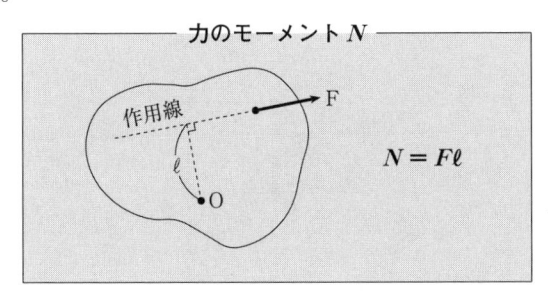

――――― 力のモーメント N ―――――

$N = F\ell$

　剛体が静止しているときや，回転せずに等速直線運動をしているときには，力のつりあいだけでなく，任意の点まわりの力のモーメントのつりあいが成立している。

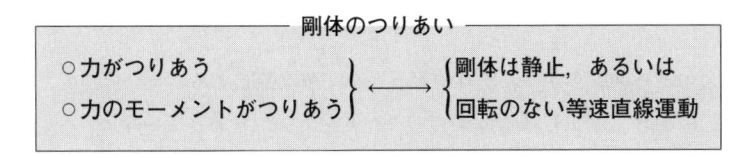

――――― 剛体のつりあい ―――――
○ 力がつりあう　　　　　　　　｝⟷｛剛体は静止，あるいは
○ 力のモーメントがつりあう　　　　　　　回転のない等速直線運動

　力のモーメントには向きがあり，時計まわりと反時計まわりが考えられる。一般に，反時計まわりを正として表す場合が多い。

問　力のつりあいより，

　　　$F = f + 2f$　　　　∴　$F = \underline{3f}$

　点Aまわりのモーメントのつりあいより，

　　　$Fx = 2f\ell$　　　　∴　$x = \dfrac{2f\ell}{F} = \underline{\dfrac{2}{3}\ell}$

問題 9

解答

| 1 | - ④ | | 2 | - ③ |

解説

問1　図の右上から，辺の長さが ℓ の正方形 A を切り，残りを B とする。図のように，A の重心と B の重心はそれぞれの中心である。A の質量を m とすると，B の質量は $2m$ である。全体の重心 G(＋印)は，二つの重心を質量の逆比に内分する点である。

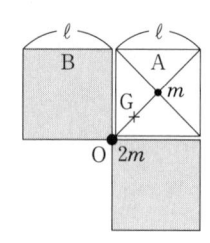

したがって，距離 OG は，

$$\mathrm{OG} = \frac{1}{3} \times \frac{\sqrt{2}}{2}\ell = \underline{\frac{\sqrt{2}}{6}\ell}$$

問2　力のモーメントがつりあうかどうかを，順次確認する。
　　①の場合，重心 G まわりの力のモーメントがつりあっていない。

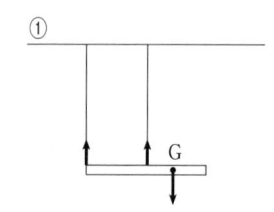

②の場合，力の作用線の交点の一つ，a点まわりの力のモーメントがつりあっていない。

これらの力のモーメントは 0 である

この力のモーメントは 0 でない

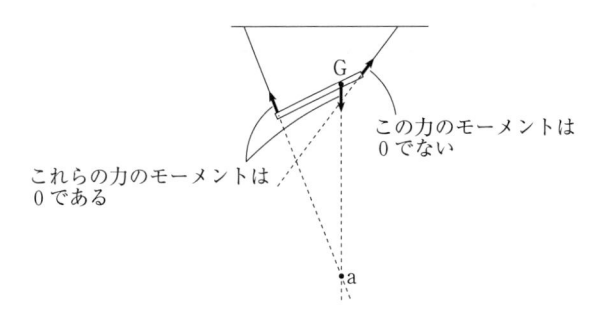

③の場合，力の作用線は一点bで交わる。すなわち，b点まわりの力のモーメントがつりあっている。

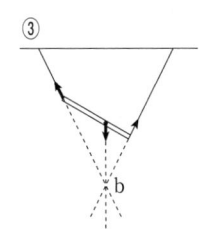

④の場合，力の作用線の交点の一つ，c点まわりの力のモーメントがつりあっていない。

この力のモーメントは0でない

これらの力のモーメントは 0 である

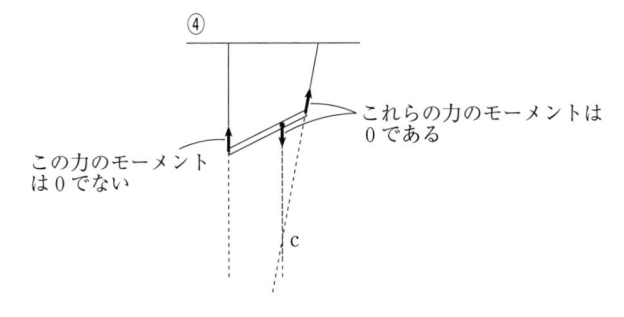

剛体が静止しているとき，力のモーメントのつりあいは，**どの点まわりであっても成立する**。したがって，力のモーメントがつりあわない点があるとき，その剛体は静止できない。以上より，①，②，④は静止できない。→③が正解

問題 10

解答

| 1 | ③ | | 2 | ② | | 3 | ① |

解説

問1 重心 G は，両端のおもりの質量の逆比に棒を内分する点である。したがって，距離 AG は，

$$AG = \frac{2}{3} \times \ell = \underline{\frac{2}{3}\ell}$$

問2 糸の張力の大きさを S とし，はたらく力を図示する。

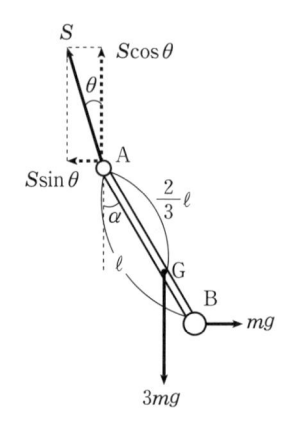

水平方向の力のつりあいより，

$$S \sin\theta = mg$$

鉛直方向の力のつりあいより，

$$S \cos\theta = 3mg$$

上2式より，S を消去して，

$$\tan\theta = \underline{\frac{1}{3}}$$

A 端まわりの力のモーメントのつりあいより，

$$3mg \times \frac{2}{3}\ell \sin\alpha = mg \times \ell \cos\alpha$$

$$\therefore \quad \tan\alpha = \underline{\frac{1}{2}}$$

問題 11

解答
1 — ③

解説

おもり1個の重さを W, おもり ac 間の棒の長さを ℓ とする。おもり ab 間の棒の長さは $\frac{\sqrt{3}}{2}\ell$ である。

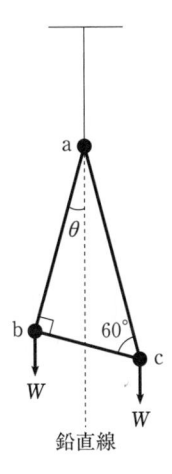

おもり a まわりの力のモーメントのつりあいより,

$$W \times \frac{\sqrt{3}}{2}\ell \sin\theta = W \times \ell \sin(30° - \theta)$$

$$\frac{\sqrt{3}}{2}\sin\theta = \sin 30° \cos\theta - \sin\theta \cos 30°$$

$$\sqrt{3}\sin\theta = \cos\theta - \sqrt{3}\sin\theta$$

$$\therefore \quad \tan\theta = \frac{\sin\theta}{\cos\theta} = \underline{\frac{\sqrt{3}}{6}}$$

問題 12

```
 解答 
 1 ―③    2 ―③
```

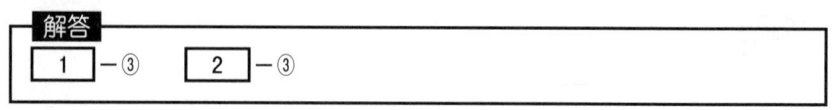

解説

問1　Aが壁から受ける垂直抗力を R，Bが床から受ける垂直抗力を N，静止摩擦力を f とする。

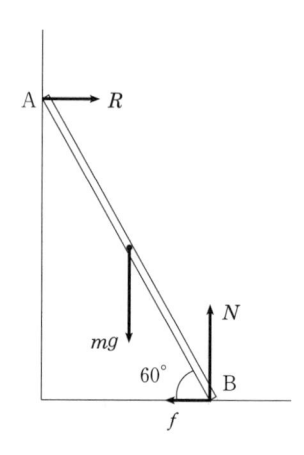

鉛直方向の力のつりあいより，
$$N = mg$$
Aまわりの力のモーメントのつりあいより，
$$N \times \frac{1}{2}\ell = f \times \frac{\sqrt{3}}{2}\ell + mg \times \frac{1}{4}\ell$$
これらより，
$$f = \frac{\sqrt{3}}{6}mg$$

問2　点Bでの最大摩擦力は $\mu N = \mu mg$ なので，
$$\frac{\sqrt{3}}{6}mg \leq \mu mg$$
$$\therefore \mu \geq \frac{\sqrt{3}}{6}$$

問題 13

解答

| 1 |－①| 2 |－②| 3 |－②|

解説

問1 Pの重さを W, 板から受ける垂直抗力を N, 静止摩擦力を f とし, Pにはたらく力を図示し, 力を板の面とそれに垂直な方向に分解する。

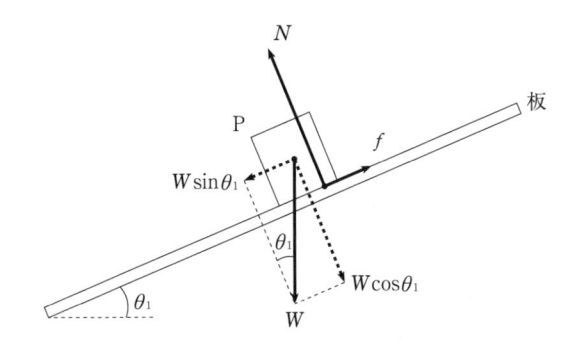

板の面に沿った方向について, 力のつりあいより,

$$f = W \sin \theta_1$$

板の面に垂直な方向について, 力のつりあいより,

$$N = W \cos \theta_1$$

Pが滑り始めるのは, 静止摩擦力が最大摩擦力になるときである。

$$f = \mu N$$

∴ $W \sin \theta_1 = \mu W \cos \theta_1$ ∴ $\tan \theta_1 = \underline{\mu}$

問2 Pが板上で倒れ始めるとき, Pの左下の角(かど), 点Aを支えとして傾く。

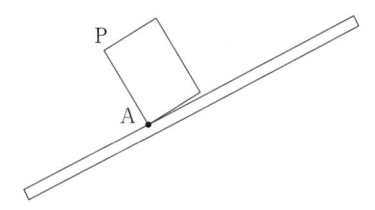

このとき, 垂直抗力 N と静止摩擦力 f の作用点は点Aになる。点Aまわり

— 15 —

のモーメントのつりあいを考えると，Nとfのモーメントはゼロなので，残りの重力Wのモーメントもゼロでなければいけない。したがって，Wの作用線上に点Aが存在しなければいけない。

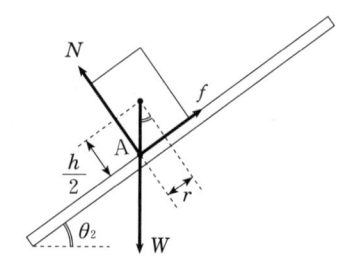

この力の図より，

$$\tan\theta_2 = \frac{r}{\left(\dfrac{h}{2}\right)} = \frac{2r}{h}$$

問3 滑り始めるときの角度θ_1より，倒れるときの角度θ_2の方が大きいとき，倒れる前に滑り始めることになる。

$$\therefore \quad \theta_1 < \theta_2$$
$$\tan\theta_1 < \tan\theta_2$$
$$\underline{\mu < \frac{2r}{h}}$$

問題 14

解答

1 — ③   2 — ②

解説

質量と速度の積を運動量，力と時間の積を力積という。運動量および力積は向きをもつ量(ベクトル)であり，向きをもたない運動エネルギーや仕事とは扱い方が異なる。

運動量	力積	運動量と力積
$m\vec{v}$	$\vec{F}t$	力積＝運動量変化

問1 小物体にはたらく力は重力と垂直抗力であり，それらの合力は $mg\sin30° = \dfrac{1}{2}mg$ である。この間の力積は $\dfrac{1}{2}mgt$，運動量は 0 から mv に変化している。

$$\dfrac{1}{2}mgt = mv$$

問2 鉛直下向きを正とすると，この間の力積は mgt，運動量は $-mv$ から $\dfrac{1}{2}mv$ に変化している。

$$mgt = \dfrac{1}{2}mv - (-mv)$$

$$\therefore \quad mgt = \dfrac{1}{2}mv + mv$$

問題 15

解答

1 — ③

解説

　コンクリートに着地しようが，マットに着地しようが，着地して人の運動量がゼロになることに変わりない。すなわち，人の運動量変化は同じである。したがって，マットやコンクリートから受ける力積も同じである。→①，②は誤り

　着地による変形はコンクリートよりマットの方が大きい。そのため，人の足と着地点が接する時間はマットの方が長くなる。力積が同じであれば，力を受ける時間が長い方は力が小さくなる。すなわち，マットの方が，足が受ける衝撃が小さい。
→③が正解

問題 16

解答

1 — ①   2 — ③

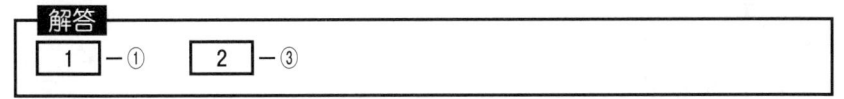

解説

問1　Aが右向きの力を受けるのは明らかである。したがって，衝突後，Aは必ず右に進む。Bは左向きの力を受けるが，衝突前に右向きの速度 v をもっているので，衝突後必ず左に進むとは限らない。

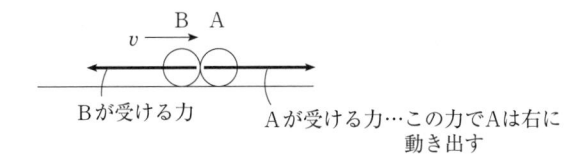

```
           B  A
      v→   ○○→
  ←─────────────────→
  Bが受ける力    Aが受ける力…この力でAは右に
                              動き出す
```

問2　運動量の変化 $\vec{\Delta I}$ を作図すると，次のようになる。

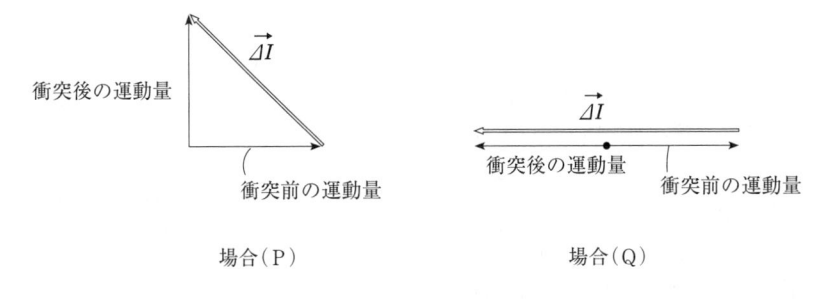

場合（P）：衝突前の運動量（水平）と衝突後の運動量（垂直）から $\vec{\Delta I}$（斜め）

場合（Q）：衝突前の運動量（右向き）と衝突後の運動量（左向き）が反対向きで $\vec{\Delta I}$ は長い

ボールが受ける力積は運動量の変化 $\vec{\Delta I}$ に等しいので，図より場合（P）の方が小さい。

問題 17

解答

| 1 | ― ② | 2 | ― ⑥ | 3 | ― ③ | 4 | ― ⑥ | 5 | ― ⑧ |
| 6 | ― ② | 7 | ― ③ |

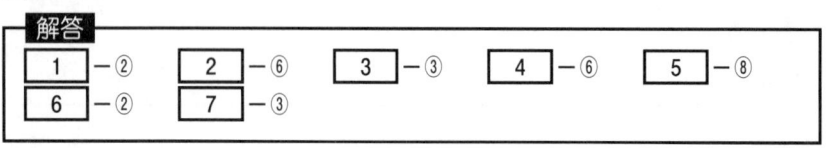

解説

〔Ⅰ〕物体の運動量変化は，その間に物体に加えられた力積に等しい。

$$\underline{Ft}_1 = mv \quad \therefore \quad v = \underline{\frac{Ft}{m}}_2 \ [\text{m/s}]$$

〔Ⅱ〕壁にぶつかる前，小球は右向きに進んでいるので，運動量は正である。

$$mv = 5 \times 10 = \underline{50}_3 \ \text{kg·m/s}$$

壁にぶつかった後，小球は左向きに進むので，運動量は負である。

$$mv' = 5 \times (-8) = \underline{-40}_4 \ \text{kg·m/s}$$

衝突時に小球が壁から受ける力積は，衝突前後の運動量変化に等しい。

$$F \cdot \Delta t = mv' - mv$$
$$= (-40) - 50 = \underline{-90}_5 \ \text{N·s}$$

力積が負になるのは，右図のように，壁から小球が受ける力（実線の矢印）が左向きであることを示している。一方，壁が受ける力積は，この力の反作用の力（点線の矢印）によるものであり，大きさが等しく，向きが逆になる。

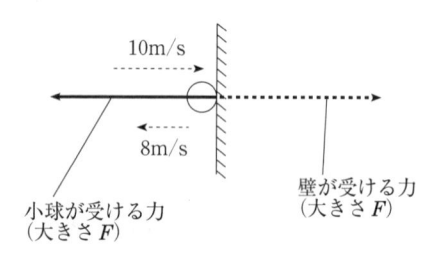

壁が受ける力積は $+\underline{90}_6$ N·s

はねかえり係数は，壁に近づく速さに対する，壁から遠ざかる速さの比である。

$$\therefore \quad e = \frac{8}{10} = \underline{0.8}_7$$

問題 18

解答
1 — ②　　2 — ②

解説

問　鉛直方向の運動は自由落下と同じなので，床に衝突するまでの時間 t は，

$$\frac{1}{2}gt^2 = \ell \quad \therefore \quad t = \sqrt{\frac{2\ell}{g}}$$

床に衝突する直前の，A の速度の鉛直成分を w とすると，

$$w = gt = g\sqrt{\frac{2\ell}{g}} = \sqrt{2g\ell}$$

床に衝突する直前の，A の速度の水平成分を v_0 とする。水平方向は等速度運動なので，

$$v_0 = \sqrt{g\ell}$$

衝突直後，A の速度の鉛直成分は，上向きに $ew = e\sqrt{2g\ell}$ になり，水平成分は v_0 のまま変わらない。

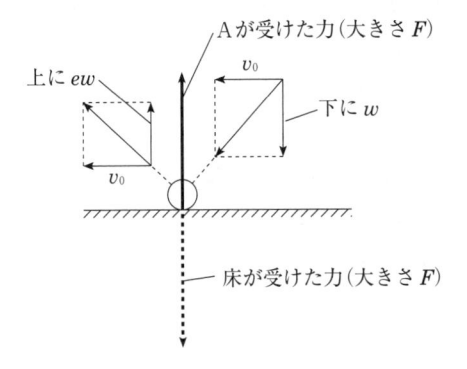

水平方向の運動量変化がゼロなので，水平方向の力積もゼロである。鉛直方向については，上向きを正として，力積と運動量変化の関係を式にする。

$$F \cdot \Delta t = m \cdot ew - m \cdot (-w)$$
$$= (1+e)mw = (1+e)m\sqrt{2g\ell}$$

すなわち，Aは，大きさ $(1+e)m\sqrt{2g\ell}$ の力積を鉛直上向きに受けたことになる。斜めに衝突しても，床に垂直な方向の力しか生じていない。これは，床がなめらか，すなわち摩擦が無視できるからである。

> **ADVICE** 垂直抗力は？
>
> 床上の物体には垂直抗力が作用するはずであるから，衝突時の力 F の他に垂直抗力 N を考える人がいるが，これは間違いである。
>
> 衝突時は，非常に大きな垂直抗力が発生し，この垂直抗力がこの問題における F なのである。

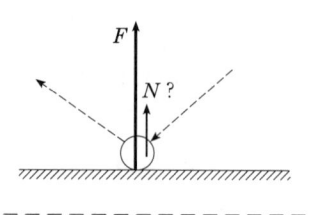

〈参考〉 Aにはたらく力をより正確に考えると，A自身の重力がある。よって，Aが受けた力は，上向きに $F-mg$ である。力積の式は，

$$(F-mg)\cdot \Delta t = m\cdot ew - m\cdot(-w)$$
$$= (1+e)mw$$

ここで，$mg \ll F$ であり，$\Delta t \fallingdotseq 0$ であることから，$mg\cdot \Delta t \fallingdotseq 0$ とおくことができ，式は近似的に次のようになる。

$$F\cdot \Delta t \fallingdotseq (1+e)mw$$

問題 **19**

解答
| 1 | — ④ | | 2 | — ① | | 3 | — ② |

解説

衝突では次の2式が用いられる。

運動量保存則
$$m_A v_A + m_B v_B = 一定$$

はねかえり係数
$$e = -\frac{v_A' - v_B'}{v_A - v_B}$$

問1　衝突前の運動量は，次のようになる。

$A \cdots m_A v_A = 4 \times 5 = 20 \text{ kg·m/s}$

$B \cdots m_B v_B = 6 \times (-2) = -12 \text{ kg·m/s}$

$\therefore m_A v_A + m_B v_B = 20 - 12 = \underline{8} \text{ kg·m/s}$

問2　衝突後のBの速度を右向きに v_B' とおく。運動量保存則より，

$8 = m_A v_A' + m_B v_B'$
$= 4 \times (-1) + 6 \times v_B' \quad \therefore v_B' = 2 \text{ m/s}$

$v_B' > 0$ なので，Bは<u>右向きに，速さ2 m/sで進む</u>。

問3　はねかえり係数の式より，

$$e = -\frac{v_A' - v_B'}{v_A - v_B} = -\frac{(-1) - 2}{5 - (-2)} = \underline{\frac{3}{7}}$$

ADVICE　はねかえり係数の意味

$$e = \frac{衝突後の相対速度の大きさ}{衝突前の相対速度の大きさ}$$

この意味と照らしあわせながら数値を代入することもできる。

問題 20

解答
| 1 | — ③ | 2 | — ⑥ | 3 | — ② |

解説

問1　運動量保存則より，
$$mv = mv_B + Mv_A$$
はねかえり係数の式より，
$$e = \frac{v_A - v_B}{v}$$
2式を解いて，
$$v_A = \frac{(1+e)\,mv}{M+m}$$
$$v_B = \frac{(m-eM)v}{M+m}$$

問2　失われた力学的エネルギーを ΔE とすると，
$$\Delta E = \frac{1}{2}mv^2 - \left(\frac{1}{2}mv_B^2 + \frac{1}{2}Mv_A^2\right)$$
v_A, v_B を代入して，
$$\Delta E = \frac{1}{2}mv^2 - \frac{1}{2}m\left\{\frac{(m-eM)v}{M+m}\right\}^2 - \frac{1}{2}M\left\{\frac{(1+e)\,mv}{M+m}\right\}^2$$
$$= \frac{(1-e^2)\,mMv^2}{2(M+m)}$$

問題 21

解答

| 1 |-④| 2 |-③| 3 |-①| 4 |-①|

解説

問1　2物体の衝突では運動量が保存される。x方向とy方向の運動量について式を立てる。衝突後のQの速度成分をu_x, u_yとおくと，

$$x 方向 \cdots\cdots \frac{1}{2}mv = m \times \frac{1}{2}v + 4m \times u_x$$

$$\therefore u_x = \underline{0}$$

$$y 方向 \cdots\cdots \frac{\sqrt{3}}{2}mv = m \times 0 + 4m \times u_y$$

$$\therefore u_y = \underline{\frac{\sqrt{3}}{8}v}$$

衝突後，Qは速度のx成分がゼロなので，y軸に沿って進む。

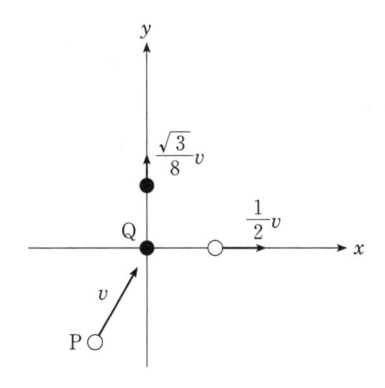

問2　(力積)＝(運動量の変化)の関係式を用いる。Qは原点Oに静止しており，それが衝突によって，y軸上を速さ$\frac{\sqrt{3}}{8}v$で進むようになる。よって，Qが受けた力積の大きさIは，

$$I = 4m \times \frac{\sqrt{3}}{8}v - 0 = \underline{\frac{\sqrt{3}}{2}mv}$$

力積の向きは，Qが動き出した向き，すなわち，y軸の正方向①である。

問題 22

解答
| 1 | ― ③ | | 2 | ― ② |

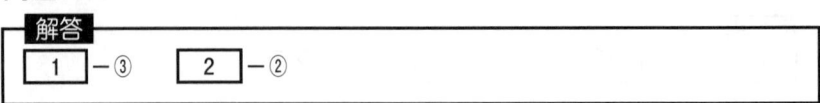

解説

問1　直線 ℓ に垂直な方向の運動を考える。小球 A の速度成分の大きさは 0.2 秒で 1 マス = 1cm 進んでいるので，$\dfrac{1}{0.2} = 5$ cm/s である。小球 B の速度成分の大きさは 0.2 秒で 3 マス = 3 cm 進んでいるので，$\dfrac{3}{0.2} = 15$ cm/s である。小球 A の質量を m_A，小球 B の質量を m_B とする。運動量保存則より，

$$0 = m_A \times 5 - m_B \times 15$$

$$\therefore \quad \dfrac{m_A}{m_B} = \underline{3}$$

問2　直線 ℓ に沿った方向の運動を考える。小球 A，B の速度成分の大きさは等しく，0.2 秒で 1 マス = 1 cm 進んでいるので，$\dfrac{1}{0.2} = 5$ cm/s である。衝突前の小球 B の速さを v とすると，運動量保存則より，

$$m_B \times v = m_A \times 5 + m_B \times 5$$

$$\therefore \quad v = 5\left(\dfrac{m_A}{m_B} + 1\right) = \underline{20}$$

問題 23

解答
| 1 | — ① | 2 | — ③ |

解説

問1 Pと水平面との間の摩擦力が無視できるので，P, Q の水平方向の運動量の和が一定に保たれる。また，PとQとの間の摩擦力が無視できるので，P, Q の力学的エネルギーの和が一定に保たれる。

問2 Pと水平面との間の摩擦力が無視できるので，P, Q の水平方向の運動量の和が一定に保たれる。また，PとQとの間の摩擦力が無視できないので，P, Q の力学的エネルギーの和は一定に保たれない。

問題 24

解答

1 — ③   2 — ③

解説

問1　人が右に進むとき，台車は左に動くことになる。人と台車にはたらく水平方向の力を考えると，

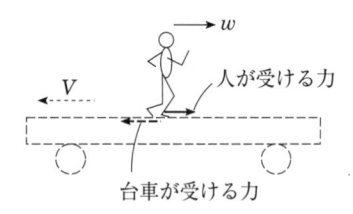

水平面に対する人の速さを w とする。台車から見た人の速さが v，水平面に対する台車の速さが V なので，

$$v = w + V$$
$$\therefore \quad w = v - V$$

運動量保存則より，

$$mw - MV = 0$$
$$m(v - V) - MV = 0$$
$$\therefore \quad \underline{m(V - v) + MV = 0}$$

問2　水平面に対する人の移動距離を ℓ とする。

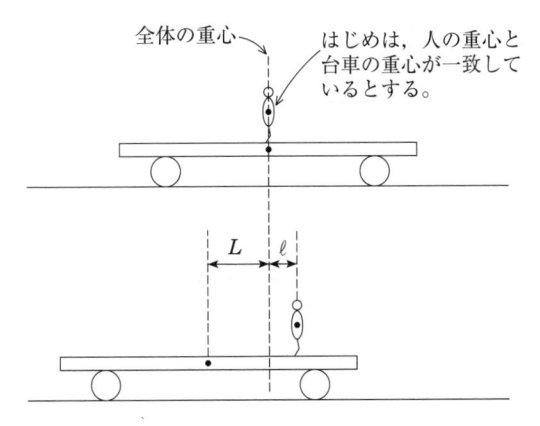

図中の注記：
- 全体の重心
- はじめは、人の重心と台車の重心が一致しているとする。
- L
- ℓ

重心が静止しているので，

$$M : m = \ell : L$$

$$\ell = \frac{ML}{m}$$

人が台車に対して移動した距離は，

$$L + \ell = \underline{\frac{(m+M)L}{m}}$$

問題 25

解答
1 — ③　　2 — ①　　3 — ②

解説

ばねの伸び，あるいは縮みが x のとき，ばねの弾性力の大きさ f，ばねの弾性エネルギー U は次のようになる。

ばねの力
$$f = kx$$

ばねの弾性エネルギー
$$U = \frac{1}{2}kx^2$$

問1　重力加速度の大きさを g とする。小球 A が受ける重力とばねの力のつりあいより，

$$mg = k\ell \quad \therefore \quad \ell = \frac{mg}{k}$$

はじめの弾性エネルギー U_0 は，伸びが ℓ なので，

$$U_0 = \frac{1}{2}k\ell^2$$

ばねがさらに ℓ だけ伸びたときの弾性エネルギー U_1 は，

$$U_1 = \frac{1}{2}k(\ell+\ell)^2 = 2k\ell^2$$

弾性エネルギーの変化量 $\varDelta U$ は，

$$\varDelta U = U_1 - U_0 = \frac{3}{2}k\ell^2$$

また，このとき，小球は下に ℓ だけ下がるので，重力の位置エネルギーの変化量 $\varDelta U'$ は，

$$\varDelta U' = -mg\ell$$

$mg = k\ell$ を代入して，

$$\varDelta U' = -k\ell^2$$

外力がした仕事 W は，このときの力学的エネルギーの変化量に等しい。

$$W = \varDelta U + \varDelta U'$$

$$= \frac{3}{2}k\ell^2 - k\ell^2 = \underline{\frac{1}{2}k\ell^2}$$

問2 外力が作用しないので，運動量が保存される。ばねが自然長に戻ったときのAの速さを v，Bの速さを V とする。運動量保存則より，

$$0 = mv - MV \quad \cdots\cdots ①$$

また，力学的エネルギー保存則より，

$$\frac{1}{2}kL^2 = \frac{1}{2}mv^2 + \frac{1}{2}MV^2 \quad \cdots\cdots ②$$

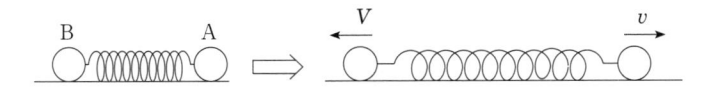

①，②を解く。

$$v = L\sqrt{\frac{kM}{m(m+M)}}$$

第2章　いろいろな運動

問題 26

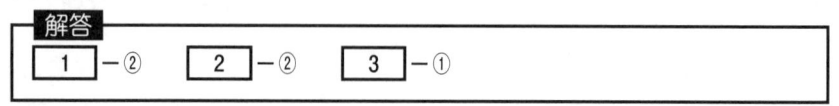

解答

| 1 |-② | 2 |-② | 3 |-①

解説

加速度 $\vec{\alpha}$ で運動する観測者から見るとき，質量 m の物体には，$-m\vec{\alpha}$ のみかけの力がはたらく。この力を慣性力という。大きさと向きに分けて考えると，慣性力は次のようになる。

慣性力

大きさ…$m\alpha$　　ここで，$\alpha=|\vec{\alpha}|$

向き…$\vec{\alpha}$ の向きと逆向き

問1 列車の加速度は右向きなので，慣性力は<u>左向き</u>である。慣性力の大きさは，列車の加速度の大きさが $\alpha=3\,\mathrm{m/s^2}$ なので，

$$m\alpha = 3\times 3 = \underline{9\,\mathrm{N}}$$

問2 列車内の観測者から見て，Aは静止しており，力がつりあっている。はたらく力は，重力，慣性力，糸の張力である。力を分解して，力のつりあい式を立てる。糸と鉛直線がなす角度を θ とすると，

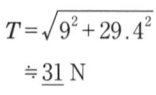

水平…$T\sin\theta = 9$

鉛直…$T\cos\theta = 29.4$

2式より，

$$T = \sqrt{9^2 + 29.4^2}$$

$$\fallingdotseq \underline{31}\,\mathrm{N}$$

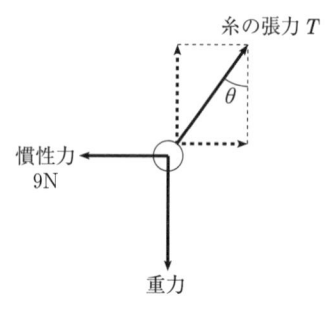

$mg = 3\times 9.8 = 29.4\,\mathrm{N}$

問3　Bにはたらく慣性力の大きさは，
$$Mα = 10 × 3 = 30 \text{ N}$$
　慣性力の向きは左向きである。列車内の観測者から見て，Bも静止しているので，力がつりあっている。この場合，慣性力につりあうのが静止摩擦力である。静止摩擦力は，右向きで大きさが 30 N である。

問題 27

解答

| 1 | − ② | 2 | − ③ | 3 | − ① |

解説

問1 エレベーターの加速度は上向きなので，慣性力の向きは下向きである。エレベーターの加速度の大きさが α なので，慣性力の大きさは $m\alpha$ である。

問2 エレベーター内の観測者から見て，おもりは静止しており，力がつりあっている。はたらく力は，糸の張力，重力そして慣性力である。力のつりあいより，

$$T = m\alpha + mg = \underline{m(\alpha + g)}$$

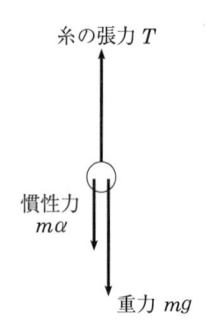

問3 エレベーター内の観測者から見て，おもりが下向きに大きさ g' の加速度で落下したとする。この場合，慣性力も含めて運動方程式を立てることができる。

$$m \times g' = m\alpha + mg$$
$$\therefore \quad g' = \alpha + g$$

おもりの運動は，エレベーター内から見て，$g' = \alpha + g$ の加速度の等加速度直線運動になる。

$$\therefore \quad \frac{1}{2}(\alpha + g)t^2 = h$$
$$\therefore \quad t = \underline{\sqrt{\frac{2h}{\alpha + g}}}$$

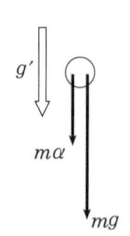

問題 28

解答
1 — ②   2 — ②

解説

問1 次図のように，小球の質量を m とすると，慣性力（ma）と重力（mg）の合力が糸の張力（S）とつりあっている。合力の向きは鉛直線と角度 θ をなす。

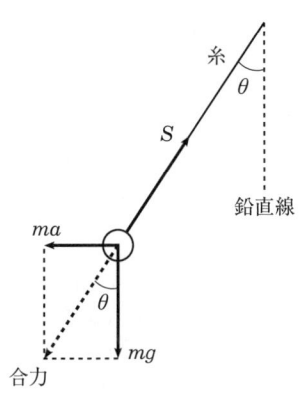

図より，

$$\tan \theta = \frac{ma}{mg}$$
$$= \frac{a}{g}$$

問2 電車内で見るとき，糸が切れた後も小球には慣性力がはたらき続ける。

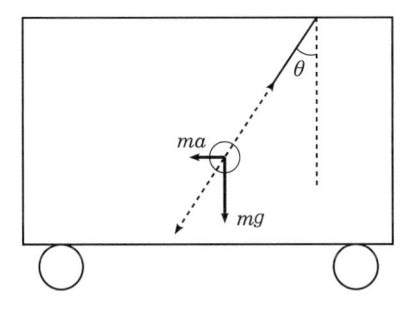

運動方程式より，この運動の加速度の鉛直成分の大きさは g，水平成分の大きさは a である。

問題 29

```
解答
 1  — ④    2  — ③
```

解説

問1 摩擦が無視できる斜面なので，小物体と一体となった箱が斜面を滑り降りる加速度の大きさ a は，
$$a = g\sin\theta$$
箱の中の観察者から見ると，小物体には大きさ $ma = mg\sin\theta$ の慣性力が斜面に沿って上向きにはたらく。

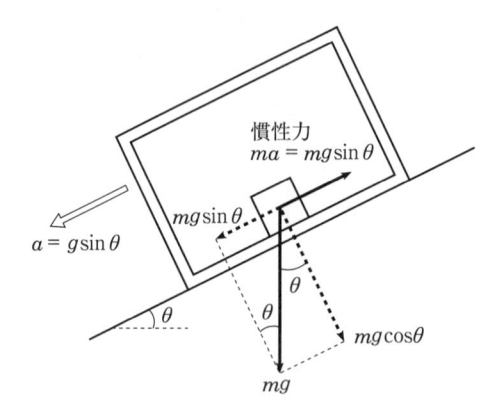

重力の成分 $mg\sin\theta$ は慣性力とつりあうので，小物体にはたらく重力と慣性力の合力は，斜面に垂直に $mg\cos\theta$ である。以上より，小物体は箱の内面から，<u>静止摩擦力を受けていない</u>。

問2 問1より，垂直抗力の大きさ N は次のようになる。
$$N = \underline{mg\cos\theta}$$

問題 30

解答
| 1 | ― ④ | 2 | ― ① | 3 | ― ① |

解説

> **― 円運動の加速度（向心加速度）―**
> 大きさ … $\dfrac{v^2}{r}$
> 向き …… 常に円の中心を向く

静止した観測者の立場で考えるとき，等速円運動でも運動方程式が成り立つ。加速度があるので，はたらく力はつりあっていない。合力は，常に円の中心を向くので，向心力と呼ばれる。

問 1 小球 A は等速円運動をしており，力はつりあっていない。水平方向の力について考えると，糸の張力だけが作用している。向心力という言葉を用いて表現すると"糸の張力が向心力として"作用している。

問 2 小球 B に着目すれば，糸の張力 S と重力 Mg がつりあっている。
$$S = \underline{Mg}$$

問 3 小球 A について，運動方程式を立てる。加速度は $\dfrac{v^2}{r}$ なので，
$$m \times \dfrac{v^2}{r} = S$$
$S = Mg = mg$ を代入すると，
$$m\dfrac{v^2}{r} = mg \quad \therefore \quad r = \dfrac{v^2}{g}$$
円周の長さは $2\pi r$ で，これを一周する時間が周期 T である。
$$T = \dfrac{2\pi r}{v} = \dfrac{2\pi v^2}{vg} = \underline{\dfrac{2\pi v}{g}}$$

問題 31

解答
1 — ②　2 — ②　3 — ②

解説

問 1　小球 A は，水平面内で等速円運動をしているので，鉛直方向には力のつりあい式，水平方向には向心加速度を用いた運動方程式が成り立つ。

　　鉛直方向…力のつりあい式
　　　$S \cos \theta = mg$

円運動の半径 r は $r = \ell \sin \theta$ である。小球の速さを v とすると，

　　水平方向…運動方程式
　　　$m \cdot \dfrac{v^2}{\ell \sin \theta} = S \sin \theta$

問 2　以上の 2 式より，糸の張力を消去すると，

　　　$v = \sin \theta \sqrt{\dfrac{g\ell}{\cos \theta}}$

問 3　周期 T は $T = \dfrac{2\pi r}{v}$ より，

　　　$T = \dfrac{2\pi \ell \sin \theta}{\sin \theta \sqrt{\dfrac{g\ell}{\cos \theta}}} = 2\pi \sqrt{\dfrac{\ell \cos \theta}{g}}$

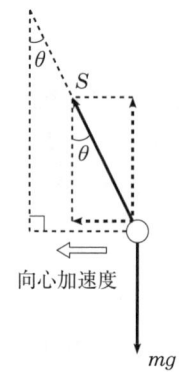

問題 32

```
解答
 1 ― ③    2 ― ③
```

解説

回転する円板上の観測者や円運動する観測者から見るとき，中心から遠ざかる向きに見かけの力（慣性力）が物体にはたらく。この力を遠心力という。物体の質量を m，半径を r，速さを v，角速度を ω とすると，遠心力は次のようになる。

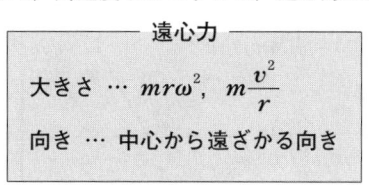

遠心力

大きさ … $mr\omega^2$, $m\dfrac{v^2}{r}$

向き … 中心から遠ざかる向き

問1 円板とともに回転する観測者から見ると，小物体Pは静止しており，Pに作用する力はつりあっている。遠心力は半径方向外向きに作用するので，静止摩擦力が半径方向内向きに作用し，遠心力とつりあう。

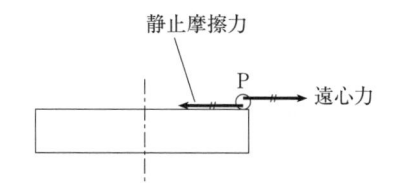

（円板とともにまわる観測者から見る）

したがって，Pにはたらく力の合力は0である。

問2 円板とともに回転する観測者から見ると，角速度が大きくなるにつれて遠心力が大きくなり，力がつりあわなくなる。Pが滑り始める向きは③の外へ向かう向きである。

問題 33

解答

| 1 |－②| 2 |－④| 3 |－②| 4 |－③|

解説

問1 (ア) Aが最下点を通過する速さを v_1 とする。力学的エネルギー保存則より，

$$mg \cdot (\ell - \ell \cos 60°) = \frac{1}{2}mv_1^2$$

$$\therefore \quad v_1 = \sqrt{g\ell}$$

(イ) Aは最下点で速さ v_1，半径 ℓ の等速円運動をしている。円運動の加速度は中心を向くので，この位置での加速度の向きは<u>鉛直上向き</u>になる。その大きさ a_1 は，

$$a_1 = \frac{v_1^2}{\ell} = \underline{g}$$

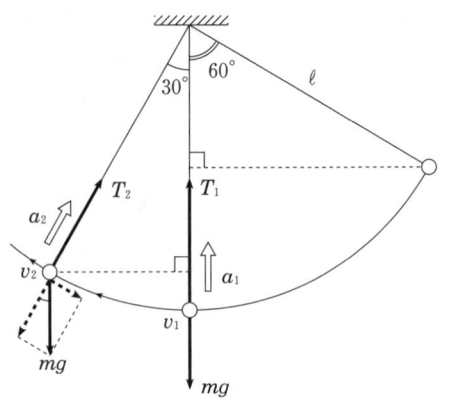

(ウ) 糸の張力の大きさを T_1 として，運動方程式を立てる。

$$m \times a_1 = T_1 - mg$$

$$\therefore \quad T_1 = m(a_1 + g) = \underline{2mg}$$

問2 糸が鉛直線と 30° の角をなすときのAの速さを v_2 とする。力学的エネルギー保存則より，

$$\frac{1}{2}mv_1^2 = \frac{1}{2}mv_2^2 + mg \cdot (\ell - \ell \cos 30°)$$

$v_1 = \sqrt{g\ell}$ を代入して，

$$v_2 = \sqrt{(\sqrt{3}-1)g\ell}$$

この位置では，Aの速さが変化しており，運動を等速円運動とみることはできない。しかし，半径方向にだけ着目するとき，等速円運動と同じように扱うことができる。

　加速度の半径方向の成分 a_2 は，

$$a_2 = \frac{v_2^2}{\ell} = (\sqrt{3}-1)g$$

重力の成分をとって，半径方向についての運動方程式を立てる。

$$m \times a_2 = T_2 - mg\cos 30°$$

$$\therefore\ T_2 = m\left(a_2 + \frac{\sqrt{3}}{2}g\right) = \underline{\frac{3\sqrt{3}-2}{2}mg}$$

問題 34

解答

| 1 | — ② | 2 | — ④ | 3 | — ④ |

解説

問1 求める初速を v_1 とおく。点 B における質点の速さはゼロになるので、力学的エネルギー保存則より、

$$mgh + \frac{1}{2}mv_1^2 = mg \cdot 2h \qquad \therefore \quad v_1 = \underline{\sqrt{2gh}}$$

問2 点 A における質点の速さを v_2、質点が半円筒から受ける力の大きさを N とおく。点 A での加速度は下向きに $\dfrac{v_2^2}{2h}$ なので、運動方程式を立てると、

$$m \times \frac{v_2^2}{2h} = N + mg$$

この式より、v_2 の値が小さいとき N の値も小さくなる。問題文の"かろうじて半円を離れることなく"というのは、N の値が最小値ゼロの場合を示している。

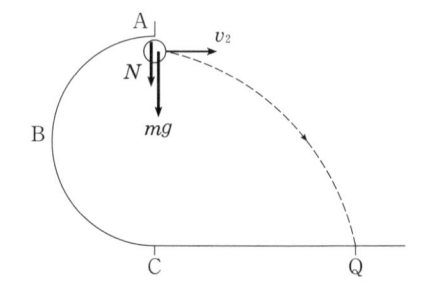

$N = 0$ より、 $\quad m \times \dfrac{v_2^2}{2h} = 0 + mg \qquad \therefore \quad v_2 = \underline{\sqrt{2gh}}$

問3 点 A 以後の質点の運動は水平投射である。落下時間を t とすると、

$$\frac{1}{2}gt^2 = 4h \qquad \therefore \quad t = 2\sqrt{\frac{2h}{g}}$$

$$CQ = v_2 t = \sqrt{2gh} \times 2\sqrt{\frac{2h}{g}} = \underline{4h}$$

問題 35

解答
1 — ②　　2 — ②

解説

問1　等速円運動を投影した運動が単振動である。この場合，半径が 0.1 m で角速度が $\omega = 5$ rad/s の円運動の投影になる。

右図より，$x = 0.1 \cos \omega t$ である。

∴　$\underline{x = 0.1 \cos 5\, t}$

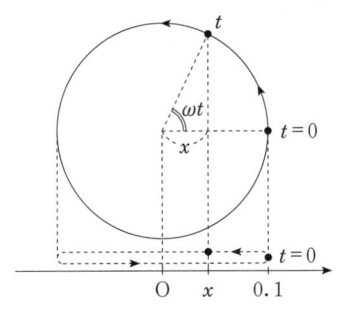

問2　単振動の速度 v は，元の円運動の速度の成分に等しい。円運動の速さ V は，

$$V = r\omega = 0.1 \times 5 = 0.5 \text{ m/s}$$

右図より，速度の向きを考えて，

$$v = -V \sin \omega t$$

∴　$v = -0.5 \sin 5\, t$

これをグラフで示すと，次のようになる。

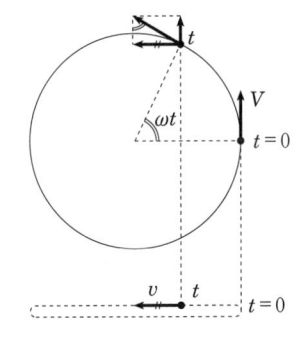

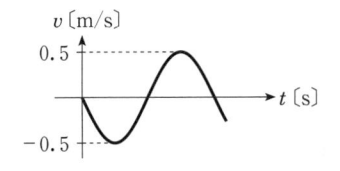

∴　②のグラフ

なお，位置 x を時間で微分しても，同じ結果になる。

$$v = \frac{dx}{dt} = 0.1 \frac{d(\cos 5\, t)}{dt} = -0.5 \sin 5\, t$$

問題 36

解答

| 1 |-③| 2 |-②| 3 |-②| 4 |-④|

解説

問1 ばねの弾性力の大きさは $\underline{kd}$ 〔N〕

弾性エネルギーは $\underline{\dfrac{1}{2}kd^2}$ 〔J〕

問2 おもりPは周期 $T=2\pi\sqrt{\dfrac{m}{k}}$ 〔s〕の単振動をする。振幅は d 〔m〕で，中心はばねの長さが自然長になる位置である。

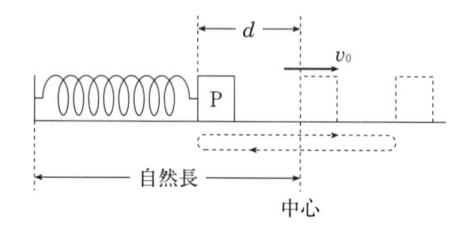

ばねの長さが最大になるのは，単振動の右端の位置なので，Pが左端で動き始めてから $\dfrac{1}{2}T$ 〔s〕後である。

$$\therefore\ \dfrac{1}{2}T=\underline{\pi\sqrt{\dfrac{m}{k}}}\ 〔\mathrm{s}〕$$

問3 ばねの長さが自然長になるときのPの速さを v_0 〔m/s〕とする。力学的エネルギー保存則より，

$$\dfrac{1}{2}kd^2=\dfrac{1}{2}mv_0^2 \quad \therefore\ v_0=\underline{d\sqrt{\dfrac{k}{m}}}\ 〔\mathrm{m/s}〕$$

問題 37

解答

| 1 | ③ | 2 | ② | 3 | ② |

解説

問1 単振動の中心は，その物体に作用する力の合力がゼロ，すなわち力のつりあいの位置である。この場合，$x=0$ である。時刻 $t=0$ の位置 $x=\dfrac{1}{2}d$ が単振動の下端になるので，この運動をグラフで表すと次のようになる。

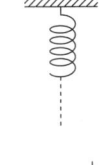

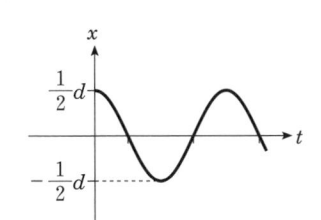

∴ ③のグラフ

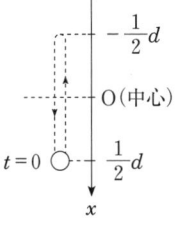

なお，角振動数を ω とすると，位置 x は次式で示される。

$$x = \frac{1}{2}d \cos \omega t$$

小球の速度 v は，時刻 $t=0$ で，$v=0$ である。その後，小球は上昇し，$v<0$ となる。この速度 v と時刻 t の関係をグラフで表すと次のようになる。

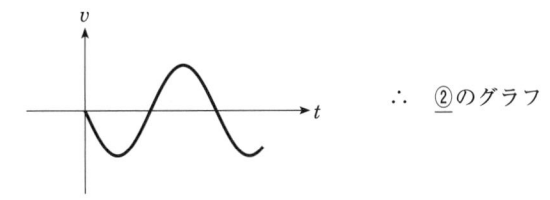

∴ ②のグラフ

なお，速さの最大値を v_0 とすると，速度 v は次式で示される。

$$v = -v_0 \sin \omega t$$

問2 新しいつりあいの位置におけるばねの自然長からの伸びを d' とする。合計質量は $2m$ なので，力のつりあい式より，

$$kd' = 2mg$$

$$\therefore \quad d' = \frac{2mg}{k} = 2d$$

つりあいの位置は，

$$x = 2d - d = d$$

すなわち，$x=0$ の位置が上端になり，$x=d$ の位置が中心となるので，振幅は $\underline{d}$ となる。

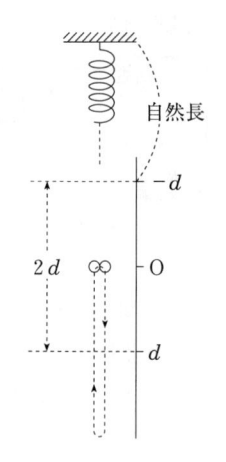

問題 **38**

解答

| 1 | — ② | 2 | — ③ | 3 | — ② | 4 | — ① | 5 | — ① |

解説

おもりにはたらく力は，重力$_1$と糸の張力$_2$である。

水平方向の運動として考えると，鉛直方向には力がつりあう。糸の張力の大きさを S，糸が鉛直線となす角を θ とする。

$$S\cos\theta = mg$$

$$\therefore\ S = \frac{mg}{\cos\theta}$$

糸の張力の水平成分が，おもりにはたらく力の合力 F に等しい。図の右向きが正方向なので，合力 F は次のようになる。

$$F = -S\sin\theta = -mg\tan\theta$$

$\theta \fallingdotseq 0$ なので，$\tan\theta \fallingdotseq \sin\theta = \dfrac{x}{\ell}$ より，

$$F = -mg \times \frac{x}{\ell} = -\underline{\frac{mg}{\ell}}_3 \times x$$

これは，ばね定数 k が $k = \underline{\dfrac{mg}{\ell}}_4$ のばねと同じ復元力である。よって，周期 T は，

$$T = 2\pi\sqrt{\frac{m}{k}} = 2\pi\sqrt{\frac{m}{\frac{mg}{\ell}}} = \underline{2\pi\sqrt{\frac{\ell}{g}}}_5$$

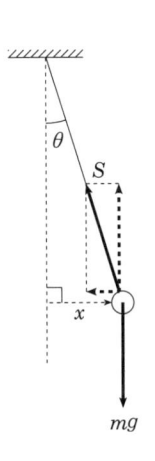

問題 39

解答
1 - ②　　2 - ②　　3 - ①　　4 - ①

解説

問1　物体と地球の中心間距離が地球の半径に等しい。

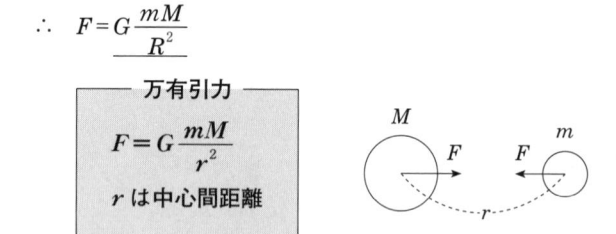

$$\therefore F = G\frac{mM}{R^2}$$

万有引力
$$F = G\frac{mM}{r^2}$$
r は中心間距離

問2　重力 mg を与えるのが万有引力である。

$$mg = G\frac{mM}{R^2} \quad \therefore g = \frac{GM}{R^2}$$

正確には，万有引力と地球の自転による遠心力の合力が重力である。この問題では，地球の自転を無視しているので，遠心力は考えなくてよい。

問3　Pの速さを v とする。円運動の半径は $2R$ なので，Pの向心加速度は $\dfrac{v^2}{2R}$ である。万有引力が向心力として作用しているので，運動方程式を立てると，

$$m \times \frac{v^2}{2R} = G\frac{mM}{(2R)^2} \quad \therefore v = \sqrt{\frac{GM}{2R}}$$

1周の長さは $2\pi \times 2R = 4\pi R$ なので周期 T は，

$$T = \frac{4\pi R}{v} = \frac{4\pi R}{\sqrt{\dfrac{GM}{2R}}} = 4\pi R\sqrt{\frac{2R}{GM}}$$

問題 40

解答

1 — ②　2 — ②

解説

問1　小物体の質量を m,地表に衝突する速さを v_0 とする。力学的エネルギー保存則より,

$$-\frac{GmM}{R+R} = \frac{1}{2}mv_0^2 - \frac{GmM}{R}$$

$$v_0 = \sqrt{\frac{GM}{R}}$$

問2　地表から投げ上げ出される小物体の速さを v とする。小物体が達する最高点の,地球の中心からの距離を x とする。力学的エネルギー保存則より,

$$\frac{1}{2}mv^2 - \frac{GmM}{R} = -\frac{GmM}{x}$$

この式において,$x = \infty$ になるときの v の値が小物体が地球に戻ってこないための最小値である。

$$\frac{1}{2}mv^2 - \frac{GmM}{R} = -\frac{GmM}{\infty}$$

$$= 0$$

$$\therefore \quad v = \sqrt{\frac{2GM}{R}}$$

問題 41

解答

1 — ④   2 — ②   3 — ②

解説

点Bにおける面積速度は,

$$\frac{1}{2} \times 3r \times v_B = \underline{\frac{3}{2} r v_B}$$

力学的エネルギー保存則は,

$$\frac{1}{2}mv_A{}^2 - \frac{GmM}{r} = \frac{1}{2}mv_B{}^2 - \frac{GmM}{3r}$$

半径 r の円軌道の場合の周期を T_0, だ円軌道の場合の周期を T とする。ケプラーの第3法則より,

$$\frac{T_0{}^2}{r^3} = \frac{T^2}{\left(\dfrac{r+3r}{2}\right)^3}$$

$$\frac{T}{T_0} = \sqrt{8}$$
$$= \underline{2\sqrt{2}}$$

〈参考〉

面積速度一定の法則より,

$$\frac{1}{2} r v_A = \frac{3}{2} r v_B$$

この式と力学的エネルギー保存則より,

$$v_A = \sqrt{\frac{GM}{6r}} \qquad v_B = \sqrt{\frac{3GM}{2r}}$$

第3章　気体の熱力学

問題 42

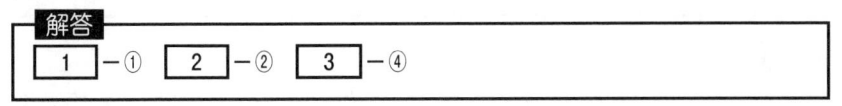

解答

| 1 | ― ① | 2 | ― ② | 3 | ― ④ |

解説

気体の状態変化にはボイル・シャルルの法則を用いる。気体の圧力 P, 体積 V, 絶対温度 T のとき，一定量の気体の変化において，次式が成り立つ。

ボイル・シャルルの法則
$$\frac{PV}{T} = 一定$$

問1 気体の圧力は，ピストンにはたらく力がつりあうだけの大きさになる。

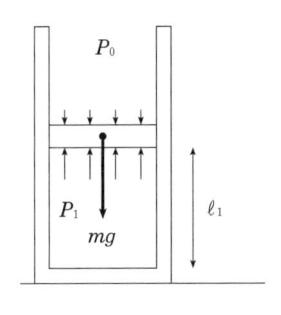

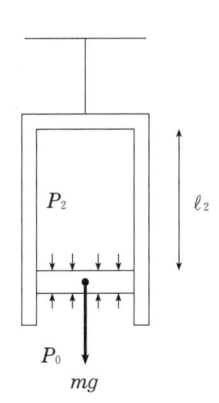

力のつりあいより，

$$P_0 S + mg = P_1 S \qquad P_2 S + mg = P_0 S$$

$$\therefore \ P_1 = P_0 + \frac{mg}{S} \qquad \therefore \ P_2 = P_0 - \frac{mg}{S}$$

問2 気体の温度を T とする。ボイル・シャルルの法則より，

$$\frac{P_1 \cdot \ell_1 S}{T} = \frac{P_2 \cdot \ell_2 S}{T} \qquad \therefore \ \frac{\ell_1}{\ell_2} = \frac{P_2}{P_1}$$

問題 43

解答
1 —③   2 —②   3 —⑤

解説

問1　ボイル・シャルルの法則を用いる。はじめの状態の圧力，体積，温度を，それぞれ P_0, V_0, T_0 とする。

①の場合，$\dfrac{P_0 V_0}{T_0} = \dfrac{P_1 V_0}{T_1}$　∴　$P_1 = \dfrac{T_1}{T_0} P_0$

$T_1 < T_0$ なので $P_1 < P_0$ となり，圧力は小さくなる。

②の場合，$\dfrac{P_0 V_0}{T_0} = \dfrac{P_2 V_2}{T_0}$　∴　$P_2 = \dfrac{V_0}{V_2} P_0$

$V_2 > V_0$ なので $P_2 < P_0$ となり，圧力は小さくなる。

③の場合，$\dfrac{P_0 V_0}{T_0} = \dfrac{P_3 \times 2 V_0}{3 T_0}$　∴　$P_3 = \dfrac{3}{2} P_0$

$P_3 > P_0$ となり，圧力は大きくなる。

④の場合，$\dfrac{P_0 V_0}{T_0} = \dfrac{P_4 \times 3 V_0}{2 T_0}$　∴　$P_4 = \dfrac{2}{3} P_0$

$P_4 < P_0$ となり，圧力は小さくなる。

以上，4つの結果より，圧力が大きくなるのは，③の場合である。

問2　ボイル・シャルルの法則の一定値は，気体のモル数に比例する。この比例定数を気体定数と呼び，これを次のように書き表したものを状態方程式という。

―― 状態方程式 ――
$PV = nRT$
n …モル数　　R …気体定数

気体定数は気体の種類にかかわらず一定である。圧力の単位に〔N/m²〕，体積の単位に〔m³〕を用いるとき，気体定数の単位は〔J/mol·K〕となる。

1気圧を P_0 〔N/m²〕とする。状態方程式より，

$P_0 = \dfrac{nRT}{V}$

温度0℃は $T = 273$ K であり，体積22.4リットルは $V = 22.4 \times 10^{-3}$ m³ なの

で，これを代入する。

$$P_0 = \frac{1 \times 8.31 \times 273}{22.4 \times 10^{-3}} \fallingdotseq \underline{1.01 \times 10^5 \, \text{N/m}^2}$$

問3 気体のモル数を n とする。状態方程式より，

$$n = \frac{PV}{RT} = \frac{2 \times 10^4 \times 3}{8.31 \times 500} \fallingdotseq 14.4 \, \text{mol}$$

気体1モルの中に含まれる分子の数 N_A がアボガドロ数であるから，この気体に含まれる分子の数 N は，

$$N = nN_A = 14.4 \times 6.02 \times 10^{23} \fallingdotseq \underline{8.7 \times 10^{24}} \, \text{個}$$

問題 44

解答

1 — ②　　2 — ②　　3 — ③　　4 — ②

解説

問1　等温変化は $PV=$ 一定となり，断熱変化は $PV^{\frac{5}{3}}=$ 一定（単原子分子の場合）となる。これらの関係は $P-V$ 図において，ともに曲線で示される。したがって，曲線 Y と Z を考えればよい。以下の記述では断熱変化では，添え字1を用い，等温変化では添え字2を用いる。

断熱変化で膨張するとき，気体は正の仕事をする。熱力学第1法則より，

$$\Delta U_1 = Q_1 - W_1'$$

$Q_1=0$，W_1'（気体がする仕事）>0 より，

$$\therefore \Delta U_1 = -W_1' < 0$$

すなわち，気体の温度が下がる。

同じ体積 V_B では，圧力が小さい方が温度が低いので，曲線 Z の方は断熱変化で温度が下がる過程を示している。すなわち，等温変化が Y，断熱変化が Z である。

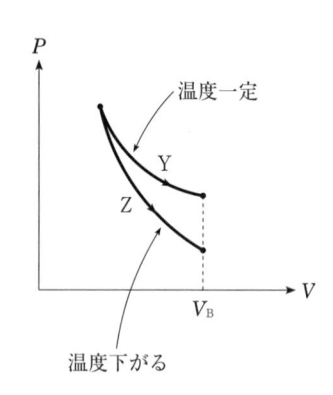

問2　等温変化において，内部エネルギーは変化しない。熱力学第1法則より，

$$\Delta U_2 = Q_2 - W_2', \quad \Delta U_2 = 0$$

$$\therefore Q_2 = W_2' = \underline{W'}$$

問3　はじめの温度を T_A，断熱変化後の温度を T_B とする。状態方程式より，

はじめ　　$P_A V_A = RT_A$

変化後　　$P_B V_B = RT_B$

内部エネルギーの変化（増加を正）ΔU_1 は，

$$\Delta U_1 = \frac{3}{2}RT_B - \frac{3}{2}RT_A = \frac{3}{2}(P_B V_B - P_A V_A)$$

熱力学第1法則より，

$$\Delta U_1 = Q_1 - W_1' \quad \therefore \quad \frac{3}{2}(P_B V_B - P_A V_A) = 0 - W_1'$$

$$\therefore \quad W_1' = -\frac{3}{2}(P_B V_B - P_A V_A) = \frac{3}{2}(P_A V_A - P_B V_B)$$

熱と温度を混同すると，等温変化と断熱変化の区別がつかなくなる。この問題は，次のように整理できる。

(i) **断熱変化** $\Delta U_1 = 0 - W_1' \quad \therefore \quad \Delta U_1 = -W_1'$

仕事をすることによって W_1' だけのエネルギーを失い，その分だけ内部エネルギーが減少する変化である。

(ii) **等温変化** $0 = Q_2 - W_2' \quad \therefore \quad Q_2 = W_2'$

仕事をすることによって W_2' だけのエネルギーを失うが，熱を吸収することによって得るエネルギー Q_2 と W_2' が等しく，差し引きゼロとなって，内部エネルギーが一定に保たれる変化である。

問題 45

解答

1 ― ①　　2 ― ①　　3 ― ③

解説

問1　状態Bの温度を T_B 〔K〕とする。ボイル・シャルルの法則より，

$$\frac{P_0 \cdot V_0}{T_0} = \frac{3P_0 \cdot V_0}{T_B} \qquad \therefore \quad T_B = \underline{3T_0} \text{〔K〕}$$

問2　状態Cの体積を V_C 〔m³〕とする。ボイル・シャルルの法則より，

$$\frac{3P_0 \cdot V_0}{T_B} = \frac{P_0 \cdot V_C}{T_B} \qquad \therefore \quad V_C = \underline{3V_0} \text{〔m}^3\text{〕}$$

問3　B→Cの変化では，温度が一定なので，$PV=$ 一定となる。このグラフは双曲線になるので，変化を表すグラフは次のようになる。

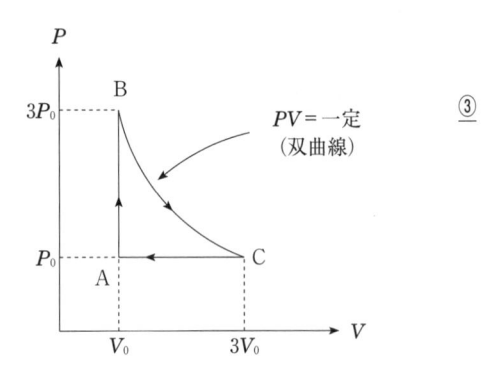

③

問題 46

解答

| 1 | - ② | 2 | - ④ | 3 | - ① | 4 | - ③ | 5 | - ④ | 6 | - ④ |

解説

図の右向きを正方向とする。面Aに衝突する前の分子の運動量は $+mv$ 〔kg·m/s〕であり，衝突後の運動量は $-mv$ 〔kg·m/s〕である。衝突時に，分子が面Aから受ける力積を I_0 〔N·s〕とすると，

$$I_0 = (-mv) - (+mv) = -2mv \text{〔N·s〕}$$

作用・反作用の法則より，面Aが分子から受ける力積 I_0' 〔N·s〕は，

$$I_0' = -I_0 = \underline{2mv}_1 \text{〔N·s〕}$$

―― 運動量と力積 ――
力積＝運動量変化

面Aと左側の面を往復するごとに1回衝突が起こるので，衝突から次の衝突までの時間 Δt 〔s〕は次のようになる。

$$\Delta t = \frac{2L}{v} \text{〔s〕}$$

よって，時間 t 〔s〕の間の衝突回数 N' は

$$N' = \frac{t}{\Delta t} = \underline{\frac{vt}{2L}}_2 \text{回}$$

1個の分子から受ける力積の合計 I 〔N·s〕は，

$$I = N' I_0' = \left(\frac{vt}{2L}\right) \times (2mv) = \underline{\frac{mv^2 t}{L}}_3 \text{〔N·s〕}$$

力積の総合計 I' 〔N·s〕は，衝突する分子の数を掛けて，

$$I' = \frac{N}{3} \times I = \underline{\frac{Nmv^2 t}{3L}}_4 \text{〔N·s〕}$$

平均の力の大きさを $\overline{F}$ 〔N〕とする。平均の力が時間 t 〔s〕の間はたらき続けたとするときの力積が，前述の力積の総合計に等しければよい。

$$\therefore \ \overline{F} t = \frac{Nmv^2 t}{3L} \quad \therefore \ \overline{F} = \underline{\frac{Nmv^2}{3L}}_5 \text{〔N〕}$$

— 57 —

圧力とは，単位面積あたりの平均の力のことである。面 A の面積は L^2 [m^2] なので，圧力 P [N/m^2] は，次のようになる。

$$P = \frac{\overline{F}}{L^2} = \frac{Nm\overline{v^2}}{3L^3} \text{ [N/m}^2\text{]}$$

気体分子は任意の方向に運動するので，その速さの2乗の平均値を $\overline{v^2}$ として，上の式の v^2 を置きかえ，体積を $L^3 = V$ と置きかえると，気体の分子運動の公式になる。

気体の分子運動

$$P = \frac{Nm\overline{v^2}}{3V}$$

問題 47

解答

| 1 | ー① | 2 | ー③ | 3 | ー③ |

解説

問1 容器A内の気体の圧力を P_A 〔N/m²〕とする。A内の気体について，状態方程式を立てる。

$$P_A V = nRT \quad \therefore \quad P_A = \underline{\frac{nRT}{V}} \ \text{〔N/m}^2\text{〕}$$

問2 A内の気体の温度上昇を ΔT 〔K〕とする。変化後の気体について，状態方程式を立てる。

$$(P_A + \Delta P)V = nR(T + \Delta T)$$

$$P_A V + \Delta P V = nRT + nR\Delta T$$

$$\therefore \ \Delta P V = nR \Delta T \quad \therefore \ \Delta T = \underline{\frac{V}{nR} \cdot \Delta P} \ \text{〔K〕}$$

問3 A，B全体を，体積が $V + 2V = 3V$ 〔m³〕のひとつの容器と見なす。この容器内の気体の全モル数は $n + 3n = 4n$ 〔mol〕である。気体の圧力を P 〔N/m²〕として，状態方程式を立てる。

$$P \times 3V = 4n \times R \times 2T$$

$$\therefore \ P = \underline{\frac{8nRT}{3V}} \ \text{〔N/m}^2\text{〕}$$

問題 48

解答

| 1 | － ② | 2 | － ② |

解説

問1 問題で与えられた公式と状態方程式から，P，V，n を消去する。

$$PV = \frac{nN_A m \overline{v^2}}{3} = nRT$$

$$\therefore \quad \frac{1}{2}m\overline{v^2} = \frac{3RT}{2N_A} \text{〔J〕}$$

この式は，〝温度〟というものを考える上で，重要な意味をもつ。式変形すると，

$$T = \frac{2N_A}{3R} \times \frac{1}{2}m\overline{v^2}$$

この式は，気体に含まれる分子1個の平均運動エネルギーに比例するものが〝温度〟であることを示している。この式には，分子数やモル数が入っていない。圧力や体積だけでなく，分子数やモル数が異なる気体であっても。温度が等しければ，分子1個の平均運動エネルギーが等しいのである。

温度

温度 ∝ 分子1個の平均運動エネルギー

問2 分子の総数は nN_A 個なので，内部エネルギー U 〔J〕は次のようになる。

$$U = nN_A \times \frac{1}{2}m\overline{v^2} = nN_A \times \frac{3RT}{2N_A} = \frac{3}{2}nRT$$

状態方程式 $PV = nRT$ より，

$$U = \frac{3}{2}PV \text{〔J〕}$$

気体の内部エネルギー

$$U = \frac{3}{2}nRT = \frac{3}{2}PV$$

ただし，単原子分子に限る

問題 49

解答

| 1 | ― ③ | 2 | ― ③ |

解説

気体がまわりの壁を押し広げ，その体積を増やすとき，「気体が仕事をする」という。反対に，まわりの壁から押し縮められ，その体積を減らすとき，「気体が仕事をされる」という。

定量的には，気体がまわりの壁に及ぼす力のする仕事が「気体がする仕事」である。

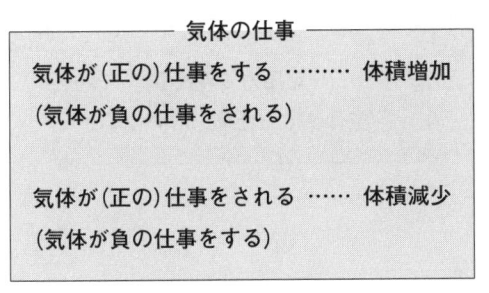

――― 気体の仕事 ―――
気体が(正の)仕事をする ……… 体積増加
(気体が負の仕事をされる)

気体が(正の)仕事をされる …… 体積減少
(気体が負の仕事をする)

問1　気体が正の仕事をされるとき，気体の体積は減少する。よって，③が正解である。

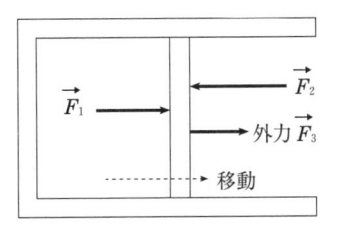

なお，①については，正の仕事をされるといった誤解が多いので，少し詳しく示す。ピストンにはたらく力は，気体の圧力による力 $\vec{F_1}$ と大気圧による力 $\vec{F_2}$，それに外力 $\vec{F_3}$ である。これらの力のうち，力の向きと移動方向が同一で，する仕事が正になるのは $\vec{F_1}$ と $\vec{F_3}$ である。$\vec{F_2}$ がする仕事は負になる。すなわち，正の仕事をしたのは外力（$\vec{F_3}$）と気体（$\vec{F_1}$）であり，負の仕事をしたのは大気（$\vec{F_2}$）である。気体と外力が仕事をし，仕事をされたのが大気ということになる。

問2 気体の圧力が一定のとき，仕事は次のように表される。

　　　　（気体がする仕事）＝ $P \cdot \Delta V$ …正解 ③

　　　　（気体がされる仕事）＝ $-P \cdot \Delta V$

この公式は，以下のように求められる。シリンダーの断面積を S とすると，気体がピストンに及ぼす力の大きさ F_1 は，

　　　　$F_1 = PS$

シリンダーの移動距離を ℓ（膨張の場合を正とする）とすると，この力のする仕事 W は，

　　　　$W = F_1 \ell = PS\ell$

ここで $\Delta V = S\ell$ なので，

　　　　$W = P \cdot \Delta V$

$$\boxed{\text{―定圧力での仕事―}\\ （気体がする仕事）＝ P \cdot \Delta V}$$

問題 50

解答

1 — ③

解説

$U = \dfrac{3}{2}nRT$ より,

$$\Delta U = \dfrac{3}{2}nR(T+1) - \dfrac{3}{2}nRT = \dfrac{3}{2}nR \ [\text{J}]$$

圧力や体積にかかわらずに,$\Delta U = \dfrac{3}{2}nR$ なので,③が正解である。

問題 51

解答

| 1 | ② | 2 | ② | 3 | ② | 4 | ① | 5 | ③ |

解説

問1 単原子分子からなる理想気体の内部エネルギーは，温度を T〔K〕として，$U = \dfrac{3}{2}nRT$〔J〕である。これより，

$$\Delta U_1 = \dfrac{3}{2}nR(T + \Delta T) - \dfrac{3}{2}nRT = \underline{\dfrac{3}{2}nR \cdot \Delta T}\text{〔J〕}$$

ピストンを固定するので，気体の体積は一定になり，気体がする仕事はゼロである。熱力学第1法則より，

$$\Delta U_1 = Q_1 - W_1' \quad \therefore \quad \dfrac{3}{2}nR \cdot \Delta T = Q_1 - 0$$

$$\therefore \quad Q_1 = \underline{\dfrac{3}{2}nR \cdot \Delta T}\text{〔J〕}$$

問2 気体の内部エネルギーは温度だけで定まる。温度変化が同じであれば，ピストンが自由に動こうと固定されていようと，内部エネルギーの変化は同じになる。

$$\Delta U_2 = \Delta U_1 = \underline{\dfrac{3}{2}nR \cdot \Delta T}\text{〔J〕}$$

【ピストンが自由→定圧変化】

体積変化を ΔV〔m³〕として，はじめの状態と後の状態について，状態方程式を立てる。気体の圧力を P〔N/m²〕とすると，

はじめ　　$P \cdot Sh = nRT$

変化後　　$P \cdot (Sh + \Delta V) = nR(T + \Delta T)$

$$\therefore \quad P \cdot \Delta V = nR \cdot \Delta T$$

この間に気体がした仕事 W_2'〔J〕は，

$$W_2' = P\Delta V = \underline{nR\Delta T}\text{〔J〕}$$

熱力学第1法則より，

$$\Delta U_2 = Q_2 - W_2' \quad \therefore \quad \dfrac{3}{2}nR \cdot \Delta T = Q_2 - nR\Delta T$$

$$\therefore \quad Q_2 = \underline{\dfrac{5}{2}nR \cdot \Delta T}\text{〔J〕}$$

問題 52

解答
1 — ①　2 — ①　3 — ③　4 — ②

解説

問1　単原子分子からなる理想気体の内部エネルギーは $U=\dfrac{3}{2}nRT$ [J]，あるいは，$PV=nRT$ を代入して，$U=\dfrac{3}{2}PV$ [J] である。

A室の状態は $P_A=2\times 10^5\,\text{N/m}^2$，$V_A=0.5\,\text{m}^3$ なので，
$$U_A=\dfrac{3}{2}P_A V_A=\dfrac{3}{2}\times 2\times 10^5 \times 0.5 = \underline{1.5\times 10^5}\,\text{J}$$

問2　B室の状態は $P_B=3\times 10^5\,\text{N/m}^2$，$V_B=0.2\,\text{m}^3$ なので，
$$U_B=\dfrac{3}{2}P_B V_B=\dfrac{3}{2}\times 3\times 10^5 \times 0.2 = \underline{0.9\times 10^5}\,\text{J}$$

問3　A，B室内の気体全体について，熱力学第1法則をあてはめる。このとき，外部との間での熱のやりとりがないので $Q=0$ である。また，外部に対しての仕事もないので $W'=0$ である。
$$\therefore\ \Delta U = Q - W' = 0$$
すなわち，気体全体の内部エネルギーの和は変化しない。
$$\therefore\ U = U_A + U_B = 1.5\times 10^5 + 0.9\times 10^5$$
$$= \underline{2.4\times 10^5}\,\text{J}$$
全容積は $V=0.5+0.2=0.7\,\text{m}^3$ なので，
$$U=\dfrac{3}{2}P\times 0.7 = 2.4\times 10^5$$
$$\therefore\ P \fallingdotseq \underline{2.3\times 10^5}\,\text{N/m}^2$$

問題 53

解答

$\boxed{1}$ — ④ $\boxed{2}$ — ② $\boxed{3}$ — ② $\boxed{4}$ — ② $\boxed{5}$ — ① $\boxed{6}$ — ①

解説

内部エネルギーの公式 $U=\dfrac{3}{2}nRT$ あるいは $\Delta U=\dfrac{3}{2}nR\cdot\Delta T$ は単原子分子の理想気体についての公式である。この問題のように，単原子分子とは限らない理想気体については用いられない。

モル比熱とは，気体1モルの温度を1Kだけ変化させるとき，気体に出し入れされる熱量である。そのときに気体がどれだけの仕事をするか（あるいはされるか）によって，必要な熱量も変わるので，すべての変化に関するモル比熱というものは考えられない。代表として，定積変化におけるモル比熱（定積モル比熱）と定圧変化におけるモル比熱（定圧モル比熱）が用いられる。

モル比熱

定積モル比熱 $C_v=\dfrac{3}{2}R$

定圧モル比熱 $C_p=\dfrac{5}{2}R$

単原子分子に限る

比熱の定義より，吸収する熱量は，

$$Q_1 = \underline{nC_v\cdot\Delta T}_{\;1} \text{〔J〕}$$

定積変化なので，気体がする仕事はゼロである。熱力学第1法則より，

$$\Delta U_1 = Q_1 - W_1' \qquad W_1' = 0 \qquad \therefore\ \Delta U_1 = \underline{Q_1}_{\;2} \text{〔J〕}$$

$$\therefore\ \Delta U_1 = nC_v\cdot\Delta T \text{〔J〕}$$

定圧変化のとき，変化前と変化後について状態方程式を立てると，

変化前　　$PV = nRT$

変化後　　$P(V+\Delta V) = nR(T+\Delta T)$

2式より，$P \cdot \Delta V = nR \cdot \Delta T$ となる。気体がする仕事は，
$$W_2' = P \Delta V = \underline{nR \cdot \Delta T}_3 \text{ [J]}$$
内部エネルギーは温度だけで決まるので，温度変化が同じなら，定圧変化の場合と定積変化の場合で，内部エネルギーの変化は等しい。
$$\Delta U_2 = \Delta U_1 = \underline{1}_4 \times \Delta U_1 = nC_v \cdot \Delta T$$
この関係は一般に成り立つ。

内部エネルギーの変化
$$\Delta U = nC_v \cdot \Delta T$$
単原子分子に限らない

熱力学第1法則より，
$$\Delta U_2 = Q_2 - W_2'$$
$$\therefore \quad Q_2 = \Delta U_2 + W_2' = \underline{nC_v \cdot \Delta T + nR \cdot \Delta T}_5 \text{ [J]}$$
$Q_2 = nC_p \cdot \Delta T$ より，
$$nC_p \cdot \Delta T = nC_v \cdot \Delta T + nR \cdot \Delta T$$
$$\therefore \quad C_p = \underline{C_v + R}_6$$

モル比熱の関係
$$C_p = C_v + R$$

問題 54

解答

| 1 |—⑦| 2 |—③| 3 |—⑦| 4 |—③| 5 |—③| 6 |—④|

解説

問1 気体の内部エネルギーは温度だけで決まる。温度が一定な過程では内部エネルギーは変化しない。内部エネルギーの変化は $\underline{0}$ である。

気体が Q〔J〕の熱を吸収し，W〔J〕の仕事をされるとき，気体の内部エネルギーの変化 $\varDelta U$〔J〕は，次のようになる。

---**熱力学第1法則**---
$$\varDelta U = Q + W \cdots ①$$
W はされた仕事

気体がする仕事を W'〔J〕とすると，上式は，次のようになる。

---**熱力学第1法則**---
$$\varDelta U = Q - W' \cdots ②$$
W' はした仕事

この法則は，気体が外部との間でやりとりするエネルギーに関するエネルギー保存則である。

物体間に温度差があるとき，それらの間で移動するエネルギーが〝熱〟である。ピストンの運動によって移動するエネルギーが〝仕事〟である。特に，仕事に着目すると，次のようになる。

---**仕事とエネルギー**---
気体が W〔J〕の仕事をされる → W〔J〕のエネルギーを得る
気体が W'〔J〕の仕事をする → W'〔J〕のエネルギーを失う

過程Ⅰにおいては，$Q_1 = 32$ J，$\varDelta U_1 = 0$ なので，熱力学第1法則（②式）より
$$\varDelta U_1 = Q_1 - W_1' \quad 0 = 32 - W_1' \quad \therefore \quad W_1' = \underline{32} \text{ J}$$

すなわち，気体が仕事をして失う 32 J のエネルギーと等量の熱を吸収し，差し引きゼロとなって，内部エネルギーが一定に保たれる過程ということである。

問2 過程Ⅱは，体積が一定（定積変化）なので，仕事はゼロである。
$$W_2' = \underline{0}$$
また，$\Delta U_2 = -20$ J なので，熱力学第1法則より，
$$\Delta U_2 = Q_2 - W_2' \quad -20 = Q_2 - 0 \quad \therefore \quad Q_2 = -20 \text{ J}$$
すなわち，$\underline{20}$ J の熱を放出し，その分だけ内部エネルギーが減少する過程ということである。

問3 A，B，C の各状態の内部エネルギーを，それぞれ U_A〔J〕，U_B〔J〕，U_C〔J〕とおく。
$$\Delta U_1 = U_B - U_A \quad \Delta U_2 = U_C - U_B \quad \Delta U_3 = U_A - U_C$$
$$\therefore \quad \Delta U_1 + \Delta U_2 + \Delta U_3 = 0$$
1サイクルでの内部エネルギーの変化はゼロということになる。この式に，$\Delta U_1 = 0$，$\Delta U_2 = -20$ J を代入する。
$$0 + (-20) + \Delta U_3 = 0 \quad \therefore \quad \Delta U_3 = \underline{20} \text{ J}$$
気体がした仕事 W_3' は，熱力学第1法則より，
$$\Delta U_3 = Q_3 - W_3'$$
$$20 = 0 - W_3' \quad \therefore \quad W_3' = \underline{-20} \text{ J}$$
した仕事が -20 J ということは，20 J の仕事をされたということである。この過程Ⅲでは，気体が仕事をされて得る 20 J のエネルギーの分だけ内部エネルギーが増加する。

問題 55

解答

1 — ③　　2 — ③

解説

問1　A→B→C→D→Aの1サイクルを考える。はじめの状態に戻るので、1サイクルの間の内部エネルギーの変化 ΔU は0である。

$$\Delta U = 0$$

1サイクルの間に、気体が差し引きした仕事 W は圧力-体積グラフの面積に等しくなる。

$$W = (P_2 - P_1)(V_2 - V_1)$$

1サイクルの間について、熱力学第1法則をあてはめると、

$$Q_1 + Q_2 - Q = \Delta U + W$$
$$= (P_2 - P_1)(V_2 - V_1)$$
$$\therefore \quad Q = \underline{Q_1 + Q_2 - (P_2 - P_1)(V_2 - V_1)}$$

問2　熱効率 e は、気体が差し引きした仕事 W を気体が吸収した熱量 $Q_1 + Q_2$ で割った値である。

$$e = \frac{W}{Q_1 + Q_2}$$
$$= \frac{(P_2 - P_1)(V_2 - V_1)}{Q_1 + Q_2} = \underline{\frac{Q_1 + Q_2 - Q}{Q_1 + Q_2}}$$

問題 56

解答
1 — ④   2 — ①   3 — ②

解説

熱力学第1法則は熱と仕事を含む<u>エネルギー保存則</u>である。気体が放出する熱量が Q で，気体がされる仕事が W，内部エネルギーの減少が $\varDelta U$ のとき，気体に対するエネルギーの流れは次図のようになる。

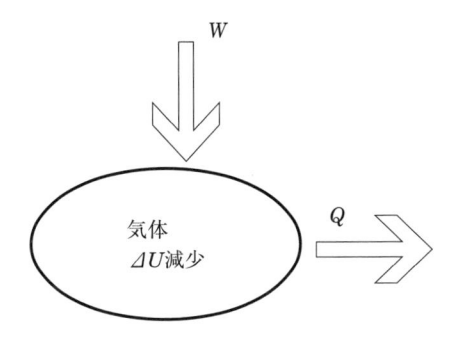

```
         W
         ↓
      ┌─────┐
      │ 気体 │  Q
      │ΔU減少│ →
      └─────┘
```

この図より，

$$\varDelta U = Q - W$$

$$\therefore\ Q = \varDelta U + W$$

熱力学第2法則は，「熱は高温物体から低温物体にしか伝わらない」など，いろいろな表現を用いて表される。熱機関に関しては，<u>熱機関の熱効率が1より小さくなる</u>ことを示している。

第4章 波　動

問題 57

解答

| 1 |－②　| 2 |－①　| 3 |－①　| 4 |－②

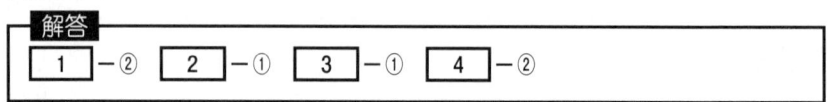

解説

図(a)について，

波形より，$y = -A \sin \dfrac{2\pi x}{\lambda}$ である。$A = 3$ m，$\lambda = 4$ m なので，

$$y = -3 \sin \dfrac{2\pi x}{4}$$

$$\underline{y = -3 \sin \dfrac{\pi x}{2}}$$

図(b)について，

波形より，$y = A \sin \dfrac{2\pi x}{\lambda}$ である。$A = 3$ m，$\lambda = 4$ m なので，

$$\underline{y = 3 \sin \dfrac{\pi x}{2}}$$

図(c)について，

波形より，$y = A \cos \dfrac{2\pi x}{\lambda}$ である。$A = 3$ m，$\lambda = 4$ m なので，

$$\underline{y = 3 \cos \dfrac{\pi x}{2}}$$

図(d)について，

波形より，$y = -A \cos \dfrac{2\pi x}{\lambda}$ である。$A = 3$ m，$\lambda = 4$ m なので，

$$\underline{y = -3 \cos \dfrac{\pi x}{2}}$$

問題 58

解答
1 — ①　　2 — ⑦　　3 — ①

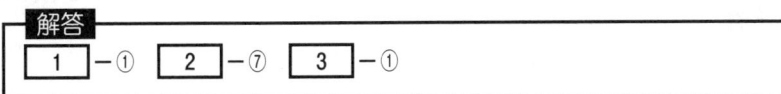

解説

問1　問題の図より，周期は $T = 4$ s なので，振動数は，
$$f = \frac{1}{T} = \frac{1}{4} = \underline{0.25} \text{ Hz}$$

波の速さは $v = 5$ m/s なので，波長は，
$$\lambda = vT = 5 \times 4 = \underline{20} \text{ m}$$

問2　問題に与えられた y–t グラフをそのまま式で表せばよい。
$$y = 3 \sin 2\pi \times \frac{t}{4} = \underline{3 \sin \frac{\pi}{2} t}$$

問題 **59**

解答

| 1 | - ⑤ | 2 | - ⑤ | 3 | - ⑥ | 4 | - ⑤ |

解説

$t = 0$ の波形に加え，$t = \Delta t$（Δt は微小時間）における波形を描いて考える。

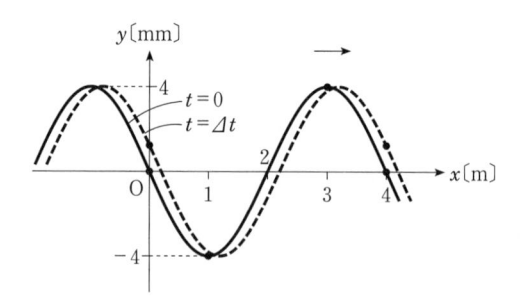

1　$x = 0$ の変位は，$t = 0$ のとき $y = 0$，$t = \Delta t$ のとき $y > 0$ なので，周期を T とした y-t グラフは次図のようになる。

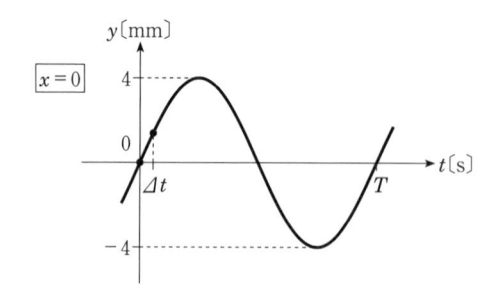

この図の式は，

$$y = 4 \sin \frac{2\pi t}{T}$$

周期 T は，波の基本式より，

$$T = \frac{\lambda}{v} = \frac{4}{4} = 1 \text{ s}$$

したがって，

$$y = 4 \sin 2\pi t$$

2 $x=4$ m の変位は $x=0$ の変位と同じである。
$$y = 4\sin 2\pi t$$

3 $x=1$ m の変位は，$t=0$ のとき $y=-4$ mm なので，$y-t$ グラフは次図のようになる。

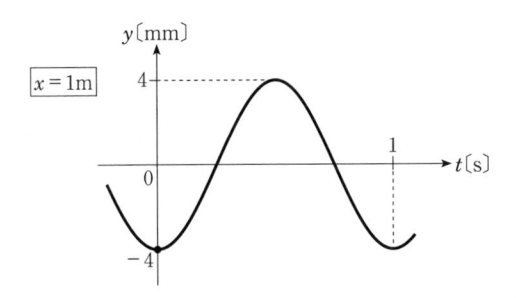

$x=1$m

この図の式は，
$$y = -4\cos\frac{2\pi t}{T}$$

周期 T を代入して，
$$y = -4\cos 2\pi t$$

4 $x=3$ m の変位は，$t=0$ のとき $y=4$ mm なので，$y-t$ グラフは次図のようになる。

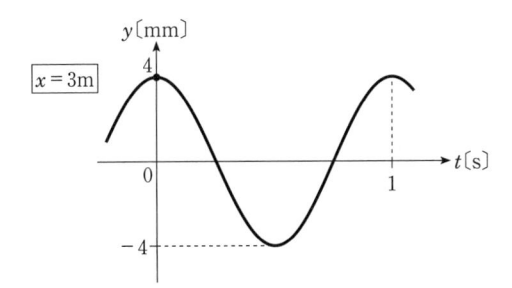

$x=3$m

この図の式は，
$$y = 4\cos\frac{2\pi t}{T}$$

周期 T を代入して，
$$y = 4\cos 2\pi t$$

問題 60

解答

$\boxed{1}$ — ⑤　$\boxed{2}$ — ⑤　$\boxed{3}$ — ③

解説

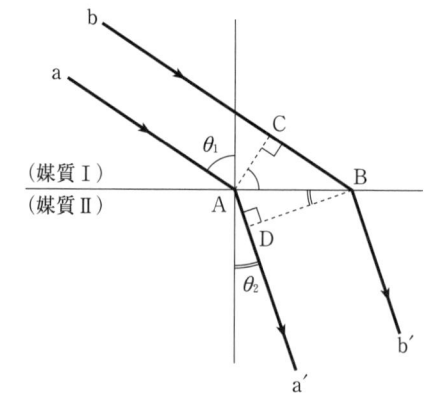

問1 三角形 ABC に着目すると，
$$BC = AB \sin \theta_1$$
三角形 ADB に着目すると，
$$AD = AB \sin \theta_2$$
$$\therefore \frac{BC}{AD} = \frac{AB \sin \theta_1}{AB \sin \theta_2}$$
$$\therefore \frac{BC}{AD} = \frac{\sin \theta_1}{\sin \theta_2}$$

問2 射線 aa′ に沿って，A から D に速さ v_2 で波が伝わる間に，射線 bb′ に沿って，C から B に速さ v_1 で波が伝わる。この時間が等しいので，
$$\therefore \frac{AD}{v_2} = \frac{BC}{v_1}$$
$$\therefore \frac{v_1}{v_2} = \frac{BC}{AD} = \frac{\sin \theta_1}{\sin \theta_2}$$

問3 屈折率の定義より，
$$n = \frac{\sin \theta_1}{\sin \theta_2} = \frac{v_1}{v_2}$$
振動数は変わらないので，
$$f_1 = f_2 \quad \therefore \frac{v_1}{\lambda_1} = \frac{v_2}{\lambda_2} \quad \therefore \frac{v_1}{v_2} = \frac{\lambda_1}{\lambda_2}$$
$$\therefore n = \frac{v_1}{v_2} = \frac{\lambda_1}{\lambda_2}$$

屈折率
$$n = \frac{\sin \theta_1}{\sin \theta_2} = \frac{v_1}{v_2} = \frac{\lambda_1}{\lambda_2}$$
θ_1 … 入射角　θ_2 … 屈折角

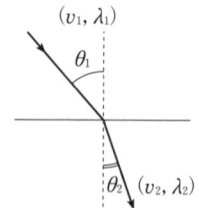

問題 61

解答
1 — ④   2 — ①

解説

問1 媒質Ⅰ中での波の速さを v_1,媒質Ⅱ中での波の速さを v_2 とすると,

$$n = \frac{v_1}{v_2} \qquad n = 3 \text{ より,} \qquad v_2 = \frac{1}{3}v_1$$

媒質Ⅰ中をdからeまで波が伝わる間に,媒質Ⅱ中を距離 $\frac{1}{3}$de だけ波が伝わる。したがって,媒質Ⅱ中で点eと同じ波面の点fは点bを中心とした,半径 $\frac{1}{3}$de の円上にくる。

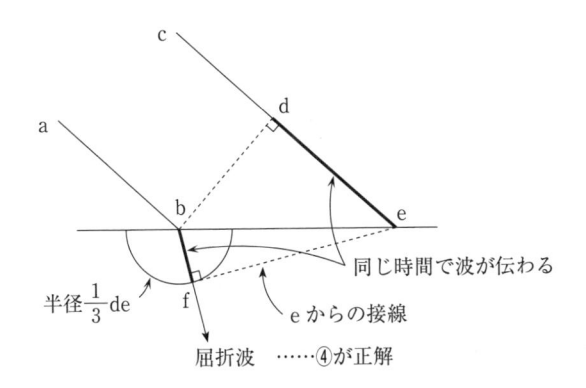

屈折波 ……④が正解

問2 $v_2 < v_1$ なので,前図において bf<de となり,入射角より屈折角の方が小さくなる。……①が正解

問題 62

解答
1 — ④   2 — ①

解説

問 1 次図のように，波面に垂直な射線が法線となす角度から，入射角が $60°$，屈折角が $30°$ であることがわかる。

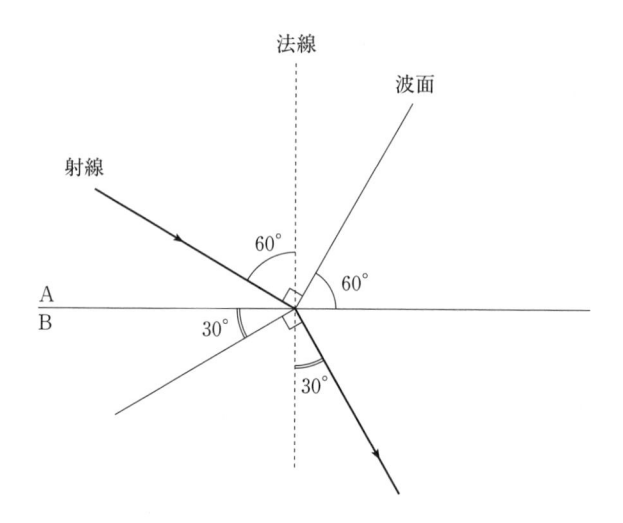

屈折率を n とすると，

$$n = \frac{\sin 60°}{\sin 30°} = \frac{\frac{\sqrt{3}}{2}}{\frac{1}{2}} = \sqrt{3}$$

問2　次図のように，媒質 C での波長を λ_C，速さを V_C とし，媒質 D での波長を λ_D，速さを V_D とする。

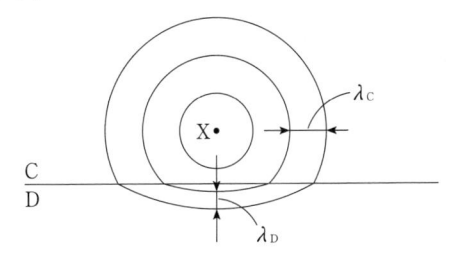

振動数 f は屈折において変化しないので，

$$f = \frac{V_C}{\lambda_C} = \frac{V_D}{\lambda_D}$$

$$\therefore \quad \frac{V_C}{V_D} = \frac{\lambda_C}{\lambda_D}$$

図より，$\lambda_C > \lambda_D$ なので，$V_C > V_D$ である。すなわち，速さは<u>媒質 C の方が大きい</u>。

問題 **63**

解答
1 - ①   2 - ②   3 - ②

解説

問1　媒質Ⅰに対する媒質Ⅱの屈折率を n とおくと，境界 p での屈折に着目して，

$$n = \frac{\sin 30°}{\sin 45°} = \frac{\frac{1}{2}}{\frac{1}{\sqrt{2}}} = \frac{\sqrt{2}}{2}$$

問2　境界 q での屈折に着目して，

$$n = \frac{\sin \theta}{\sin 45°} = \frac{\sqrt{2}}{2}$$

$$\therefore \quad \sin \theta = \frac{1}{2}$$

すなわち，$\theta = 30°$ である。

問3　臨界角を θ_C とおく。

$$n = \frac{\sqrt{2}}{2} = \frac{\sin \theta_C}{\sin 90°}$$

$$\therefore \quad \sin \theta_C = \frac{\sqrt{2}}{2}$$

$$\therefore \quad \theta_C = \underline{45°}$$

問題 64

解答

| 1 | — ① | 2 | — ④ |

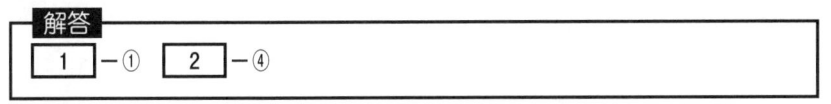

解説

2波源から伝わる同一の波が干渉して強めあったり，弱めあったりする条件は，波長を λ，整数を m とすると，次のようになる。

2波源からの波の干渉

強めあう （波源からの距離の差）$= m\lambda$

弱めあう （波源からの距離の差）$= \left(m + \dfrac{1}{2}\right)\lambda$

（波源が同位相）

問1 波源 A，B が同位相で振動している場合，A，B から等距離の点，すなわち，A，B の垂直2等分線は波が強めあう点である。線分 AB 間には定常波が生じており，波が強めあう点（定常波の腹）は半波長 0.5λ の間隔で並ぶ。AB 間の中点から A までの距離は 1.6λ である。

以上の考察より，正解は①である。

①

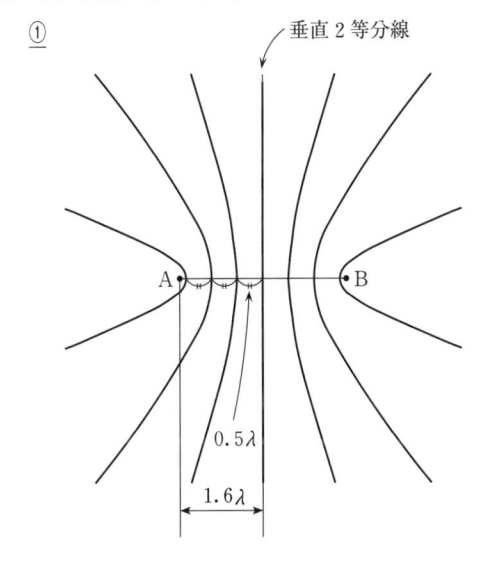

垂直2等分線

A • ー • B

0.5λ

1.6λ

問2 波源 A,B が逆位相で振動している場合,A,B から等距離の点,すなわち,A,B の垂直 2 等分線は波が弱めあう点である。線分 AB 間には定常波が生じており,波が強めあう点(定常波の腹)は半波長 0.5λ の間隔で並ぶ。AB 間の中点から A までの距離は 1.6λ である。

以上の考察より,正解は ④ である。

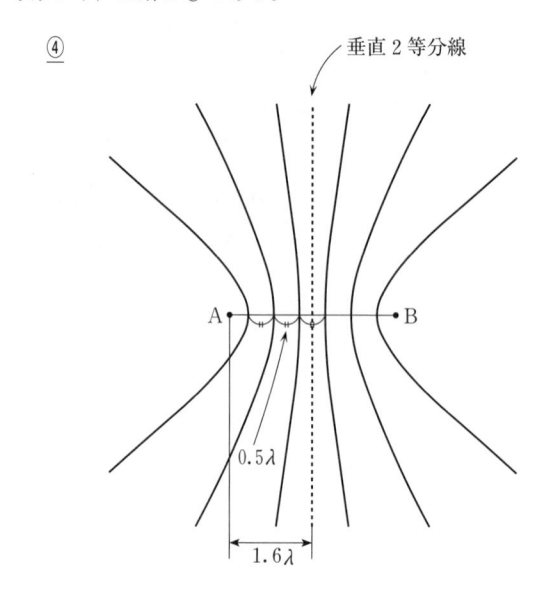

④

垂直 2 等分線

A B

0.5λ

1.6λ

問題 65

解答

| 1 | - ⑤ | 2 | - ⑤ | 3 | - ⑤ | 4 | - ⑧ |

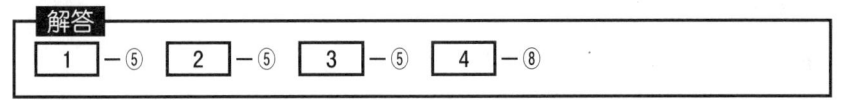

解説

　この問題のように，振幅が一定で減衰が無視できるとき，強めあう点の振幅はもとの波の振幅の2倍になり，弱めあう点の振幅はゼロになる。

問1　　　点O　$AO - BO = \ell - \ell = 0$
$$= 0 \times \lambda \cdots\cdots 強めあう \cdots\cdots 振幅 \underline{2d}$$
　　　点P　$AP - BP = \sqrt{2}\,\ell - \sqrt{2}\,\ell = 0$
$$= 0 \times \lambda \cdots\cdots 強めあう \cdots\cdots 振幅 \underline{2d}$$
　　　点Q　$AQ - BQ = \dfrac{3}{2}\ell - \sqrt{(2\ell)^2 + \left(\dfrac{3}{2}\ell\right)^2}$
$$= \dfrac{3}{2}\ell - \dfrac{5}{2}\ell = -\ell$$
$$\lambda = \dfrac{1}{2}\ell \ \text{より}$$
$$AQ - BQ = (-2) \times \lambda$$
$$\cdots\cdots 強めあう \cdots\cdots 振幅 \underline{2d}$$

問2　問1によると，原点Oは強めあう点で，定常波の腹ができている。波長が $\lambda = \dfrac{1}{2}\ell$ なので，AB間の合成波の様子を図にすると，次のようになる。

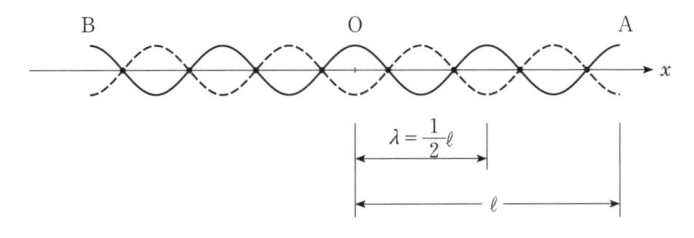

図より，定常波の節（黒丸）は，A，B間に <u>8</u> 個生じる。

問題 66

解答
1 — ②, ④, ⑥   2 — ④

解説

問1 波の速さが $V = 40$ cm/s で,振動数が $f = 3\sim9$ Hz なので,波長 λ [cm] の範囲は,

$$\lambda = \frac{40}{3} \sim \frac{40}{9} \fallingdotseq 13.3 \sim 4.4$$

波源から点 B までの距離の差を求めると,

$$\mathrm{AB} - \mathrm{OB} = 50 - 30 = 20$$

強めあう条件は,自然数を m として,

$$\mathrm{AB} - \mathrm{OB} = 20 = m\lambda$$

$$\therefore \quad \lambda = \frac{20}{m}$$

m の値に応じた λ の値を求めると,

$$\lambda = 20 \,(m=1),\ 10 \,(m=2),\ 6.7 \,(m=3),$$
$$5 \,(m=4),\ 4 \,(m=5),\ \cdots$$

すなわち,強めあう条件を満たす波長は,$\lambda = 10$ と $\lambda = 6.7 \left(= \frac{20}{3}\right)$ と $\lambda = 5$ である。このときの振動数は,$f = \frac{V}{\lambda}$ より,

$$f = \frac{40}{10} = \underline{4}\ \mathrm{Hz}$$

$$= \frac{40}{6.7} = \underline{6}\ \mathrm{Hz}$$

$$= \frac{40}{5} = \underline{8}\ \mathrm{Hz}$$

問2 波面の交点は強めあう点である。次図のように，微小時間後の波面の交点から，強めあう点をむすぶ線を見つける。

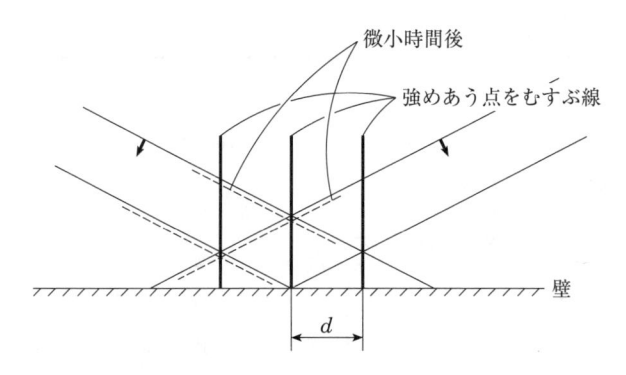

壁上の強めあう点の間隔を d とすると，

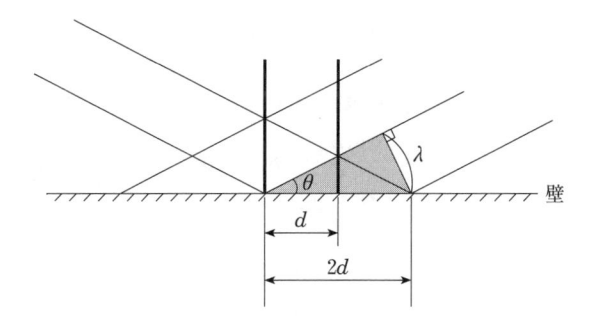

$$2d \sin\theta = \lambda$$
$$d = \frac{\lambda}{2\sin\theta}$$

問題 67

解答

| 1 | - ⑥ | 2 | - ① |

解説

ドップラー効果の公式を用いるときは、速度（音源と観測者）がどちら向きを正としているかに注意すること。

ドップラー効果の公式

$$f = \frac{V - v_o}{V - v_s} \cdot f_0$$

v_o 観測者の速度
v_s 音源の速度
音源から観測者に向かう向きが正方向

問1 ドップラー効果の公式より，観察者が聞く音の振動数 f は，

$$f = \frac{340 + 10}{340 - 20} \times 800 = \underline{875} \text{ Hz}$$

問2 ドップラー効果の公式より，観察者が聞く音の振動数 f' は，

$$f' = \frac{340 - 4}{340 + 10} \times 800 = \underline{768} \text{ Hz}$$

問題 68

解答

| 1 | ⑤ | 2 | ② | 3 | ⑤ | 4 | ① | 5 | ① |

解説

ドップラー効果の公式を導出するとき、音速が、音源の速さによらず、一定であることがポイントになる。

音速
音速は、音源の速さによらず、一定である

音源Sの速さによらず、音波は速さ V_1〔m/s〕で伝わる。Sが右に速さ v〔m/s〕で進んでいるとして、Sから前方に出た音波の様子を考える。

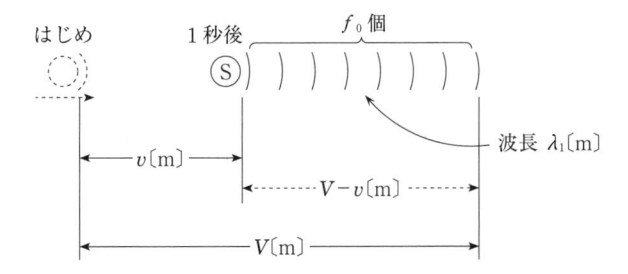

図のように、音源Sは1秒間に v〔m/s〕×1〔s〕= v〔m〕だけ右に進む。Sから出た音波の波面は1秒間に V〔m/s〕×1〔s〕= V〔m〕だけ右に伝わる。この1秒間にSから出た波の数は f_0〔個〕である。この f_0〔個〕の波が、長さ $(V-v)$〔m〕の区間に入っているので、波長 λ_1〔m〕は、

$$\therefore \lambda_1 = \frac{V-v}{f_0}_2 〔m〕$$

Sの後方に伝わる音波の速さも V_3〔m/s〕で、前方に伝わる波と同じようにして、その波長が求められる。

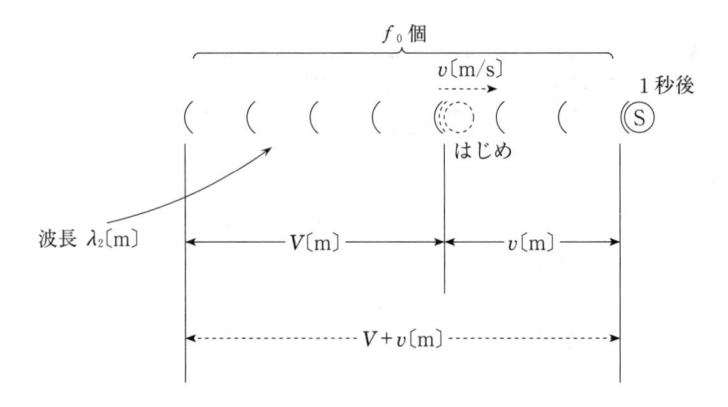

f_0 個 について、図のように、音源Sは1秒後に右へ v [m] 進み、1秒後の位置に S がある。はじめの位置から左へ V [m] の点まで波が届いている。波長 λ_2 [m]。

音源Sは1秒間に v [m] だけ右に進み，音波は1秒間に V [m] だけ左に進む。この1秒間に出た f_0 〔個〕の波は，長さ $(V+v)$ 〔m〕の区間に入っているので，波長 λ_2 〔m〕は，

$$\lambda_2 = \frac{V+v}{f_0} \text{〔m〕}$$

$\lambda_2 > \lambda_1$ なので，音源Sが進む前方の波長は短くなり，後方の波長は長くなる。よって，問題の波面の場合，音源は東の方向に進んでいる。

問題 69

解答

| 1 | － ③ | 2 | － ① | 3 | － ③ |

解説

問1　波面1が出たのは，波面1の円の中心 c からである。

問2　造波器 A は点 c で波面1を出し，図の瞬間は波面4（図には描かれていない）を出す直前である。この間3個の波面を出している。A の振動数は 3 Hz なので，この間の時間経過は 1 秒である。

問3　問2の1秒の間に波面1は6目盛り，$6 \times 20 = 120$ cm 進んでいるから，

$$\therefore \quad \frac{120}{1} = \underline{120} \text{ cm/s}$$

問題 70

解答
1 — ⑤　　2 — ①　　3 — ⑥

解説

音源や観察者の運動方向が音源と観察者を結ぶ直線上にないときは，速度成分を用いる。

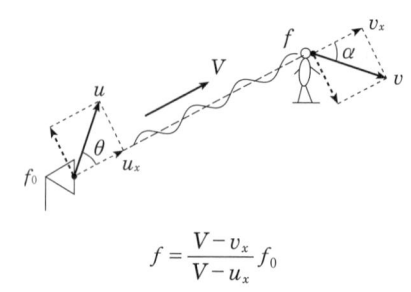

$$f = \frac{V - v_x}{V - u_x} f_0$$

ただし，$u,\ v \ll V$ で，音波が伝わる間に $u_x,\ v_x,\ \theta,\ \alpha$ が変わらないとみなせる場合に限る。

音源の速度の，観察者から遠ざかる向きへの速度成分が最大のときに出た音が，観察者が聞く最小の振動数になる。

$$\therefore\ 点 \underline{E}_1$$

点 A および点 D は，音源の速度の，観察者から遠ざかる向きへの速度成分が 0 なので，ドップラー効果が起きない。

$$\therefore\ \underline{f}_2$$

観察者に近づく向きへの速度成分が最大なので，点 C から出た音が，観察者が聞く最大の振動数になる。点 C から点 E までの移動時間は，円運動の周期の 4 分の 1 である。

$$\therefore\ \frac{2\pi r}{v} \times \frac{1}{4} = \underline{\frac{\pi r}{2v}}_3$$

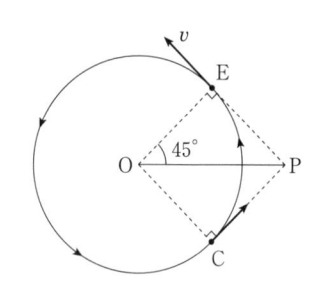

問題 71

解答
 1 — ③   2 — ⑦   3 — ①

解説

問1 ドップラー効果の公式より，
$$f_A = \frac{V_1}{V_1 - v} f_0$$

問2 壁を通して音波が室内へ伝わる現象は，異なる媒質間での屈折と同じに考えることができる。屈折では振動数が変わらないので，
$$f_B = f_A = \frac{V_1}{V_1 - v} f_0$$

問3 人Aは，音源から直接入射する音波と，壁で反射された音波を観測する。この2つの音波によって，うなりを聞く。

直接，入射する音波の振動数 f_1 は，ドップラー効果の公式より，
$$f_1 = \frac{V_1 + v}{V_1} f_0$$

反射波の方は，壁に静止した音源（振動数 f_0）があると考える。ドップラー効果の公式より，
$$f_2 = \frac{V_1 - v}{V_1} f_0$$

うなりの回数 n は，振動数の差に等しいので，
$$n = f_1 - f_2 = \frac{V_1 + v}{V_1} f_0 - \frac{V_1 - v}{V_1} f_0 = \underline{\frac{2v}{V_1} f_0}$$

問題 72

解答

| 1 | -① | 2 | -③ | 3 | -① | 4 | -② | 5 | -⑤ | 6 | -④ |
| 7 | -④ | 8 | -④ |

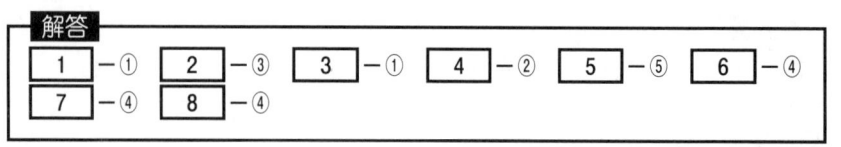

解説

　さまざまな方向に振動している光が集まったものが一般的な光である。それに対し，特定の方向に振動している光だけからなるものが偏光である。この現象は縦波では起こらない。したがって，偏光という現象は光が横波$_1$であることを示している。

　シャボン玉が色づくのは，シャボン液の薄膜による光の干渉$_2$によるものである。薄膜の厚さによって，特定の色（波長）の光が干渉して強めあうため色づいて見える。

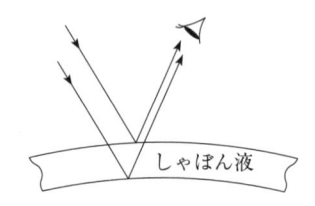

　光の屈折率は色（波長）によってわずかに異なる。そのため，白色光が屈折するとき，波長（色）によって進路が分かれる。これが光の分散である。虹は，空中に浮かんだ水滴による光の分散$_3$による現象である。

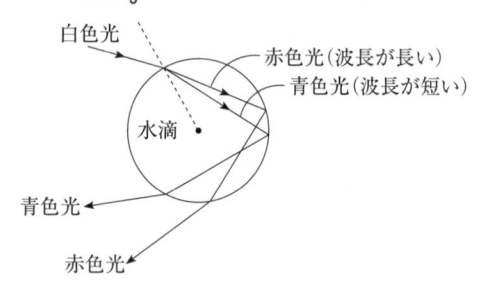

　レンズは光の屈折$_4$を利用しており，光ファイバーは光の全反射$_5$を利用している。

全反射　屈折率小
屈折率大

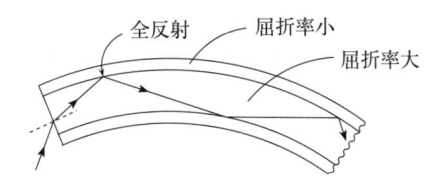

問

屈折の法則より,

$$1 \times \sin\theta = n \times \sin\phi$$

$$\therefore \quad \frac{\sin\phi}{\sin\theta} = \underline{\frac{1}{n}}_6$$

真空中の光の波長を λ, 媒質中の光の波長を λ', 真空中の光の速さを c, 媒質中の光の速さを c' とすると, 以下の関係式がある。

$$\lambda' = \frac{\lambda}{n} \quad \therefore \quad \frac{\lambda'}{\lambda} = \underline{\frac{1}{n}}_7$$

$$c' = \frac{c}{n} \quad \therefore \quad \frac{c'}{c} = \underline{\frac{1}{n}}_8$$

問題 73

解答
1 — ②　　2 — ④

解説

問1 臨界角を θ_C とすると，
$$1 \times \sin 90° = n \times \sin \theta_C$$
$$\therefore \quad \sin \theta_C = \frac{1}{n}$$

全反射する条件は，
$$\theta \geq \theta_C$$
$$\sin \theta \geq \sin \theta_C = \frac{1}{n}$$

問2 円板の縁に入射する光の入射角が θ_C のときの円板の半径 r が最小値である。

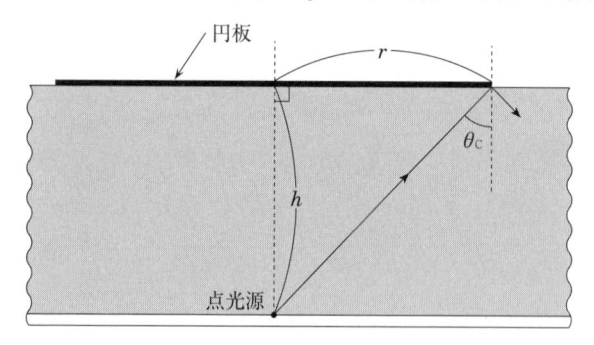

この図より，
$$r = h \tan \theta_C = h \frac{\sin \theta_C}{\cos \theta_C} = h \frac{\frac{1}{n}}{\sqrt{1 - \frac{1}{n^2}}} = \frac{h}{\sqrt{n^2 - 1}}$$

問題 74

解答
1 ─ ① 2 ─ ①

解説

問1 光が板B内を反射しながら進む距離の合計は，次図の線分XYの長さに等しい。

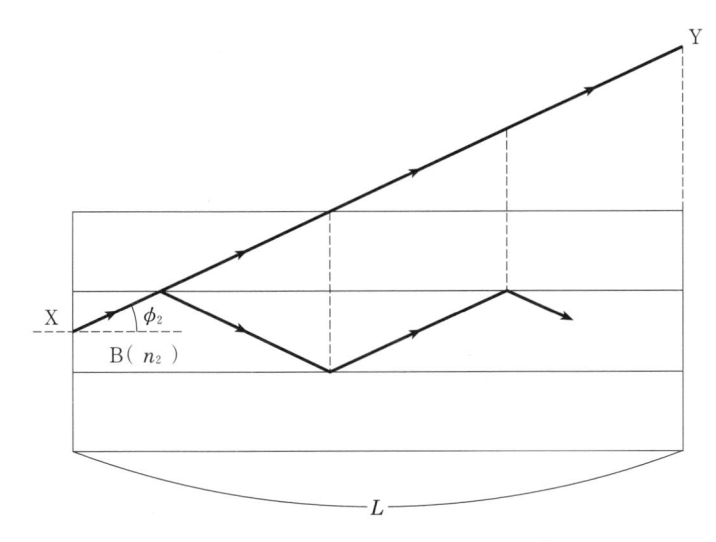

$$XY \cos \phi_2 = L \qquad \therefore \quad XY = \frac{L}{\cos \phi_2}$$

板B内を伝わる光の速さ v_2 は，

$$v_2 = \frac{c}{n_2}$$

媒質中の光速と波長

$$v = \frac{c}{n} \qquad \lambda' = \frac{\lambda}{n}$$

光が板B内を通り抜ける時間 t_2 は，

$$t_2 = \frac{XY}{v_2} = \frac{n_2 L}{c \cos \phi_2}$$

問2 空気からBへの屈折について，

$$\sin\theta_2 = n_2 \sin\phi_2$$

$$\therefore \quad \sin\phi_2 = \frac{1}{n_2}\sin\theta_2$$

AとBの境界における入射角を β_2 とすると，

$$\sin\beta_2 = \cos\phi_2$$

$$= \sqrt{1-\sin^2\phi_2} = \sqrt{1-\frac{1}{n_2^2}\sin^2\theta_2}$$

ここで，AとBの境界における臨界角を β_C とする。

$$n_2 \sin\beta_C = n_1 \sin 90°$$

$$\therefore \quad \sin\beta_C = \frac{n_1}{n_2}$$

全反射の条件は，

$$\beta_2 > \beta_C$$

$$\sin\beta_2 > \sin\beta_C$$

それぞれ代入して，

$$\sqrt{1-\frac{1}{n_2^2}\sin^2\theta_2} > \frac{n_1}{n_2}$$

$$\sin^2\theta_2 < n_2^2 - n_1^2$$

$$\underline{\sin\theta_2 < \sqrt{n_2^2 - n_1^2}}$$

問題 75

解答

1 — ④　　2 — ②

解説

問1　図のように，点 A, B, C をとる。

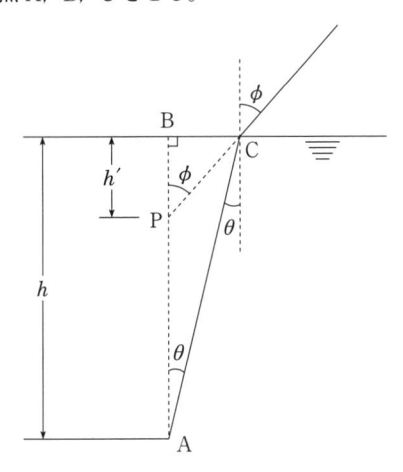

三角形 PBC に着目して，

$$BC = h' \tan \phi$$

三角形 ABC に着目して，

$$BC = h \tan \theta$$

2式より，

$$h' \tan \phi = h \tan \theta$$

$$\therefore \quad h' = \frac{h \tan \theta}{\tan \phi}$$

問 2 近似式を用いると，

$$\tan\theta = \frac{\sin\theta}{\cos\theta} \fallingdotseq \frac{\theta}{1} = \theta$$

同様に，

$$\tan\phi \fallingdotseq \phi$$

したがって，

$$h' \fallingdotseq \frac{h\theta}{\phi}$$

また，屈折の法則より，

$$1 \times \sin\phi = n \times \sin\theta$$

近似して，

$$\phi \fallingdotseq n\theta$$

h' の近似式は，

$$h' \fallingdotseq \frac{h\theta}{n\theta} = \underline{\frac{h}{n}}$$

問題 76

解答
1 — ③   2 — ④

解説

凸レンズに入射した光は次のように進む。

光の進み方（凸レンズ）
① 光軸と平行に入射した光は焦点 F′ を通る。
② レンズの中心に入射した光は直進する。
③ 焦点 F を通って入射した光は光軸と平行に進む。

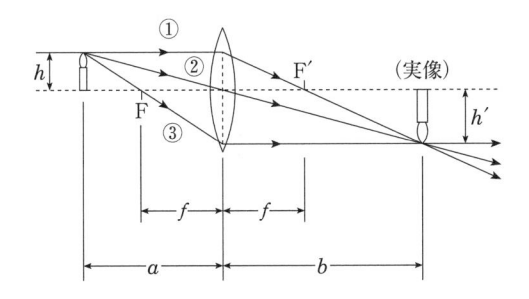

また，この図より，次の関係式が得られる。

レンズの公式

$$\frac{1}{a}+\frac{1}{b}=\frac{1}{f} \qquad 倍率\ \frac{h'}{h}=\frac{b}{a}$$

問1　光の進み方（凸レンズ）①より，光軸と平行にレンズに入射する光は，レンズで屈折して，焦点 F′ を通る。

問2　レンズの公式において，$a=30\,\mathrm{cm}$，$f=10\,\mathrm{cm}$ であるから，

$$\frac{1}{30}+\frac{1}{b}=\frac{1}{10} \qquad \therefore\ b=15\,\mathrm{cm}$$

すなわち，実像の位置は，レンズの右側で，レンズからの距離が 15 cm のところである。

問題 77

解答

1 — ③   2 — ④   3 — ①

解説

凹レンズに入射した光は次のように進む。

光の進み方（凹レンズ）
① 光軸と平行に入射した光は焦点 F から出たように進む。
② レンズの中心に入射した光は直進する。
③ 焦点 F′ を目指して入射した光は光軸と平行に進む。

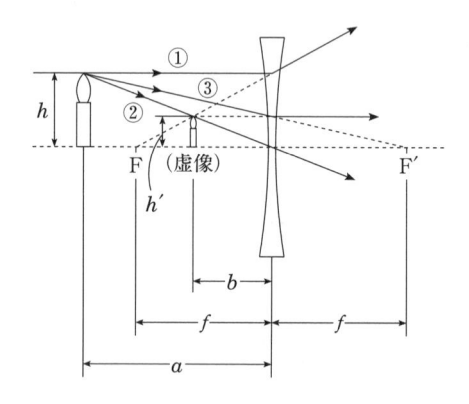

また，この図より，次の関係式が得られる。

レンズの公式

$$\frac{1}{a} - \frac{1}{b} = -\frac{1}{f} \qquad 倍率\ \frac{h'}{h} = \frac{b}{a}$$

問1 光の進み方（凹レンズ）①より，次図のように進む。

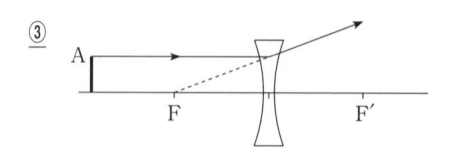

問2　レンズの公式において，$a = 15$ cm，$f = 10$ cm であるから，

$$\frac{1}{15} - \frac{1}{b} = -\frac{1}{10} \quad \therefore \quad \frac{1}{b} = \frac{1}{15} + \frac{1}{10} \quad \therefore \quad b = 6 \text{ cm}$$

すなわち，虚像の位置は<u>レンズの左，距離 6 cm のところ</u>である。

問3　棒の長さを h とし，棒の虚像の長さを h' とする。レンズの公式より，

$$\frac{1}{a} - \frac{1}{b} = -\frac{1}{10} \qquad \frac{h'}{h} = \frac{b}{a}$$

2式より b を消去すると，

$$h' = \frac{10}{10+a} \cdot h$$

棒 AB をレンズに近づけると，a の値が小さくなるので，虚像の長さ h' は，<u>長く（大きく）なる</u>。

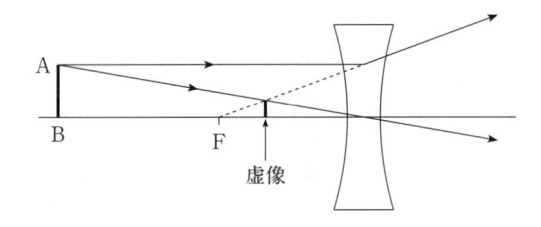

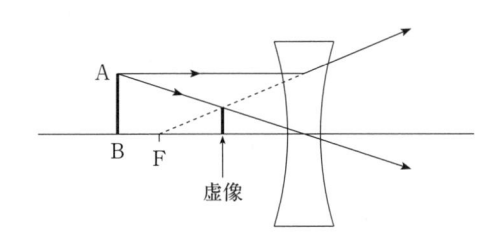

問題 78

解答
 1 — ③   2 — ③   3 — ③

解説

問1 レンズと実像までの距離を b とすると，レンズの公式より，

$$\frac{1}{30} + \frac{1}{b} = \frac{1}{10} \quad \therefore \ b = 15 \text{ cm}$$

倍率の式の公式より，

$$\frac{15}{30} \times 4 = \underline{2} \text{ cm}$$

問2 棒の上端をA，下端をBとする。図のように，光量は半分になるが，A（実線），B（点線）ともに像をむすぶ。

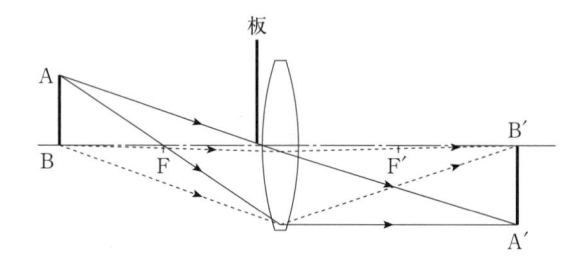

また，その実像の位置と大きさは，板を置く前と同じである。したがって，棒全体の実像ができるが，その明るさが減少することになる。

問3 作図をして考える。

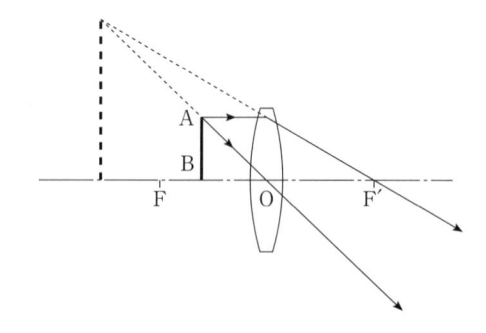

図のように，レンズを通った光は，レンズの右側で交わらない。したがって，レンズの右側に実像は生じない。この光のみちすじを反対側に伸ばした直線（点線）はレンズの左側で交わる。これは，レンズの左側に虚像が生じることを示している。

問題 79

```
解答
 1 ―①    2 ―①    3 ―①
```

解説

問1 順次，検討する。

①：虫めがねで見ているのは物体の虚像である。①は適当である。

②：人にとって，虚像が見やすいか，見にくいかの違いは生じるが，目と虫めがねの距離はいくらであってもかまわない。②は誤りである。

③：虫めがねは凸レンズである。③は誤りである。

④：物体を拡大してみるためには，虫めがねと焦点の間に物体を置かなければいけない。④は誤りである。

問2 次図のように，凸レンズの場合も凹レンズの場合も，屈折率の差が小さくなる（相対屈折率が1に近くなる）と，光線の曲がり具合も小さくなるので，焦点距離が長くなる。

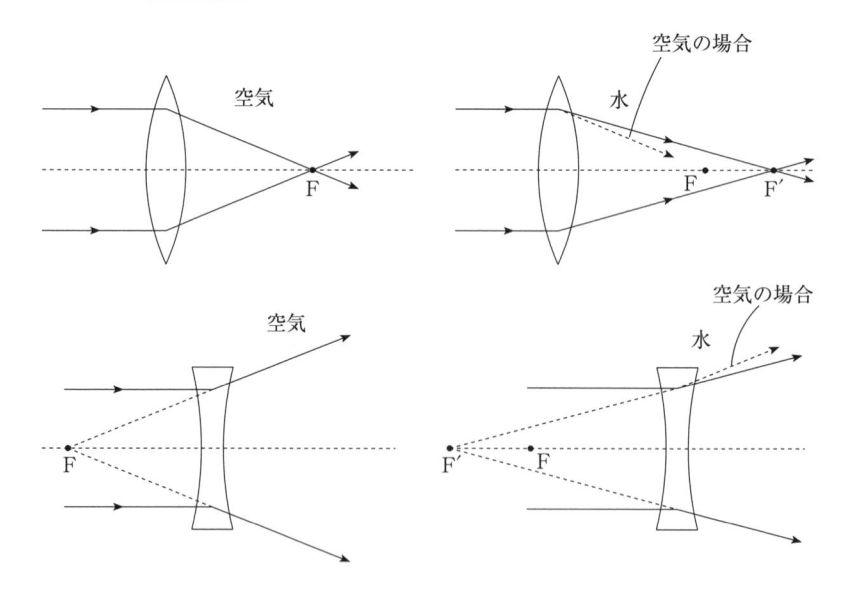

問題 80

解答

| 1 |—③| 2 |—⑤| 3 |—①| 4 |—②| 5 |—①| 6 |—②|

解説

つい立てのうしろの部分に波がまわり込む現象を回折₁という。スリット A を通り回折した光とスリット B を通り回折した光がスクリーン上で重なり，干渉₂して，強めあったり，弱めあったりする。

光の干渉条件には，経路差という考え方が用いられる。光源から出た光が 2 つのみちすじ SAP と SBP に分かれ，それが再び出合って干渉している。図で

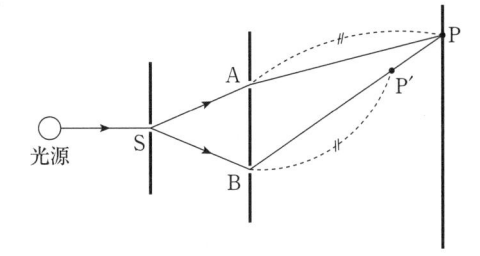

$$AP = BP'$$

となる点 P′ を考えた場合，A を通って P に達した光と B を通って P′ に達した光は同位相である。よって，PP′ = $m\lambda$（m は整数）のとき，A を通った光も，B を通った光も点 P で同位相となり，強めあう。この PP′ は SAP と SBP の長さの差であるから，これを経路差という。

光の干渉

経路差 = $m\lambda$ ……… 強めあって，明るい

経路差 = $\left(m + \dfrac{1}{2}\right)\lambda$ …… 弱めあって，暗い

この問題においては |BP − AP| が経路差なので，

$$|BP - AP| = m\lambda$$

のとき，スリット A，B を通った光は点 P で強めあい，明るく₃なる。

また，|BP − AP| = $\left(m + \dfrac{1}{2}\right)\lambda$ のとき，点 P は暗く₄なる。

近似式 |BP − AP| ≒ $\dfrac{dx}{\ell}$ を用いると，明線の（強めあう）条件は，

$$\dfrac{dx}{\ell} = m\lambda$$

これより，明線の位置 x は次のようになる。
$$x = \frac{m\ell\lambda}{d}$$
明線の間隔 Δx は
$$\Delta x = \frac{(m+1)\ell\lambda}{d} - \frac{m\ell\lambda}{d} = \frac{\ell\lambda}{d}$$

波長 λ の光は，屈折率 n の媒質の中では，波長が $\lambda' = \dfrac{\lambda}{n}$ となる。この波長 λ' を用いると，明線の位置 x' および間隔 $\Delta x'$ は次のようになる。
$$x' = \frac{m\ell\lambda'}{d} = \frac{m\ell\lambda}{nd}$$
$$\Delta x' = \frac{\ell\lambda'}{d} = \frac{\ell\lambda}{nd} = \frac{1}{n} \cdot \Delta x$$

すなわち，明線の間隔が $\dfrac{1}{n}$ 倍になる。

ヤングの実験

$\dfrac{dx}{\ell} = m\lambda$ ……………… 明線

$\dfrac{dx}{\ell} = \left(m + \dfrac{1}{2}\right)\lambda$ …… 暗線

問題 81

解答

| 1 | - ② | 2 | - ① |

解説

問 1　図のように，スクリーン上の点 O を原点として，x 軸をとる。x 軸の正方向は，問題の図の正方向に合わせる。位置 x の点を P とし，図の A と B' から点 P に達する光の光路差（経路差）を δ とすると，

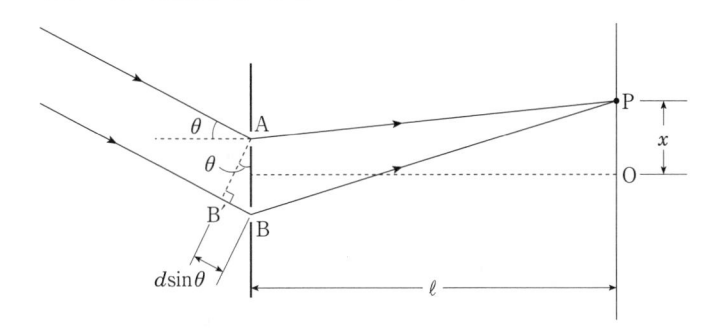

$$\delta = (d\sin\theta + \mathrm{BP}) - \mathrm{AP} \fallingdotseq d\sin\theta + \frac{dx}{\ell}$$

明線の条件は，整数を m として，

$$d\sin\theta + \frac{dx}{\ell} = m\lambda$$

$$\therefore \quad x = (m\lambda - d\sin\theta)\frac{\ell}{d}$$

m の値が同じ場合，θ が大きいほど x が小さくなるので，θ の値を 0 から徐々に大きくするとき，しま全体が負方向に移動する。

しま模様の間隔 $\varDelta x$ は，

$$\varDelta x = \{(m+1)\lambda - d\sin\theta\}\frac{\ell}{d} - (m\lambda - d\sin\theta)\frac{\ell}{d}$$

$$\therefore \quad \varDelta x = \frac{\lambda\ell}{d}$$

$\varDelta x$ は θ によらないので，しま模様の間隔は変わらない。

問2 図の A″ と B″ から点 P に達する光の光路差を δ', 薄い膜の厚さを D, 薄い膜の屈折率を n とする。距離 A″A は真空中において nD の長さに相当する。

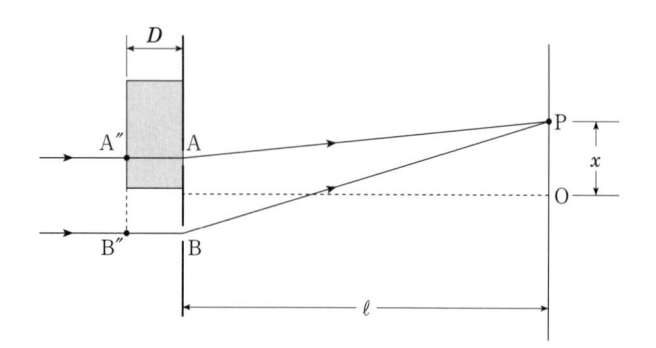

$$\delta' = (D + \mathrm{BP}) - (nD + \mathrm{AP}) \fallingdotseq D - nD + \frac{dx}{\ell}$$

明線の条件は,

$$D - nD + \frac{dx}{\ell} = m\lambda$$

$$x = \{m\lambda + (n-1)D\}\frac{\ell}{d}$$

$n > 1$ なので, D が大きいほど x が大きくなり, D の値を 0 から徐々に大きくするとき, しま全体が正方向に移動する。

しま模様の間隔 $\Delta x'$ は,

$$\Delta x' = \{(m+1)\lambda + (n-1)D\}\frac{\ell}{d} - \{m\lambda + (n-1)D\}\frac{\ell}{d}$$

$$= \frac{\lambda \ell}{d}$$

$\Delta x'$ は D によらないので, しま模様の間隔は変わらない。

問題 82

解答

| 1 | - ③ | 2 | - ③ | 3 | - ③ |

解説

入射光に対し角度 θ の方向に回折する光について考える。隣りあうスリットから回折した光の光路差（経路差）は $d\sin\theta$ になるので，これらが強めあう条件は整数を n として

$$d\sin\theta = n\lambda$$

このとき，他のスリットから同じ方向に回折した光はすべて強めあうので，この条件を満たす方向には強い回折光が生じることになる。

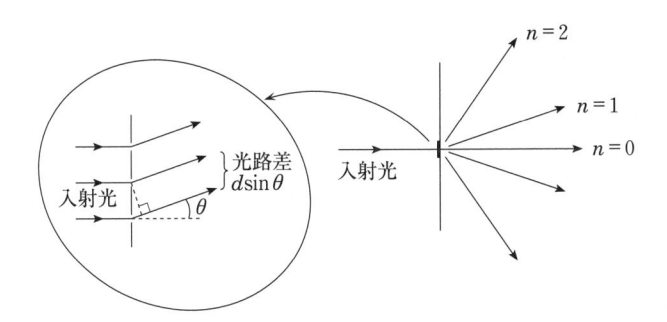

回折格子
強めあう　$d\sin\theta = n\lambda$

問1 (a) $d\sin\theta = n\lambda$ において，$n=1$ のとき，$\theta = \theta_1$ である。

$$\sin\theta_1 = \frac{\lambda}{d} = \frac{500}{1700} \fallingdotseq \underline{0.294}$$

(b) $d\sin\theta = n\lambda$ より，

$$n = \frac{d}{\lambda}\sin\theta < \frac{d}{\lambda} \qquad \because\ \sin\theta < 1$$

$$\therefore\ n < \frac{d}{\lambda} = \frac{1700}{500} = 3.4$$

中心より下方に生じる回折光を $n<0$ とすると，この条件を満たす n は，

$n=-3$, -2, -1, 0, 1, 2, 3の合計7個である。したがって，生じる回折光は<u>7</u>本である。

問2 白色光は，波長が一番長い赤色光から，波長が一番短い紫色光まで，すべての波長の光を含んでいる。$n=0$とすると

$$d\sin\theta = 0\times\lambda \quad \therefore \quad \theta=0$$

すなわち，$\theta=0$（中央）の方向は波長λの値によらず回折光が生じる。赤色光から紫色光まで，すべての波長の光が回折して重なるので，<u>中央の回折光は白色光になる</u>。

$n\neq 0$のとき，

$$d\sin\theta = n\lambda \quad \therefore \quad \sin\theta = \frac{n}{d}\lambda$$

すなわち，回折光の方向θは波長により異なる。赤色光から紫色光まで，回折される方向が波長により異なるので，<u>中央以外の回折光はスペクトルに分解される</u>。

問題 **83**

解答
1 — ①   2 — ③

解説

問1　図のように，隣りあう反射光の光路差は $d\sin\theta$ である。

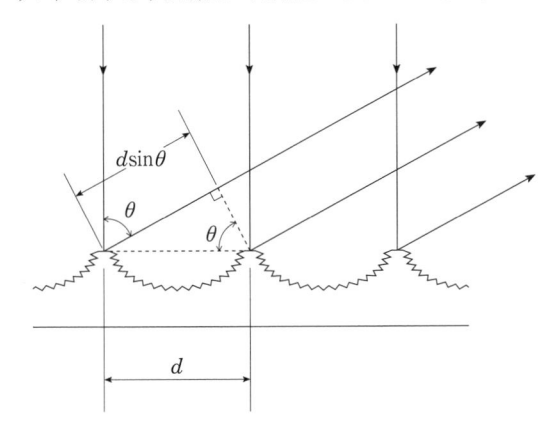

したがって，反射光が強めあう条件は，

$$d\sin\theta = n\lambda$$

問2　図のように，左右対称に反射光が生じる。

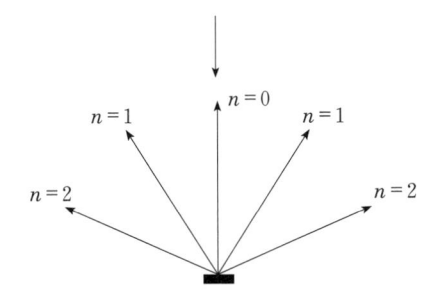

したがって，$n=2$ の条件を満たす角度 θ が $90°$ 以内であればよい。

$$d\sin\theta = 2\lambda$$

$$\sin\theta = \frac{2\lambda}{d} < 1$$

$$\therefore \quad \lambda < \frac{d}{2}$$

さらに，$n=3$ の条件を満たす角度 θ が存在しなければよい。
$$d \sin \theta = 3\lambda$$
$$\sin \theta = \frac{3\lambda}{d} > 1$$
$$\therefore \lambda > \frac{d}{3}$$

以上より，
$$\underline{\frac{d}{3} < \lambda < \frac{d}{2}}$$

問題 84

解答

1 — ②　　2 — ④

解説

媒質中を進んできた光が，屈折率のより大きな媒質との境界で反射するとき，光の位相が半波長分ずれる。反対に，屈折率のより小さな媒質との境界で反射するときは，位相がずれない。

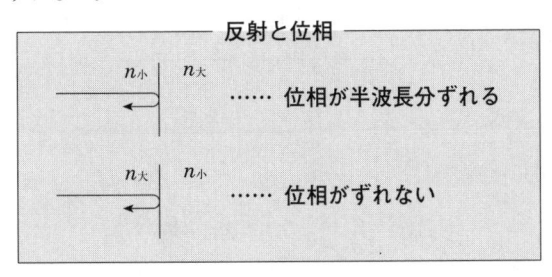

――反射と位相――

$n_{小} | n_{大}$　……位相が半波長分ずれる

$n_{大} | n_{小}$　……位相がずれない

問1　左から距離 x でのすき間の高さを a とする。三角形の相似条件より，

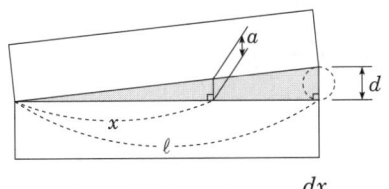

$$x : a = \ell : d \quad \therefore \quad a = \frac{dx}{\ell}$$

干渉するのは，次図の光 e と光 f である。これらの光の光路差は $2a$ である。また，光 e は反射において位相がずれないが，光 f は反射において位相が π だけずれる。

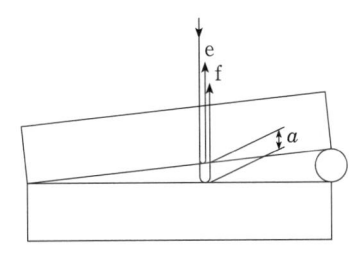

明線が見える位置では，光 e と光 f が干渉して強めあっている。そのときの

式は,
$$2a = \left(m + \frac{1}{2}\right)\lambda \qquad m = 0, 1, 2, \cdots\cdots$$

左端からの距離が x の位置に明線が生じる条件は, $a = \dfrac{dx}{\ell}$ を代入して,

$$2 \times \frac{dx}{\ell} = \left(m + \frac{1}{2}\right)\lambda \qquad \therefore \quad x = \frac{\left(m + \frac{1}{2}\right)\ell\lambda}{2d}$$

隣りあう明線の間隔 Δx は, m の値が1だけ異なる x の差である。

$$\Delta x = \frac{\left(m + 1 + \frac{1}{2}\right)\ell\lambda}{2d} - \frac{\left(m + \frac{1}{2}\right)\ell\lambda}{2d}$$
$$= \frac{\ell\lambda}{2d}$$

したがって, 波長 λ は,

$$\Delta x = \frac{\ell\lambda}{2d} \qquad \therefore \quad \underline{\lambda = \frac{2d\Delta x}{\ell}}$$

問2 ガラス板の間を液体で満たすとき, 光eと光fの光路差は, 液体の屈折率 (n) 倍になる。干渉して強めあう条件は,

$$2na = \left(m + \frac{1}{2}\right)\lambda \qquad m = 0, 1, 2, \cdots\cdots$$

$a = \dfrac{dx}{\ell}$ を代入して,

$$2n\frac{dx}{\ell} = \left(m + \frac{1}{2}\right)\lambda \qquad \therefore \quad x = \frac{\left(m + \frac{1}{2}\right)\ell\lambda}{2nd}$$

このときの明線の間隔 $\Delta x'$ は,

$$\Delta x' = \frac{\left(m + 1 + \frac{1}{2}\right)\ell\lambda}{2nd} - \frac{\left(m + \frac{1}{2}\right)\ell\lambda}{2nd} = \frac{\ell\lambda}{2nd}$$

$$\therefore \quad \frac{\Delta x'}{\Delta x} = \left(\frac{\ell\lambda}{2nd}\right) \Big/ \left(\frac{\ell\lambda}{2d}\right) = \underline{\frac{1}{n}}$$

問題 85

解答

| 1 | -② | 2 | -① | 3 | -① | 4 | -① | 5 | -① | 6 | -① |

| 7 | -① |

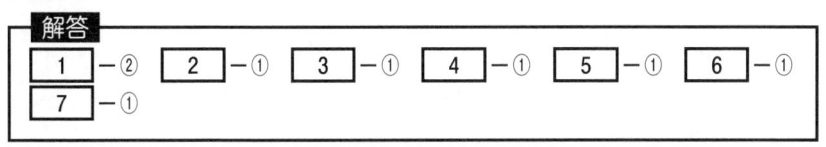

解説

光 a は，AB 間の空気層中を進んできて，屈折率のより大きな平面ガラスとの境界で反射するので，位相は半波長分ずれる[1]。光 b は，平凸レンズ内を進んできた光が，屈折率のより小さな空気との境界で反射するので，位相はずれない[2]。

光 a と光 b の経路差は $2d$（空気層の往復）で，光 a は途中の反射で位相がずれているので，強めあう条件式は，次のようになる。

$$2d = \left(m - \frac{1}{2}\right)\lambda \quad [3]$$

$d ≒ \dfrac{r^2}{2R}$ を条件式に代入して

$$2d ≒ \frac{r^2}{R} = \left(m - \frac{1}{2}\right)\lambda \quad \therefore \quad r = \sqrt{\left(m - \frac{1}{2}\right)R\lambda}$$

$m = 1$ のとき，r は最小値 $r_{\min}$ になる。

$$r_{\min} = \sqrt{\left(1 - \frac{1}{2}\right)R\lambda} = \sqrt{\frac{R\lambda}{2}} \quad [4]$$

空気層を屈折率 n_3 の液体で満たすとき，$n_1 < n_3$ なので，光 a は反射のとき位相がずれない[5]。また，$n_3 < n_2$ なので，光 b も反射のとき位相がずれない[6]。

また，液体中では光の波長が $\dfrac{\lambda}{n_3}$ になっているので，位相がずれないこととあわせて考えると，干渉して暗くなる条件は次のようになる。

$$2d = \left(m - \frac{1}{2}\right)\frac{\lambda}{n_3} \quad \cdots\cdots ①$$

$d ≒ \dfrac{r^2}{2R}$ を代入すると

$$2d ≒ \frac{r^2}{R} = \left(m - \frac{1}{2}\right)\frac{\lambda}{n_3} \quad \therefore \quad r = \sqrt{\left(m - \frac{1}{2}\right)\frac{R\lambda}{n_3}}$$

($n_1 < n_3 < n_2$)

$m=8$ のときの半径 r は

$$r = \sqrt{\left(8-\frac{1}{2}\right)\frac{R\lambda}{n_3}} = \sqrt{\frac{15R\lambda}{2n_3}}$$

光 a, b のみちすじについて，次のように考えることもできる。

光源から出た光が平凸レンズの下面で反射され（光 b）点 P に達したとき，平面ガラスの上面で反射された光（光 a）は点 P′ に達するものとする。空気（真空）中を光が伝わる速さは，屈折率 n_3 の液体を伝わる速さの n_3 倍なので P と P′ の距離は $2d$ ではなく，$2n_3d$ である。

$$PP' = 2n_3d$$

P と P′ に達している光は，同時刻に光源を出た光であるから，同位相である。空気（真空）中における波長は λ なので，2 つの光が弱めあう条件は，次のようになる。

$$PP' = 2n_3d = \left(m-\frac{1}{2}\right)\lambda \quad \cdots\cdots ②$$

前述の式①と，この式②は同じ式である。

以上のように，空気（真空）中にまで光を進めて考えるとき，そのみちすじの差のことを**光学(的)距離の差**あるいは**光路差**という。

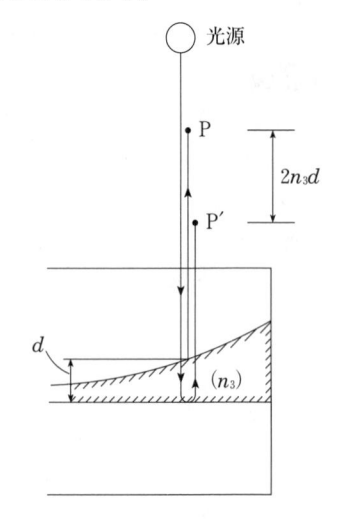

問題 86

解答
1 - ①   2 - ①

解説

問1 薄膜への屈折角を θ_1, ガラスへの屈折角を θ_2 とおく。屈折の法則より,

$$1 \times \sin \alpha = n \sin \theta_1$$

$$n \sin \theta_1 = n_g \sin \theta_2$$

$$n_g \sin \theta_2 = 1 \times \sin \beta$$

以上, 3式より,

$$\sin \beta = \underline{\sin \alpha}$$

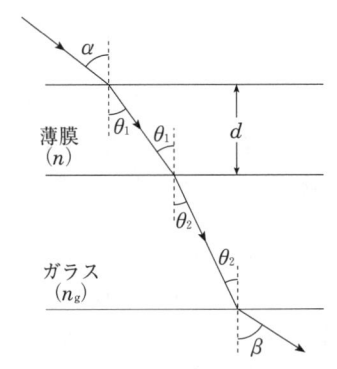

問2 $n_g > n$ より, 薄膜の表面だけでなく薄膜とガラスの境界での反射のときにも, 位相が π ずれる。よって, 反射光どうしが干渉して弱めあう条件式は, 光路差を考えて

$$2nd = \left(m - \frac{1}{2}\right)\lambda \quad m = 1, 2, \cdots\cdots$$

$$\therefore \quad d = \left(m - \frac{1}{2}\right)\frac{\lambda}{2n}$$

$m = 1$ のとき $d_{\min}$ になる。

$$\therefore \quad d_{\min} = \left(1 - \frac{1}{2}\right)\frac{6.0 \times 10^{-7}}{2 \times 1.4}$$

$$\fallingdotseq \underline{1.1 \times 10^{-7}} \text{m}$$

第5章　電場と直流

問題87

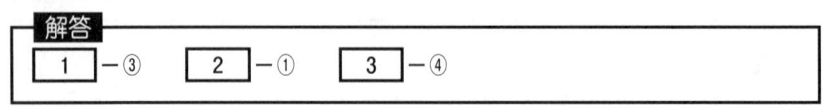

解答
| 1 | — ③　| 2 | — ①　| 3 | — ④

解説

a．摩擦などによって電子が移動し，電子を得た物体は負に，電子を失った物体は正に帯電する。これが静電気である。
　① 電子はもともと原子内に存在しており，発生するものではない。
　② 原子核はもともと原子内に存在しており，発生するものではない。
　④ 移動するのは電子である。原子核は移動しない。

b．物体の近くに帯電体を近づけるとき，物体の表面に電気が現れる現象を静電誘導という。物体が不導体の場合の静電誘導を誘電分極という。
　② 電磁誘導は磁界中で導体に起電力（電圧）が生じる現象である。
　③ 導体中を自由電子が移動して起こるのは，導体の静電誘導である。
　④ 自由電子は磁石に引かれない。

c．陰極線には蛍光物質を光らせたり，写真フィルムを感光させたりする性質がある。
　① 陰極線は陽極からは出ない。
　② 陰極線の正体は電子であり，原子核ではない。
　③ 陽極や陰極の材質にかかわらず，陰極線の正体は電子である。

問題 88

解答

| 1 |－②| 2 |－①| 3 |－②| 4 |－②|

解説

　金属は，正に帯電した金属イオンと，負に帯電した自由電子とからなっている。普通の状態では，これらのバランスがとれ，電気的に中性と見なせる。また，金属イオンは動かないが，自由電子は金属の中を自由に動くことが可能である。

　はく検電器の金属板に正の帯電体を近づけると，金属板中の自由電子が帯電体に引きつけられ，金属板の表面は負$_1$に帯電する。このとき，帯電体から最も遠い位置にあるはくの部分は自由電子が不足し，正$_2$に帯電する。正に帯電した2枚のはくが互いに反発しあうため，はくは開く。

　この状態で金属板に手をふれるとはくが閉じる。これは，人の体から金属板を通してはくに自由電子が供給され，はくが帯電しなくなるからである。ただし，金属板表面の自由電子は正の帯電体に引きつけられているので，そのままになる。

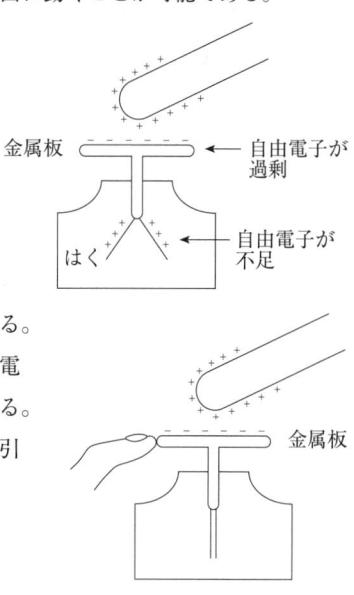

> **ADVICE** 同種の電荷は一番遠くへ
> この場合，正の帯電体から最も遠い位置にあるのは人の足，あるいは足に接続した地球なので，人の足，あるいは地球が正に帯電すると考えればよい。

次に，手を離し，正の帯電体を十分に遠ざけると，金属板表面の自由電子は互いに作用する反発力によって，金属板とはく全体に広がる。その結果，金属板もはくも負に帯電し$_4$，はくは互いに反発して開くことになる。ただし，はくの電気量は一番はじめのときよりも小さくなるので，その開き方は小さい$_3$。

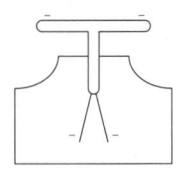

問題 89

解答

1 — ⑤   2 — ④

解説

> **クーロンの法則**
> $$f = k\dfrac{q_1 q_2}{r^2}$$

問1 A, B 間にはたらく静電気力の大きさ f_{AB} は, クーロンの法則より,

$$f_{AB} = k\dfrac{Q \times Q}{d^2} = \underline{\dfrac{kQ^2}{d^2}}_{\text{ア}}$$

これらの静電気力は, 電荷の符号が同じなので, 反発力である。したがって, 小球 B が受ける静電気力の向きは$\underline{\text{図の右向き}}_{\text{イ}}$である。

問2 B, C 間にはたらく静電気力の大きさ f_{BC} は, クーロンの法則より,

$$f_{BC} = k\dfrac{Q \times Q}{d^2} = \dfrac{kQ^2}{d^2}$$

これらの静電気力は, 電荷の符号が異なるので, 引力である。したがって, 小球 B が受ける静電気力の向きは図の右向きである。

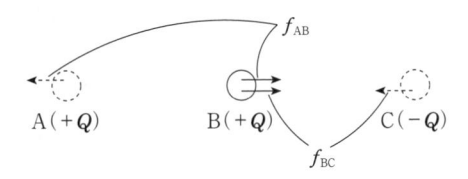

小球 B は右向きに f_{AB} と f_{BC} を受けるので, その合力の大きさは,

$$f_{AB} + f_{BC} = \dfrac{2kQ^2}{d^2}$$

問題 90

解答

$\boxed{1}$ — ④ $\boxed{2}$ — ①

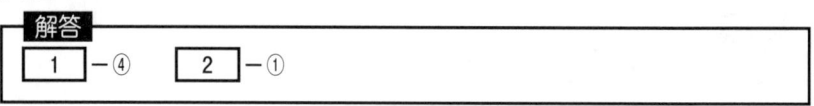

解説

問1 AB 間の距離は $6a$ なので，クーロンの法則より，
$$f_1 = k\frac{q \times q}{(6a)^2} = \frac{kq^2}{36a^2}$$

問2 AC 間，BC 間の距離 r は，三平方の定理より，
$$r = \sqrt{(3a)^2 + (4a)^2} = 5a$$

点 A あるいは点 B の点電荷から受ける静電気力の大きさ f_2 は，
$$f_2 = k\frac{q \times q}{(5a)^2} = \frac{kq^2}{25a^2}$$

力の向きは次図のようになるから，作図によって，合力の大きさ F を求めることができる。

三角形の相似条件より，
$$f_2 : F = 5a : 6a$$
$$\therefore F = \frac{6}{5}f_2$$
$$= \frac{6}{5} \times \frac{kq^2}{25a^2} = \frac{6kq^2}{125a^2}$$

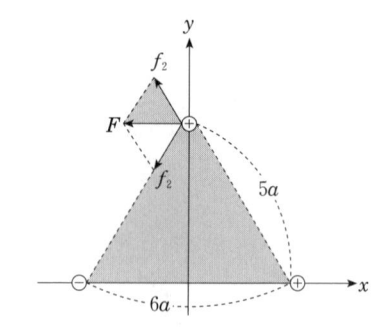

問題 91

解答

| 1 | ③ | 2 | ④ | 3 | ① |

解説

―― 電場 ――
電場の強さ…単位正電荷あたりの静電気力の大きさ

電気量 q の電荷が強さ E の電場中で受ける力の大きさ f は，次のようになる。

$$f = qE$$

問1 点 X に +1C の電荷を置くものとし，これが受ける力を考える。

```
      ℓ/2        ℓ/2
  B  ←――→  X  ←――→  C
  ⊕         ⊕         ⊕
 (q)       +1C       (3q)
```

B の電荷から受ける力は，クーロンの法則より，

$$k\frac{q}{(\ell/2)^2} = \frac{4kq}{\ell^2}$$

C の電荷から受ける力は，同様に，

$$k\frac{3q}{(\ell/2)^2} = \frac{12kq}{\ell^2}$$

これらの力の合力が点 X の電場となる。力の向きに注意して，

$$E_X = \frac{12kq}{\ell^2} - \frac{4kq}{\ell^2} = \frac{8kq}{\ell^2} \text{ (N/C)}$$

問2 問1と同様に，点 Y に +1C の電荷を置くものとし，これが受ける力を考える。BY 間の距離は $\frac{\ell}{\sqrt{2}}$ [m] なので，B の電荷から受ける力は，

$$k\frac{q}{(\ell/\sqrt{2})^2} = \frac{2kq}{\ell^2}$$

— 123 —

Cの電荷から受ける力は，

$$k\frac{3q}{(\ell/\sqrt{2})^2} = \frac{6kq}{\ell^2}$$

力の向きは，次図のようになる。

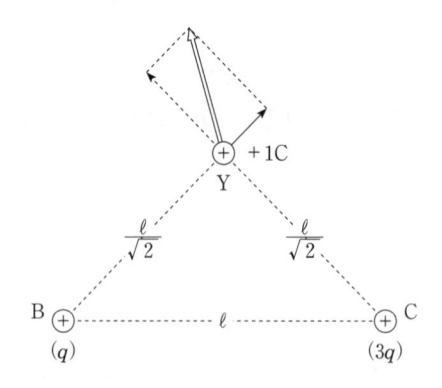

これらの合力が点Yの電場となる。

$$E_Y = \sqrt{\left(\frac{2kq}{\ell^2}\right)^2 + \left(\frac{6kq}{\ell^2}\right)^2} = \underline{\frac{2\sqrt{10}\,kq}{\ell^2}} \;[\text{N/C}]$$

問3 各区間に+1Cの電荷（黒丸）を置くものとし，これが点Cの電荷から受ける力を実線の矢印，点Bの電荷から受ける力を点線の矢印で表す。電場が0となるのは，これらの合力が0となる点である。

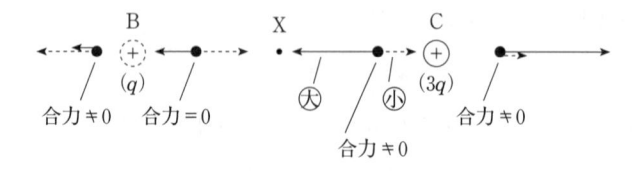

この図より，Cの右側とBの左側は，力が同じ向きなので合力が0にはならない。CX間は，点Cとの距離が点Bとの距離より小さく，電気量も点Cの方が大きいので，点Cの電荷から受ける力の方が，点Bの電荷から受ける力より大きくなる。したがって，この区間でも合力が0にならない。結局，合力が0になり得るのはBX間だけである。

問題 92

解答

$\boxed{1}$ － ③ $\boxed{2}$ － ④

解説

問1　電気量 $-Q$ の電荷による電場の強さ E_1 は,

$$E_1 = k\frac{Q}{(\sqrt{2}a)^2} = \frac{kQ}{2a^2}$$

電気量 $2Q$ の電荷による電場の強さ E_2 は,

$$E_2 = k\frac{2Q}{(\sqrt{2}a)^2} = \frac{kQ}{a^2}$$

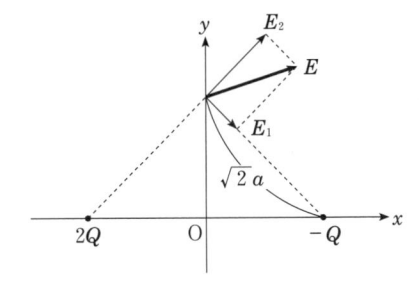

合成した電場の強さ E は,

$$E = \sqrt{E_1^2 + E_2^2} = \frac{\sqrt{5}\,kQ}{2a^2}$$

問2　問題91の問3と同様に考えると, 電場が0になるのは $a < x$ の領域である。

その位置を $x = a + b$ とおく。

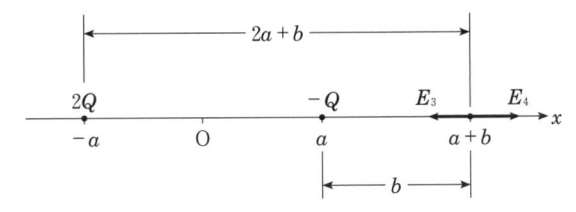

電気量 $-Q$ の電荷による電場の強さ E_3 は,

$$E_3 = k\frac{Q}{b^2}$$

― 125 ―

電気量 $2Q$ の電荷による電場の強さ E_4 は,
$$E_4 = k\frac{2Q}{(2a+b)^2}$$

合成電場が 0 なので,
$$E_3 = E_4$$
$$k\frac{Q}{b^2} = k\frac{2Q}{(2a+b)^2}$$
$$\frac{1}{b^2} = \frac{2}{(2a+b)^2}$$

両辺の平方根をとって,
$$\frac{1}{b} = \frac{\sqrt{2}}{2a+b}$$
$$\therefore \quad b = 2(\sqrt{2}+1)a$$

したがって,位置 x は,
$$x = a + b = \underline{(3+2\sqrt{2})a}$$

問題 93

解答
1 - ②　　2 - ②　　3 - ④

解説

---電位---
単位正電荷あたりの位置エネルギー
単位　V（ボルト）＝ J/C

　固定された点電荷に単位正電荷を近づけるとき，点電荷に近づくほど大きな力が必要になる。この様子は，傾きが徐々に大きくなっている山の斜面に沿って，重い荷物を押し上げる動きとしてとらえることができる。電位 V は，この山の斜面の高さを示すものとして考えることができる。

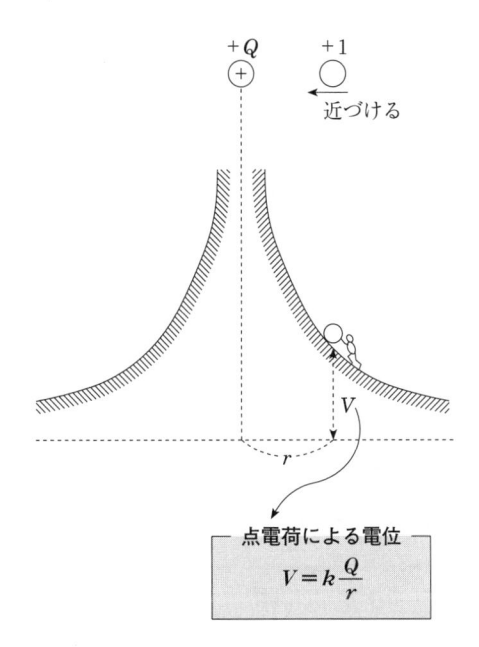

---点電荷による電位---
$$V = k\frac{Q}{r}$$

問 1 電位の公式において，電気量は絶対値をとらないが，距離は絶対値なので，

$$V = \frac{kQ}{|x|}$$

問 2

(a) $x=r$ における，点電荷 A による電位 V_r は，

$$V_r = \frac{kQ}{r}$$

点電荷 B の位置エネルギー U_r は，

$$U_r = qV_r = \frac{kqQ}{r}$$

> **電位と位置エネルギー**
> $$U = qV$$

十分に時間がたつとき，B の位置は $x=\infty$（無限大）になるので，その位置における電位 V_∞，および，位置エネルギー U_∞ は，

$$V_\infty = \frac{kQ}{\infty} = 0$$

$$U_\infty = qV_\infty = 0$$

$x=\infty$ における運動エネルギーを K_∞ とすると，力学的エネルギー保存則より，

$$U_r + 0 = U_\infty + K_\infty$$

$$\therefore \ K_\infty = U_r - U_\infty = \frac{kqQ}{r}$$

(b) $x=r$ における，点電荷 A と点電荷 C による合成電位 V'_r は，

$$V'_r = \frac{kQ}{r} + k\frac{2Q}{2r} = \frac{2kQ}{r}$$

```
      C        A        B
     2Q        Q        q
      ●────────●────────●────────→ x
               O   r    r
               ─────2r──
```

点電荷 B の位置エネルギー U'_r は，

$$U'_r = qV'_r = \frac{2kqQ}{r}$$

十分に時間がたつとき，B の位置は $x=\infty$ になるので，その位置における

電位 V'_∞，および，位置エネルギー U'_∞ は，

$$V'_\infty = \frac{kQ}{\infty} + k\frac{2Q}{\infty + r} = 0$$

$$U'_\infty = qV'_\infty = 0$$

$x = \infty$ における B の運動エネルギーを K'_∞ とすると，力学的エネルギー保存則より，

$$U'_r + 0 = U'_\infty + K'_\infty$$

$$\therefore \quad K'_\infty = U'_r - U'_\infty = \underline{\frac{2kqQ}{r}}$$

問題 94

解答

| 1 | - ① | 2 | - ④ | 3 | - ② |

解説

問1 点Aの電荷（$3Q$）による電位と点Bの電荷（$-Q$）による電位の和をとる。

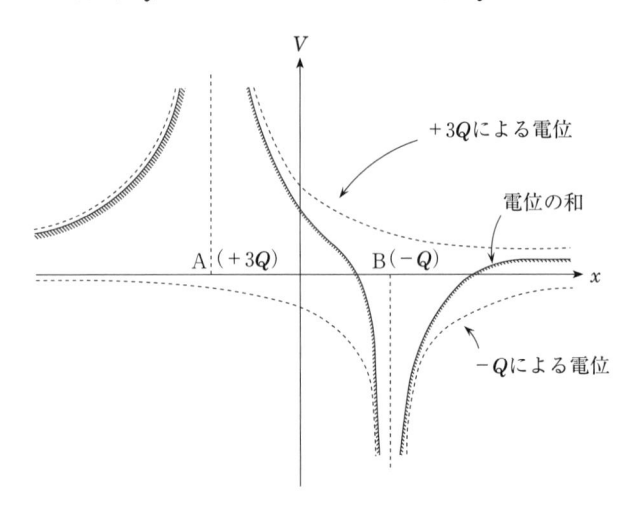

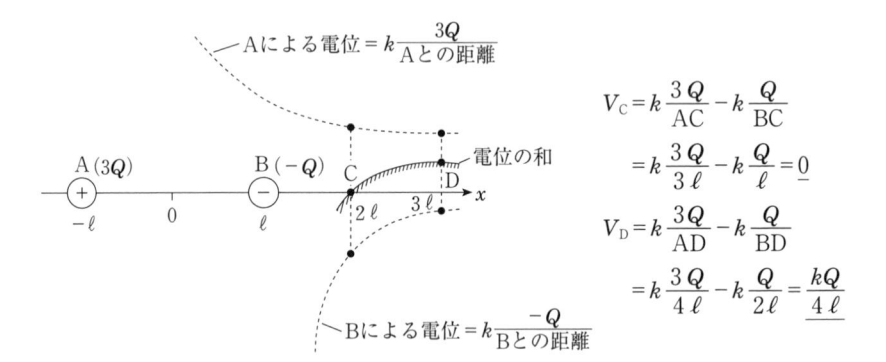

Aによる電位 $= k\dfrac{3Q}{\text{Aとの距離}}$

Bによる電位 $= k\dfrac{-Q}{\text{Bとの距離}}$

$$V_C = k\dfrac{3Q}{\text{AC}} - k\dfrac{Q}{\text{BC}}$$

$$= k\dfrac{3Q}{3\ell} - k\dfrac{Q}{\ell} = \underline{0}$$

$$V_D = k\dfrac{3Q}{\text{AD}} - k\dfrac{Q}{\text{BD}}$$

$$= k\dfrac{3Q}{4\ell} - k\dfrac{Q}{2\ell} = \underline{\dfrac{kQ}{4\ell}}$$

問2 点Cから点Dにまで，単位正電荷を移動させるのに要する仕事（点Cに対する点Dの電位）V_{DC} は，

$$V_{DC} = V_D - V_C$$

点電荷Pの電気量は q なので，Pを移動させるのに要する仕事 W は，

$$W = qV_{DC} = \underline{q(V_D - V_C)}$$

電位差と仕事
$$W = qV$$

問題 95

解答
　1 − ①　　2 − ①

解説

問1　電場の向きに沿って電位 V は下がっていく。原点 O が $V=0$ で，強さ E の一様な電場なので，位置 x の電位 V は，
$$V = -Ex$$
グラフは次のようになる。

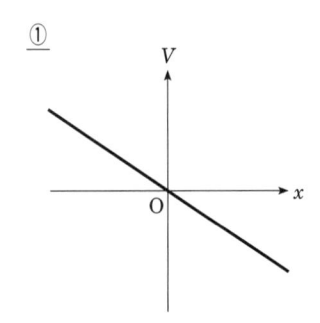

①

問2　電気量 $-q$ の点電荷の位置エネルギーは，
$$x = 0 \cdots U = 0$$
$$x = d \cdots U = -q \times (-Ed) = qEd$$
よって，力学的エネルギー保存則より，
$$\frac{1}{2}mv_0^2 + 0 = 0 + qEd$$
$$\therefore \; d = \frac{mv_0^2}{2qE}$$

問題 96

解答
| 1 | - ③ | 2 | - ① | 3 | - ② |

解説

1 電場の強さ E は，クーロンの法則より，
$$E = \frac{kQ}{r^2}$$

2 半径 r の球面の表面積 S は，
$$S = 4\pi r^2$$
この球面全体を貫く電気力線の総本数を N とする。この球面の単位面積を貫く電気力線は $\frac{kQ}{r^2} (=E)$ 本なので，
$$N = \frac{kQ}{r^2} \times 4\pi r^2 = \underline{4\pi kQ}$$

3 電気力線は，板の右側と左側に半分ずつ出ている。この電気力線の単位面積あたりの本数が電場の強さ E' と等しい。
$$E' = \underline{\frac{2\pi kQ}{S}}$$

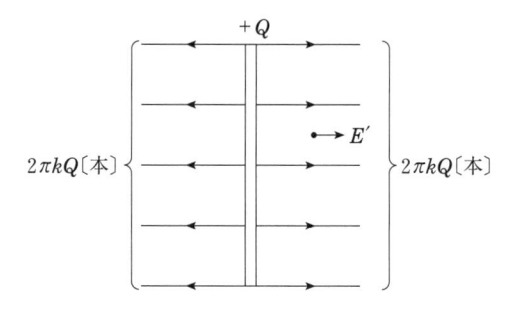

問題 97

解答
1 — ④   2 — ①

解説

問1 中空の導体球の内面に負の電荷が現れ，外面には正の電荷が現れる。導体内部の電場は0になる。電気力線の様子は次図のようになる。

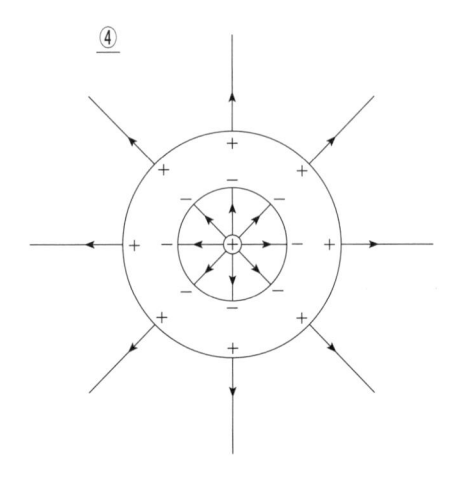

④

問2 導体球がない場合とある場合の電気力線の様子を比較する。導体球の中心から距離 $3r$ の点における電気力線の密度は同じである。したがって，電場の強さ E も同じである。

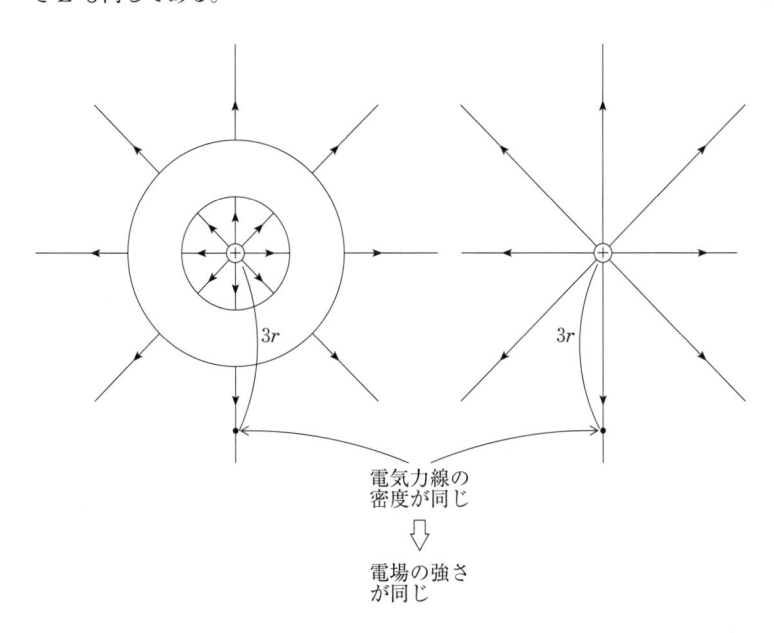

電気力線の密度が同じ
⇩
電場の強さが同じ

導体球がない場合の電場の強さはクーロンの法則より，

$$E = \frac{kq}{(3r)^2} = \underline{\frac{kq}{9r^2}}$$

問題 98

解答
1 — ④   2 — ②

解説

問1 隣りあう等電位面の電位差を ΔV とし，等電位面の距離を Δd とする。等電位面間は強さ E の一様な電場であると仮定すると，

$$\Delta V = E \Delta d$$
$$\therefore\ E = \frac{\Delta V}{\Delta d}$$

本問では ΔV が一定（1ボルト）なので，Δd が小さいほど，電場 E が大きくなる。等電位面の間隔 Δd が一番小さいのは点 D なので，点 D の電場の強さが一番大きい。

問2 点 C の電位は点 A の電位より $2-(-3)=5$ ボルトだけ高い。したがって，1クーロンの電荷を点 A から点 C に移動させるのに必要な仕事は 5 ジュールである。移動させる電荷は 4 クーロンなので，必要な仕事 W は，

$$W = 4 \times 5 = \underline{20}\ \text{ジュール}$$

問題 99

解答

| 1 | - ④ | 2 | - ② | 3 | - ② |

解説

コンデンサーの公式

電気容量 $C = \dfrac{\varepsilon S}{d}$ 電気量 $Q = CV$

静電エネルギー $U = \dfrac{1}{2}CV^2$ 電池の仕事 $W_E = QV$

問1 コンデンサーの公式 $Q = CV$ を用いる。この公式において，電気容量に μF の単位を用いる場合，電気量の単位は μC になる。

$$Q = 100\,\mu\text{F} \times 100\,\text{V} = \underline{1.0 \times 10^4}\,\mu\text{C}$$

問2 静電エネルギーの公式 $U = \dfrac{1}{2}CV^2$ を用いる。この公式においては，電気容量の単位に μF を用いることはできない。単位は F を用いる。

$$U = \dfrac{1}{2} \times (100 \times 10^{-6}\,\text{F}) \times 100^2$$
$$= \underline{5.0 \times 10^{-1}}\,\text{J}$$

問3 十分に時間がたつと，コンデンサーに蓄えられている電気量は，問題の図1と同じ $1.0 \times 10^4\,\mu$C になる。したがって，通過電気量 ΔQ は，

$$\Delta Q = 1.0 \times 10^4 - 5.0 \times 10^3$$
$$= \underline{5.0 \times 10^3}\,\mu\text{C}$$

問題 100

解答

1 - ②　　2 - ⑤　　3 - ④

解説

問1 電場の強さ E と電位差 V および極板間隔 d の関係式は，
$$V = Ed$$
$$\therefore\ E = \frac{V}{d} = \frac{300}{0.2 \times 10^{-3}} = \underline{1.5 \times 10^6}\ \text{V/m}$$

問2 公式 $Q = CV$ を用いる。Sを閉じて十分に時間がたつと，電荷の移動がなくなり，コンデンサーCの電位差は，電池の電位差 $V = 300$ V に等しくなる。（抵抗Rでの電位差は0）
$$Q = CV = (4 \times 10^{-11}) \times 300$$
$$= 12 \times 10^{-9}\ \text{クーロン}$$

Sを閉じてから十分に時間がたつまでの間に，この回路を移動する電荷の様子は次図のようになる。

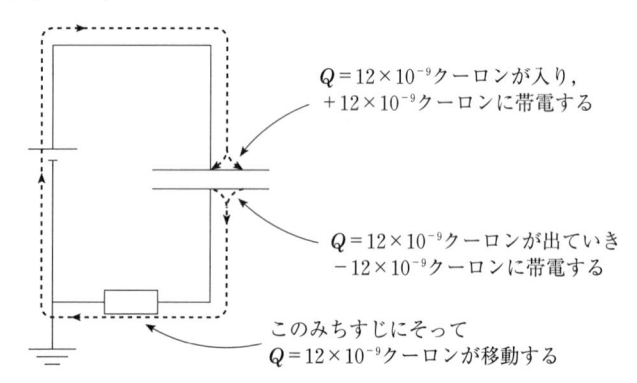

$Q = 12 \times 10^{-9}$ クーロンが入り，
$+12 \times 10^{-9}$ クーロンに帯電する

$Q = 12 \times 10^{-9}$ クーロンが出ていき
-12×10^{-9} クーロンに帯電する

このみちすじにそって
$Q = 12 \times 10^{-9}$ クーロンが移動する

電池が回路に供給するエネルギー（電池のする仕事）W_E は，
$$W_E = QV = (12 \times 10^{-9}) \times 300$$
$$= \underline{36 \times 10^{-7}}\ \text{J}$$

コンデンサーに蓄えられる静電エネルギー U は，

$$U = \frac{1}{2}CV^2 = \frac{1}{2} \times (4 \times 10^{-11}) \times 300^2$$
$$= 18 \times 10^{-7} \text{ J}$$

エネルギー保存則より，抵抗で発生するジュール熱 W_R は W_E と静電エネルギー U との差に等しい。

$$W_R = W_E - U = 36 \times 10^{-7} - 18 \times 10^{-7}$$
$$= \underline{18} \times 10^{-7} \text{ J}$$

> **ADVICE** 電池が電気を作る？
>
> 電池が電気を作ると考えたり，電池で電気が生まれると考えたりする人がいる。これは大間違いである。電池は電荷を移動させるだけである。では，電荷はどこにあるのかというと，それは極板や導線である。極板には，はじめから大量の電荷が正負等量含まれている。そのうち，正の電荷の一部が電池によって吸い出され，他方の極板に移されるのである。（現実には負に帯電している自由電子が逆方向に移動するが，正の電荷の移動に置きかえて考える場合が多い。）

問題 101

解答

1 — ②   2 — ③   3 — ①   4 — ③

解説

問 1 並列に接続されているコンデンサーには，同じ電圧（電位差）V がそれぞれにかかる。

(ア)　$Q_1 = C_1 V$　　$Q_2 = C_2 V$

$$\therefore \quad \frac{Q_1}{Q_2} = \frac{C_1 V}{C_2 V} = \frac{C_1}{C_2} = \frac{20}{30}$$

$$\therefore \quad \frac{Q_1}{Q_2} = \underline{\frac{2}{3}}$$

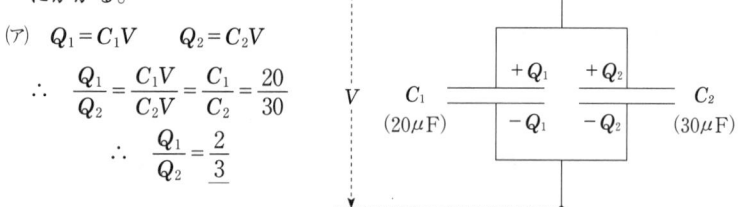

(イ)　$V = 50$ V なので，$Q_1 = 20 \times 50 = 1000 \,\mu\text{C}$，$Q_2 = 30 \times 50 = 1500 \,\mu\text{C}$ となる。S_1 を通った電気量はこれらの和になる。

$$\therefore \quad Q_1 + Q_2 = 1000 + 1500 = \underline{2500} \,\mu\text{C}$$

電荷の移動は，次図のようになる。

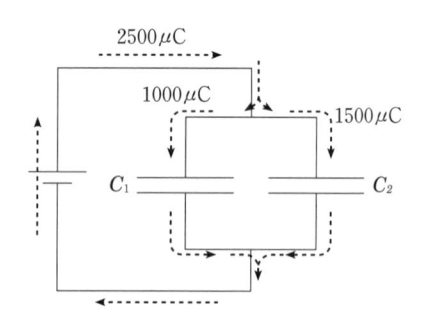

並列部分をひとつのコンデンサーとするとき，そのコンデンサーが蓄える電気量は $Q_1 + Q_2$ となるので，合成容量 C は次のようになる。

$$C = \frac{Q_1 + Q_2}{V} = \frac{C_1 V + C_2 V}{V} = C_1 + C_2$$

並列接続
- 同じ電圧がかかる
- $C = C_1 + C_2$

問2 次図の電荷の移動で示されるように，直列接続の場合，それぞれのコンデンサーに蓄えられる電気量 Q は等しくなる。

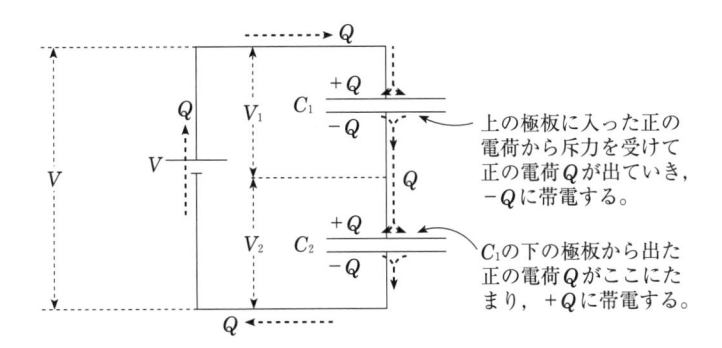

```
                    ----→ Q
                         +Q
                    C₁ ─────
              Q     V₁   -Q         上の極板に入った正の
                                    電荷から斥力を受けて
         V              Q           正の電荷 Q が出ていき，
                                    -Q に帯電する。
                         +Q
                    V₂ C₂ ─────
                         -Q         C₁ の下の極板から出た
                                    正の電荷 Q がここにた
                                    まり，+Q に帯電する。
                  ←---- Q
```

また，各コンデンサーにかかる電圧 V_1，V_2 の和が全体の電圧に等しい。

$$V = V_1 + V_2 \qquad V_1 = \frac{Q}{C_1} \qquad V_2 = \frac{Q}{C_2}$$

合成容量を C とすると $V = \dfrac{Q}{C}$ なので，上式より，

$$\frac{Q}{C} = \frac{Q}{C_1} + \frac{Q}{C_2} \quad \cdots\cdots ①$$

$$\therefore \quad \frac{1}{C} = \frac{1}{C_1} + \frac{1}{C_2} \quad \cdots\cdots 直列の合成容量の公式$$

ADVICE 直列

直列の場合，電池を通った電荷が2つのコンデンサーに分配されることにはならない。同じ電荷が帯電するのである。

直列接続
- 電圧の和が全体の電圧
- $\dfrac{1}{C} = \dfrac{1}{C_1} + \dfrac{1}{C_2}$

(ウ) $Q_1' = Q_2' = Q$ より，

$$\frac{Q_1'}{Q_2'} = \underline{1}$$

(エ) 合成容量 C は，

$$\frac{1}{C} = \frac{1}{20} + \frac{1}{30} = \frac{5}{60} = \frac{1}{12}$$

$$\therefore\ C = 12\,\mu\mathrm{F}$$

蓄えられる電気量 Q は，

$$Q = CV = 12 \times 50 = 600\,\mu\mathrm{C}$$

$C_1 = 20\,\mu\mathrm{F}$ のコンデンサーにおける電圧（電位差） V_1 は，

$$V_1 = \frac{Q}{C_1} = \frac{600}{20} = \underline{30}\ \mathrm{V}$$

$Q = 600\,\mu\mathrm{C}$

電位を斜面の高低差で表すと，次図のようになる。

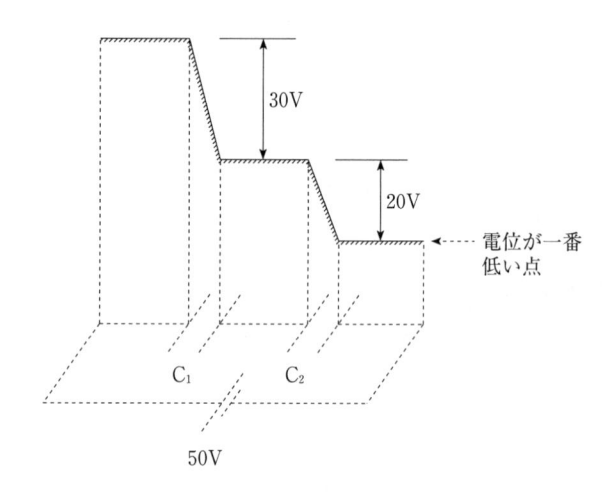

問題 102

解答
1 — ③   2 — ③   3 — ①

解説

問1 まず，bc 間の合成容量を C_{bc} とする。
$$C_{bc} = 10 + 20 = 30\,\mu\text{F}$$
これが ab 間の 30 μF のコンデンサーと直列に接続している。全体の合成容量 C_{ac} は，
$$\frac{1}{C_{ac}} = \frac{1}{30} + \frac{1}{30} = \frac{2}{30} \quad \therefore \quad C_{ac} = \underline{15}\,\mu\text{F}$$

問2 S を通って移動する電気量 Q は，
$$Q = C_{ac}V = 15 \times 10 = 150\,\mu\text{C}$$
電荷の移動は，次図のようになる。

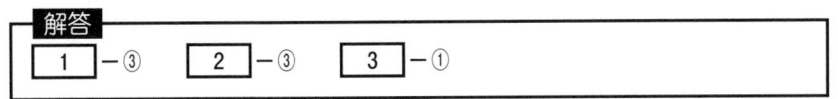

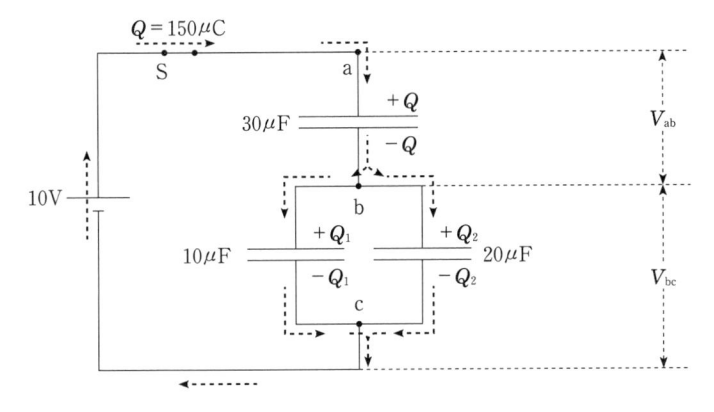

30 μF のコンデンサーに蓄えられる電気量は $Q = \underline{150}\,\mu\text{C}$ である。また，
$V_{ab} = \dfrac{Q}{30} = \dfrac{150}{30} = 5\,\text{V}$ であり，$V_{ab} + V_{bc} = 10$ より，
$$V_{bc} = 10 - V_{ab} = \underline{5}\,\text{V}$$
ちなみに，$Q_1 = 10\,\mu\text{F} \times 5\,\text{V} = 50\,\mu\text{C}$，$Q_2 = 20\,\mu\text{F} \times 5\,\text{V} = 100\,\mu\text{C}$ であり，$Q = Q_1 + Q_2$ になる。

問題 103

解答

| 1 | - ⑤ | 2 | - ② | 3 | - ⑦ | 4 | - ① | 5 | - ① |

解説

1 極板 A の電位 V_A は，左側の電池に着目して，
$$V_A = \underline{2V}$$

2 極板 B の電位 V_B は，右側の電池に着目して，
$$V_B = \underline{-V}$$

3 極板 A，B 間の電位差 V_{AB} は，
$$V_{AB} = |V_A - V_B| = 3V$$
$V_A > V_B$ なので，極板 A は正に帯電し，その電気量 Q は，
$$Q = CV_{AB} = \underline{3CV}$$

4 極板 B は負に帯電し，その電気量は，
$$\underline{-3CV}$$

5 極板 A，B 間の電場の強さ E は，
$$V_{AB} = Ed$$
$$\therefore\ E = \frac{V_{AB}}{d} = \underline{\frac{3V}{d}}$$

問題 104

解答

$\boxed{1}$ — ②　　$\boxed{2}$ — ②　　$\boxed{3}$ — ②

解説

問1 間隔 d，面積 S の金属板からなる2個のコンデンサーが長さ d の導線でつながれているものを考える。問題のコンデンサーは，この2個のコンデンサーをつないでいる導線の断面積が S になったものととらえることができる。

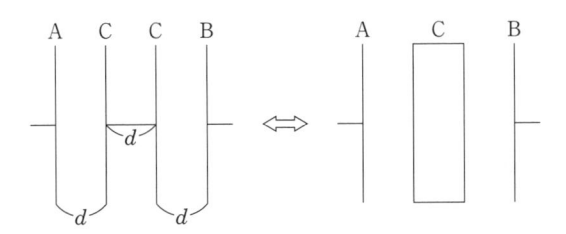

金属板 A, B からなるコンデンサーの電気容量は，上の2個のコンデンサーの合成容量に等しい。

$$\frac{1}{C_{AB}} = \frac{1}{\dfrac{\varepsilon_0 S}{d}} + \frac{1}{\dfrac{\varepsilon_0 S}{d}}$$

$$\therefore\ C_{AB} = \frac{\varepsilon_0 S}{2d}$$

問2 AB 間の電位差を V_{AB} とし，AC 間の電位差を V_{AC} とする。

$$V_{AC} = \frac{1}{2} V_{AB}$$

$$= \frac{Q}{\dfrac{\varepsilon_0 S}{d}} = \frac{Q}{2 C_{AB}}$$

電場の強さ E は，

$$V_{AC} = Ed$$

$$\therefore\ E = \frac{V_{AC}}{d} = \frac{Q}{2 C_{AB} d}$$

A を基準としたときの電位は次図のようになる。

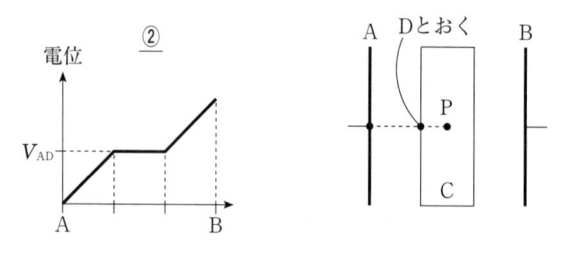

$$V = V_{AP} = V_{AD} + V_{DP} \qquad V_{DP} = 0$$
$$ = V_{AD}$$

　なお，この図において，金属板Ｃ内の電場の強さが0なので，公式 $V=Ed$ において，$E=0$ より $V=0$ になるという誤答が多い。この問題ではＡが基準になっているので，Ｃ内の点Ｐの電位 V というのはＡＰ間の電位差 V_{AP} のことであり，0にはならない。

問題 105

解答

| 1 | ー ⑧ | 2 | ー ③ | 3 | ー ⑦ | 4 | ー ① |

解説

〔I〕

金属板Xが挿入された状態は2つのコンデンサーが直列に接続されたものとみることができる。

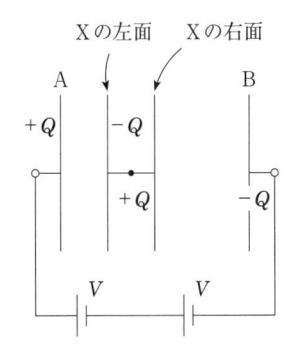

```
        Xの左面  Xの右面
   A      ↓    ↓     B
   |   | -Q |       |
  +Q   |    |      |
   |   | +Q |     -Q
   ○    |    |      ○
        |    |
   |────V────|────V────|
        ├┤        ├┤
```

問1 極板間隔が d のコンデンサー(電気容量 C)と極板間隔が $2d$ のコンデンサー(電気容量 $\frac{1}{2}C$)が直列に接続されている。合成容量 C_0 は,

$$\frac{1}{C_0} = \frac{1}{C} + \frac{1}{C/2} = \frac{3}{C} \quad \therefore \quad C_0 = \frac{1}{3}C$$

全体にかかる電位差 V_0 は, $V_0 = V + V = 2V$ なので,

$$Q = C_0 V_0 = \frac{1}{3}C \times 2V = \frac{2}{3}CV$$

極板Bに蓄えられる電気量は $-Q$ なので,

$$\therefore \quad -Q = -\underline{\frac{2}{3}CV}$$

問2 AX間の電位差を V_1 とすると, $V_1 = \dfrac{Q}{C} = \dfrac{2}{3}V$

AX間の電場の強さ E_1 は, $E_1 = \dfrac{V_1}{d} = \dfrac{2V}{3d}$

XB間の電位差を V_2 とすると, $V_2 = \dfrac{Q}{C/2} = \dfrac{4}{3}V$

— 147 —

XB 間の電場の強さ E_2 は，$E_2 = \dfrac{V_2}{2d} = \dfrac{2V}{3d} = E_1$

よって，電場の強さ E のグラフは次のようになる。

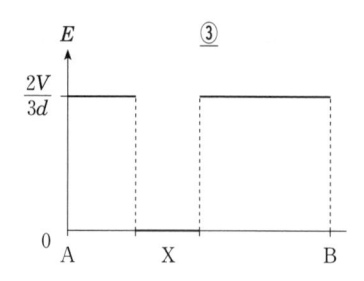

③

〔Ⅱ〕

問3 S_3 も閉じると，回路は右図のようになる。

AX 間の電位差は V になるので，

　　$Q_1 = CV$

XB 間の電位差は V になるので，

　　$Q_2 = \dfrac{1}{2}CV$

X に現れる電荷は，左面に $-Q_1 = -CV$ と右面に $+Q_2 = +\dfrac{1}{2}CV$ である。総和 Q_X は，

$$Q_x = (-Q_1) + (+Q_2)$$
$$= -CV + \dfrac{1}{2}CV$$
$$= \underline{-\dfrac{1}{2}CV}$$

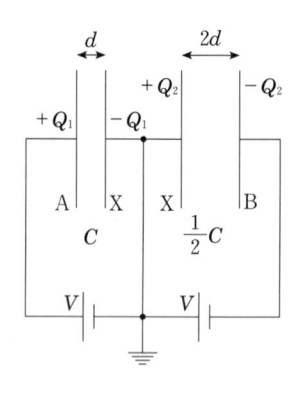

問4 AX 間の電場の強さ E_3 は，

　　$E_3 = \dfrac{V}{d}$

XB 間の電場の強さ E_4 は，

　　$E_4 = \dfrac{V}{2d}$

よって，電場 E のグラフは右図のようになる。

①

問題 106

解答

| 1 | -② | 2 | -② | 3 | -③ | 4 | -② | 5 | -③ |
| 6 | -④ |

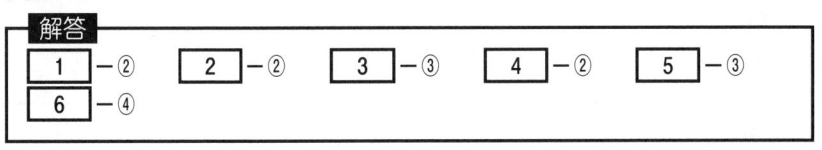

解説

問1 電気容量は極板間隔に反比例する。極板間隔を2倍にすると，電気容量は $\frac{1}{2}$ 倍になる。

$$C' = \frac{1}{2}C$$
$$= \frac{1}{2} \times 10 = \underline{5}\,\mu\mathrm{F}$$

電池を接続したままなので，10 V の電位差になる。蓄えている電気量 Q' は，

$$Q' = C'V$$
$$= 5 \times 10 = \underline{50}\,\mu\mathrm{C}$$

前述の通り，電池を接続したままなので，$\underline{10}$ V の電位差になる。

問2 電池の接続を切る，切らないは電気容量とは無関係であるから，問1の電気容量と同じ C' である。

$$C' = \underline{5}\,\mu\mathrm{F}$$

電池の接続を切るので，コンデンサーが蓄えている電気量ははじめの状態の電気量 Q のまま変化しない。

$$Q = CV$$
$$= 10 \times 10 = \underline{100}\,\mu\mathrm{C}$$

コンデンサーの電位差 V' は，

$$V' = \frac{Q}{C'}$$
$$= \frac{100}{5} = \underline{20}\,\mathrm{V}$$

問題 107

解答

1 — ②　　2 — ②　　3 — ③　　4 — ⑤

解説

問1 はじめに C_1 に蓄えられる電気量 Q_0 は，

$$Q_0 = C_1 V = 20 \times 5 = 100 \, \mu\text{C}$$

S_2 を閉じて十分に時間がたつとき，点 a の電位が x 〔V〕になるとする。C_1 と C_2 は並列なので，C_1，C_2 の電位差はともに x 〔V〕である。C_1，C_2 に蓄えられている電気量は，それぞれ $C_1 x = 20 x$ 〔μC〕，$C_2 x = 30 x$ 〔μC〕となる。

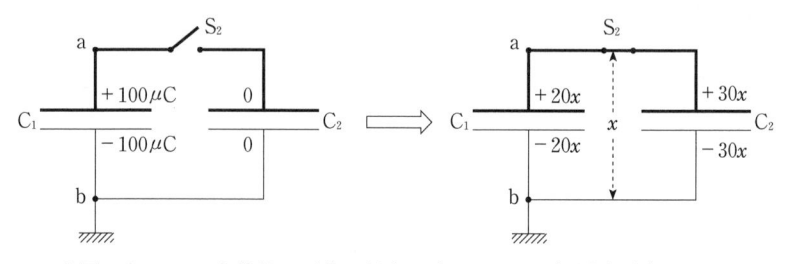

```
       S₂                           S₂
  a  ╱                         a  ╱
    +100μC    0                   +20x      +30x
C₁─────── ───────C₂    ⇒    C₁─────  x  ─────C₂
    -100μC    0                   -20x      -30x
  b                           b
  ┴                           ┴
```

上図において，太線部の電荷の総和は変わらない（電荷保存）ので，

$$100 + 0 = 20 x + 30 x \quad \therefore \quad x = 2 \, \text{V}$$

よって，C_1 に蓄えられている電気量は，

$$20 x = \underline{40} \, \mu\text{C}$$

点 a の電位は $x = \underline{2} \, \text{V}$ である。

C_2 に蓄えられている電気量は $30 x = 60 \, \mu\text{C}$ である。

ADVICE　電位差（電圧）は配分されない

C_1 の電位差 5 V が C_1 と C_2 に配分されると考える人がいるが，これは間違いである。配分されるのは電位差でなく，電荷である。

問2 S_2 を開いてから S_1 を閉じると，C_1 はふたたび 5 V で充電されるので，$Q_0 = C_1 V = 20 \times 5 = 100\ \mu C$ が蓄えられる。S_1 を閉じる前の段階で C_1 が蓄えている電気量は $40\ \mu C$ なので，このとき，移動する電気量 ΔQ は，

$$\Delta Q = 100 - 40 = \underline{60}\ \mu C$$

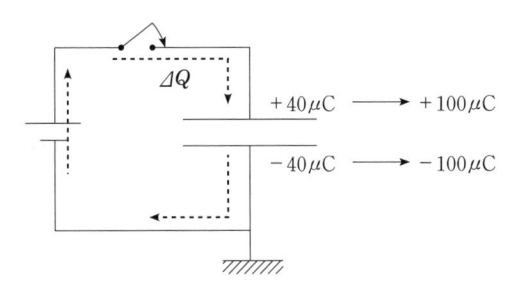

問3 S_2 を閉じて十分に時間がたつとき，点 a の電位が y [V] になるとする。C_1 と C_2 は並列なので，C_1，C_2 の電位差は，ともに y [V] である。C_1，C_2 に蓄えられている電気量は，それぞれ $C_1 y = 20 y$ [μC]，$C_2 y = 30 y$ [μC] となる。

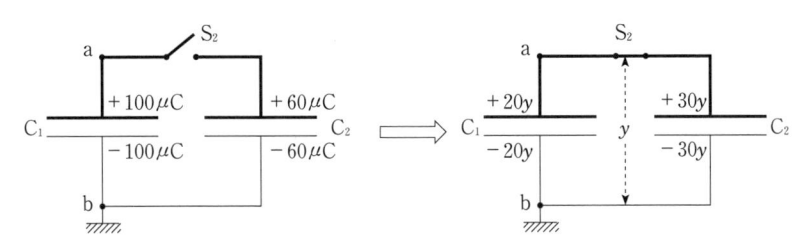

上図において，太線部の電荷の総和は変わらないので，

$$100 + 60 = 20 y + 30 y \qquad \therefore\quad y = \underline{3.2}\ V$$

問題 108

解答

1 — ③   2 — ①

解説

問1 極板 A, B からなるコンデンサーが電池に接続されて蓄えた電気量 Q は,

$$Q = CV$$

スイッチを切った後, 金属板を入れることによって, 極板 A, B からなるコンデンサーの電気容量が C' になったとする。このコンデンサーは, $4C$ と $2C$ のコンデンサーが直列に接続されたものとみなせる。

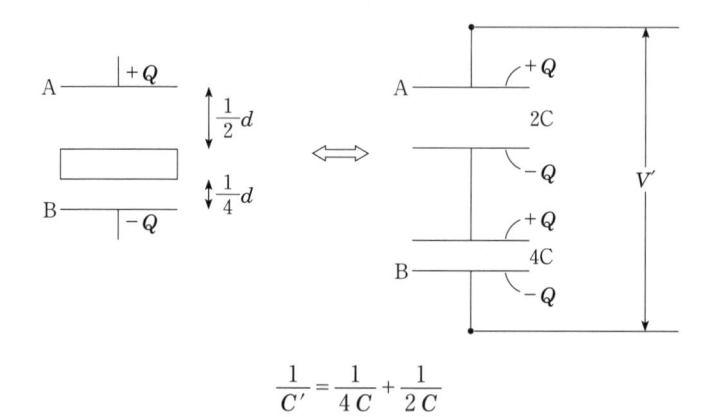

$$\frac{1}{C'} = \frac{1}{4C} + \frac{1}{2C}$$

$$\therefore \quad C' = \frac{4}{3}C$$

電気量は変化していないので, A, B 間の電圧 V' は,

$$V' = \frac{Q}{C'}$$

$$= \frac{CV}{\frac{4}{3}C} = \underline{\frac{3}{4}V}$$

問2 はじめの状態における合成容量 C は,

$$\frac{1}{C} = \frac{1}{30} + \frac{1}{30}$$

$$C = 15\,\mu\text{F}$$

このときコンデンサーが蓄えている電気量 Q は，
$$Q = CV$$
$$= 15 \times 20 = 300 \, \mu C$$

C_1 に誘電体を挿入した状態における合成容量 C' は，
$$\frac{1}{C'} = \frac{1}{3 \times 30} + \frac{1}{30}$$
$$C' = 22.5 \, \mu F$$

このときコンデンサーが蓄えている電気量 Q' は，
$$Q' = C'V$$
$$= 22.5 \times 20 = 450 \, \mu C$$

したがって，電荷の移動は次図のようになる。

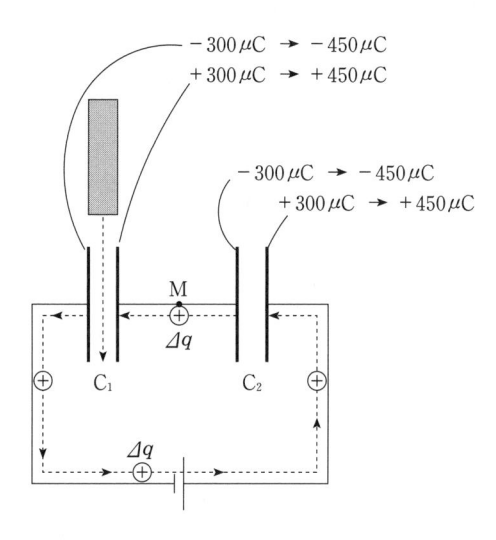

移動する電気量 Δq は，
$$\Delta q = 450 - 300 = \underline{150} \, \mu C$$

問題 109

解答

1 — ①   2 — ②   3 — ①

解説

1 はじめの状態における静電エネルギー U は,

$$U = \frac{Q^2}{2 \times \frac{\varepsilon_0 S}{d}} = \frac{Q^2 d}{2\varepsilon_0 S}$$

変化後の静電エネルギー U' は,

$$U' = \frac{Q^2(d + \Delta d)}{2\varepsilon_0 S}$$

したがって, 静電エネルギーの変化量 ΔU は,

$$\Delta U = U' - U = \underline{\frac{Q^2 \Delta d}{2\varepsilon_0 S}}$$

2 外力の仕事 W は,

$$W = F\Delta d$$

外力の仕事は静電エネルギーの変化量に等しいので,

$$W = \Delta U$$
$$F\Delta d = \Delta U$$
$$\therefore \; F = \underline{\frac{\Delta U}{\Delta d}}$$

3 $\Delta U = \frac{Q^2 \Delta d}{2\varepsilon_0 S}$ より,

$$F = \frac{\Delta U}{\Delta d} = \frac{Q^2}{2\varepsilon_0 S}$$

極板間の電位差を V, 電場の強さを E とすると,

$$Q = \frac{\varepsilon_0 S}{d} \times V \qquad V = Ed$$

2式から V を消去すると,

$$E = \frac{Q}{\varepsilon_0 S}$$

$F = \frac{Q^2}{2\varepsilon_0 S}$ と $E = \frac{Q}{\varepsilon_0 S}$ から, $\varepsilon_0 S$ を消去して,

$$F = \underline{\frac{1}{2}QE}$$

問題 110

解答
| 1 | - ④ | 2 | - ① | 3 | - ① | 4 | - ① |

解説

1 電子の運動は速さ v の等速運動とみなせるので，時間 Δt の間に $v\Delta t$ だけ進む。

$$\therefore \quad 距離AB = \underline{v\Delta t}$$

2 AB間の抵抗の体積は，

$$AB間の体積 = S \times 距離AB$$
$$= Sv\Delta t$$

AB間の自由電子の個数 N は，

$$N = n \times AB間の体積$$
$$= \underline{vSn\Delta t}$$

3 断面 A を通過する電気量の絶対値を ΔQ とする。

$$\Delta Q = eN$$
$$= \underline{vSne\Delta t}$$

4 電流の強さ I は，

$$I = \frac{\Delta Q}{\Delta t} = \underline{vSne}$$

問題 111

解答

1 — ②　　2 — ④　　3 — ③　　4 — ③

解説

1 一様な電場における電位差と電場の強さの関係より,
$$V = E\ell$$
$$\therefore\ E = \underline{\frac{V}{\ell}}$$

2 電子が電場から受ける力の大きさは eE である。力のつりあいより,
$$eE = kv$$
$$\therefore\ v = \underline{\frac{e}{k} \times E}$$

3 問題文にあるように, v を代入し, さらに, E を代入する。
$$I = enSv$$
$$= enS \times \frac{e}{k} \times \frac{V}{\ell} = \frac{e^2 nSV}{k\ell}$$
$$\therefore\ R = \frac{V}{I} = \underline{\frac{k\ell}{e^2 Sn}}$$

4 抵抗率を ρ とすると,
$$R = \frac{k\ell}{e^2 Sn} = \rho \frac{\ell}{S}$$
$$\therefore\ \rho = \underline{\frac{k}{e^2 n}}$$

問題 112

解答

| 1 |-③ | 2 |-④ | 3 |-②

解説

抵抗の回路での電圧と合成抵抗は次のようになる。コンデンサーの場合との違いに注目しておくこと。

並列接続	直列接続
・同じ電圧がかかる ・$\dfrac{1}{R} = \dfrac{1}{R_1} + \dfrac{1}{R_2}$	・電圧の和が全体の電圧 ・$R = R_1 + R_2$

問1 $20\,\Omega$ の抵抗と $30\,\Omega$ の抵抗は並列なので，同じ電圧 $V\,[\text{V}]$ がかかっている。

$20\,\Omega：\quad V = 20\,I_1$

$30\,\Omega：\quad V = 30\,I_2$

$\therefore\ 20\,I_1 = 30\,I_2 \qquad \therefore\ \dfrac{I_1}{I_2} = \dfrac{30}{20} = \underline{\dfrac{3}{2}}$

問2 問1より $V_1 = V_2 = V$ である。また，これらの抵抗と $8\,\Omega$ の抵抗は直列に接続されているので，$8\,\Omega$ にかかる電圧 $V_3\,[\text{V}]$ と $V\,[\text{V}]$ の和が全体の電圧 $40\,\text{V}$ に等しい。

$\therefore\ V + V_3 = 40$

$\therefore\ \underline{V_1 + V_3 = 40,\ V_1 = V_2}$

問3 $20\,\Omega$ と $30\,\Omega$ の並列部分の合成抵抗 R_1 は，

$\dfrac{1}{R_1} = \dfrac{1}{20} + \dfrac{1}{30} = \dfrac{5}{60} \qquad \therefore\ R_1 = \dfrac{60}{5} = 12\,\Omega$

全体の合成抵抗 R は，

$R = 8 + R_1 = 20\,\Omega$

よって，流れる電流の強さ $I\,[\text{A}]$ は，オームの法則より，

$I = \dfrac{40\,\text{V}}{20\,\Omega} = \underline{2}\,\text{A}$

この場合，回路各部に流れる電流および各抵抗にかかる電圧は，次図のようになる。

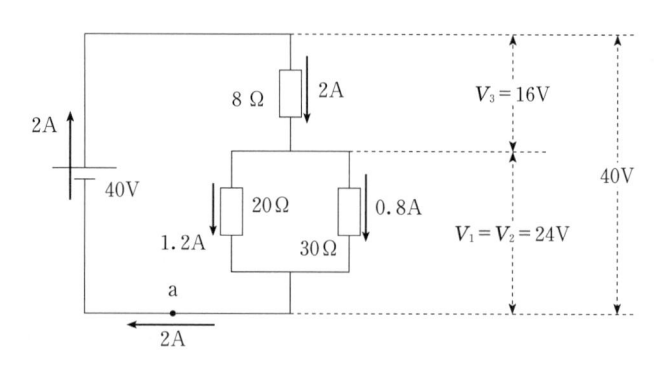

```
              8Ω   2A
     2A              ↓          V₃=16V
    ↑   40V      20Ω    0.8A
         1.2A         30Ω       40V
                              V₁=V₂=24V
        a
        ←
        2A
```

> **ADVICE** 電流と水流
>
> 電流はよく水流に例えられる。その場合，抵抗は斜面，電池はポンプ，導線は水平な水路に対応する。電位差は，高度差に対応している。この図をもとに，電位や電位差，電圧に対する理解を深めよう。
>
> （図：ポンプ(電池)P，電圧V，h，電圧V₁，h₁，電圧V₂，h₂，斜面1(8Ωの抵抗)，斜面2(20Ωの抵抗)，斜面3(30Ωの抵抗)）

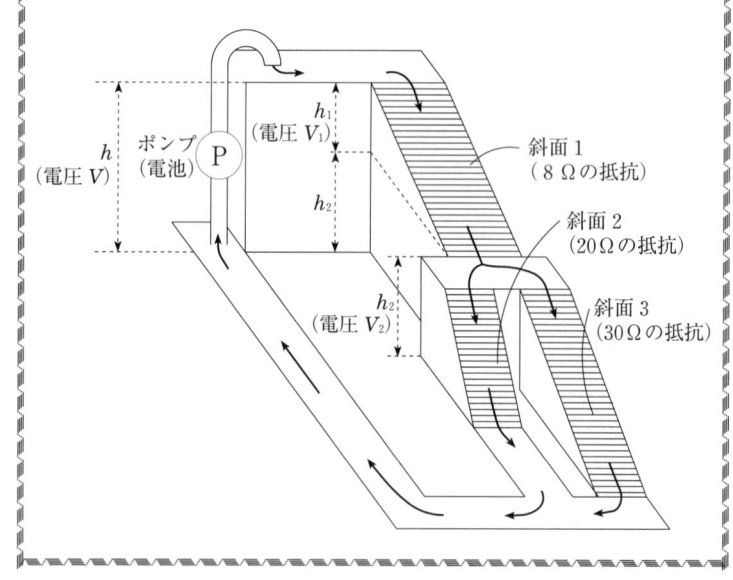

問題 113

解答

| 1 | - ① | 2 | - ⑤ | 3 | - ③ | 4 | - ③ |

解説

問1　cd 間の合成抵抗を r_0 とする。

$$\frac{1}{r_0} = \frac{1}{6+2} + \frac{1}{3+9} = \frac{1}{8} + \frac{1}{12} = \frac{5}{24}$$

$$\therefore r_0 = \frac{24}{5} = 4.8\,\Omega$$

電池の内部抵抗 1.2 Ω は起電力 60 V に対し，直列に接続していると考えることができるので，内部抵抗と起電力を分けて，この回路を図示すると，右図のようになる。

この図より，流れる電流の強さ I は，

$$I = \frac{60}{1.2 + 4.8} = \underline{10}\,\text{A}$$

cd 間の電位差 V_{cd} は，

$$V_{cd} = r_0 I = 4.8 \times 10 = \underline{48}\,\text{V}$$

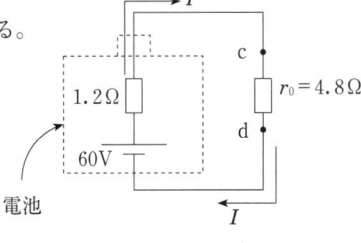

次に，点 a を流れる電流の強さを I_a，点 b を流れる電流の強さを I_b とする。回路 cad も回路 cbd も，ともに，電位差は $V_{cd} = 48$ V なので，

$$I_a = \frac{48}{6+2} = 6\,\text{A} \qquad I_b = \frac{48}{3+9} = 4\,\text{A}$$

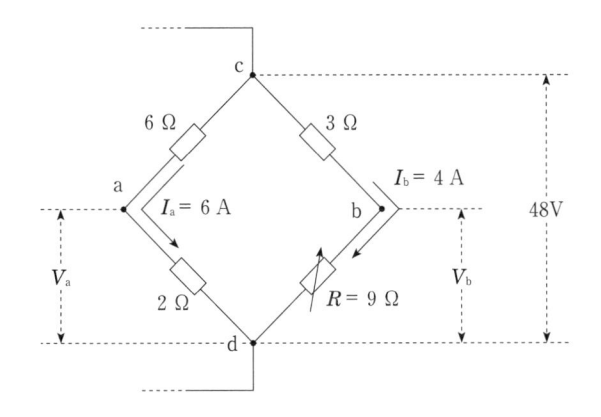

dに対するaの電位（ad間の電位差）をV_a，dに対するbの電位（bd間の電位差）をV_bとすると，
$$V_a = 2\,\Omega \times 6\,\text{A} = 12\,\text{V} \qquad V_b = 9\,\Omega \times 4\,\text{A} = 36\,\text{V}$$
よって，ab間の電位差V_{ab}は，
$$V_{ab} = V_b - V_a = 36 - 12 = \underline{24}\,\text{V}$$

問2 はじめに，スイッチSが開いているものと考える。このときのdに対するaの電位V_a'とdに対するbの電位V_b'が等しければ，スイッチSを閉じても，検流計には電流が流れない。a，bを流れる電流の強さを，それぞれI_a'，I_b'とする。回路cad，回路cbdの電位差は等しいので，
$$(6+2)I_a' = (3+R)I_b' \quad \cdots\cdots\text{①}$$
また， $V_a' = 2I_a' = V_b' = RI_b'$ より，
$$\therefore\ 2I_a' = RI_b' \quad \cdots\cdots\text{②}$$
①÷②より，I_a'，I_b'を消去する。
$$\frac{6+2}{2} = \frac{3+R}{R} \qquad \therefore\ R = \underline{1}\,\Omega$$

なお，このような回路のことをホイートストンブリッジという。検流計に電流が流れなくなる条件式として，以下のものがある。問2は，下の公式を用いて解くことが多いが，ここでは，オームの法則に基づいて解いた。

ホイートストンブリッジ
$i = 0$ の条件式
$$\frac{R_1}{R_2} = \frac{R_3}{R_4} \quad \text{あるいは} \quad R_1 R_4 = R_2 R_3$$

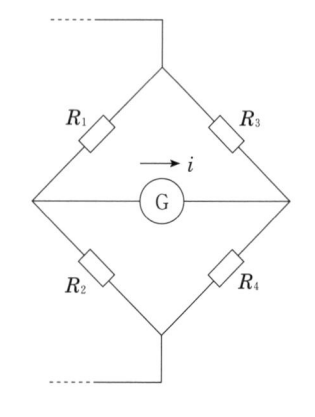

問題 **114**

解答

| 1 |-④| 2 |-⓪| 3 |-④| 4 |-⑨| 5 |-⑥|

解説

回路図上で考える。

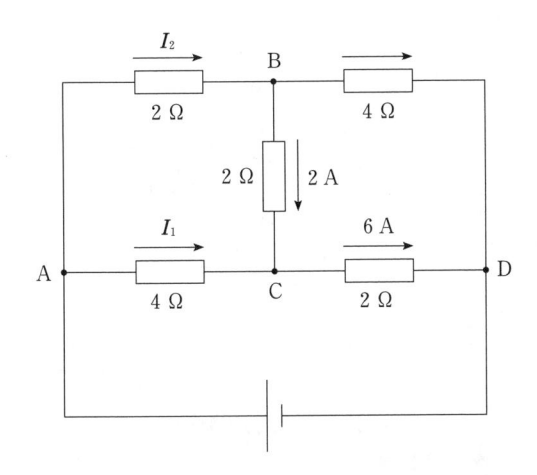

```
         I₂
    ┌───→───── B ─────→─────┐
    │   2Ω          4Ω      │
    │           │           │
    │          2Ω ↓ 2A      │
    │           │           │
    │   I₁          6A      │
    A ──→───────┼─────→─────D
    │   4Ω      C    2Ω     │
    │                       │
    │                       │
    └───────────┤├──────────┘
```

まず，点Cについて，キルヒホッフの法則より，

$$I_1 + 2 = 6 \quad \therefore \quad I_1 = \underline{4} \,[\text{A}]$$

次に，点Cに対する点Aの電位を V_A とし，点Cに対する点Bの電位を V_B とする。

$$V_A = 4\,\Omega \times 4\,\text{A} = \underline{16}\,[\text{V}] \qquad V_B = 2\,\Omega \times 2\,\text{A} = \underline{4}\,[\text{V}]$$

AB間の電位差（点Bに対する点Aの電位）V_{AB} は，

$$V_{AB} = V_A - V_B = \underline{12}\,[\text{V}]$$

したがって，AB間の2Ωの抵抗に流れる電流の強さ I_2 は，

$$I_2 = \frac{V_{AB}}{2} = \frac{12}{2} = \underline{6}\,[\text{A}]$$

問題 115

解答

1 — ②   2 — ④   3 — ③

解説

問 1 電流に関するキルヒホッフの法則より，3Ω の抵抗を B から E の向きに流れる電流 i_3 は，

$$i_3 = i_1 + i_2$$

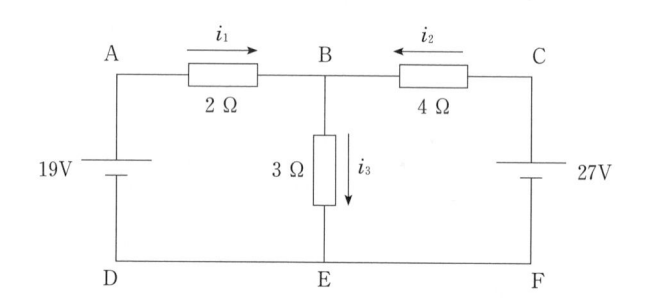

```
     A    i₁→    B    ←i₂    C
     ┌──[ 2Ω ]──┬──[ 4Ω ]──┐
     │          │           │
  19V│        [3Ω]↓i₃      │27V
     │          │           │
     └──────────┴───────────┘
     D          E           F
```

> ─── キルヒホッフの法則（Ⅰ）───
> 分岐点において
>   流入する電流の和＝流出する電流の和

AB 間の電位降下は $2i_1$〔V〕，BE 間の電位降下は $3i_3 = 3(i_1+i_2)$〔V〕である。電位に関するキルヒホッフの法則より，

$$\underline{19 = 2i_1 + 3(i_1+i_2)}$$

> ─── キルヒホッフの法則（Ⅱ）───
> 閉回路で
>   抵抗による電位(圧)降下の和＝電池の起電力の和

問 2 CB 間の電位降下は $4i_2$〔V〕，BE 間の電位降下は $3i_3 = 3(i_1+i_2)$〔V〕である。電位に関するキルヒホッフの法則より，

$$\underline{27 = 4i_2 + 3(i_1+i_2)}$$

問 3 問 1，2 の結果を解く。

$$19 = 2i_1 + 3(i_1 + i_2) \longrightarrow 19 = 5i_1 + 3i_2 \cdots ①$$
$$27 = 4i_2 + 3(i_1 + i_2) \longrightarrow 27 = 3i_1 + 7i_2 \cdots ②$$

①，②より，
$$i_1 = 2 \text{ (A)} \quad i_2 = 3 \text{ (A)}$$

Eに対するBの電位 V_B [V] は，
$$V_B = 3(i_1 + i_2)$$
$$= 3(2+3) = \underline{15} \text{ [V]}$$

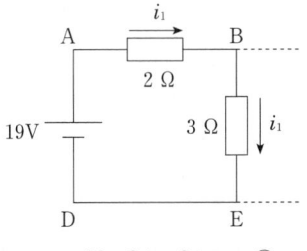

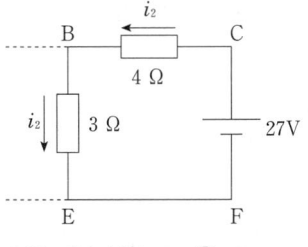

> **ADVICE** よくあるミス
>
> 次図のように，回路を左右2つの部分に分け，式を立てる人が多い。
>
> ```
>        i₁                            i₂
>   A ──[ ]── B ┆           ┆ B ──[ ]── C
>        2Ω    │             │     4Ω
>              │             │
>  19V       ▭3Ω │i₁       i₂│ 3Ω▭        27V
>              │             │
>   D ─────── E ┆           ┆ E ─────── F
> ```
>
> $19 = 2i_1 + 3i_1$ ──ⓐ $27 = 4i_2 + 3i_1$ ──ⓑ
>
> これらの式から i_1 と i_2 を求め，その和 $i_1 + i_2$ が 3Ω に流れるとするのは**誤り**である。回路を（右と左に）分断してはいけない。

問題 116

解答

1 — ②   2 — ③   3 — ②

解説

問1 100Ωの抵抗と電球Lは直列に接続しているので,それぞれにかかる電圧の和が全体の電圧に等しい。

抵抗に流れる電流の強さは I 〔A〕なので,かかっている電圧は $100I$ 〔V〕である。

∴ $\underline{100I + V = 50}$

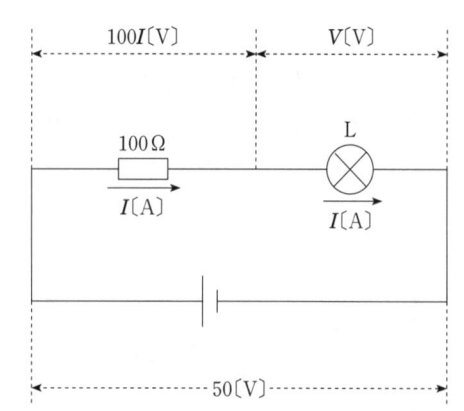

この式は,この回路において満たすべき I と V の組み合わせ(条件式)である。一方,電球Lを単独でみるときに満たすべき I と V の組み合わせは問題で与えられた曲線である。両方の条件を満たす I と V の組み合わせは,次のような作図によって求める。

式 $100I + V = 50$ は,I-V 図において直線で示される。この直線と与えられたグラフの交点が両方の条件を満たす I と V の組み合わせになる。

∴ $I = 0.3$ A
 $V = \underline{20}$ V

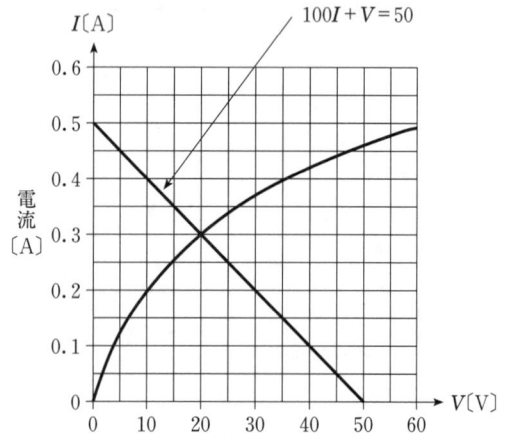

問2 前問と同様に,1個の電球にかかる電圧を V [V],電流を I [A] とおく。回路各部の電圧と電流は次図のようになる。

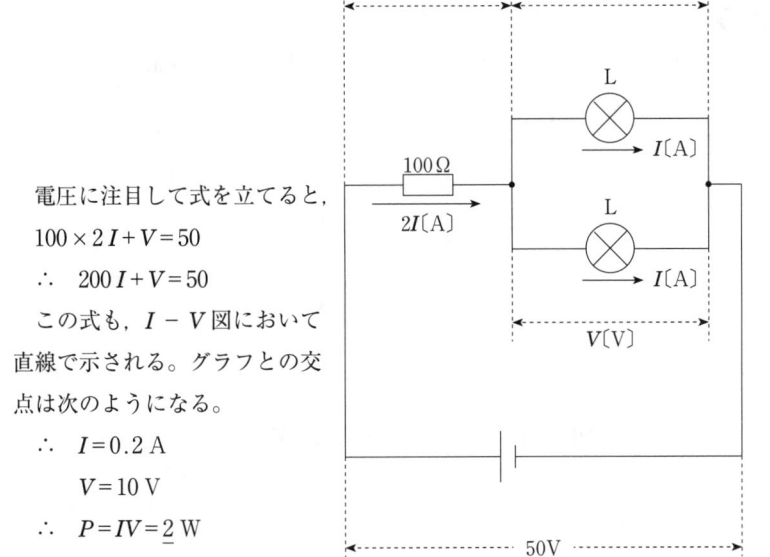

電圧に注目して式を立てると,
$100 \times 2I + V = 50$
∴ $200I + V = 50$

この式も,$I - V$ 図において直線で示される。グラフとの交点は次のようになる。
∴ $I = 0.2$ A
$V = 10$ V
∴ $P = IV = \underline{2}$ W

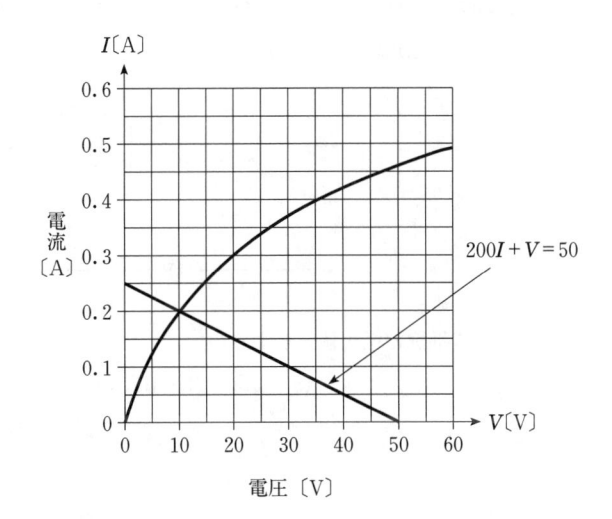

問題 117

【解答】
1 — ④   2 — ③

【解説】

問1 次図のように，電流計 A に抵抗を並列_アに接続し，電流計 A に 1 mA，抵抗に 4 mA 流せばよい。

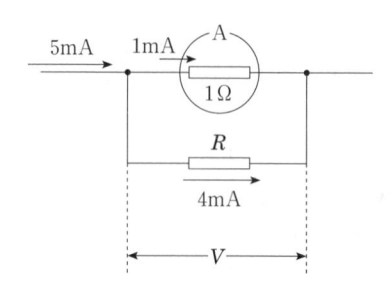

接続する抵抗の抵抗値 R とし，かかる電圧を V とすると，

$$V = 1\,\Omega \times (1 \times 10^{-3})\,\mathrm{A} = R \times (4 \times 10^{-3})\,\mathrm{A}$$

$$\therefore\ R = \underline{0.25}_{\mathcal{P}}\,\Omega$$

問2 次図のように，電流計 A に抵抗を直列_イに接続し，1 V の電圧をかけたとき，1 mA の電流が流れるとよい。

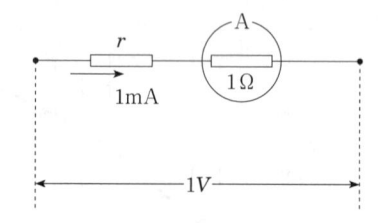

接続する抵抗の抵抗値 r とすると，

$$(r + 1)\,\Omega \times (1 \times 10^{-3})\,\mathrm{A} = 1\,\mathrm{V}$$

$$\therefore\ r = \underline{999}_{\mathcal{P}}\,\Omega$$

第6章 磁場と交流

問題 **118**

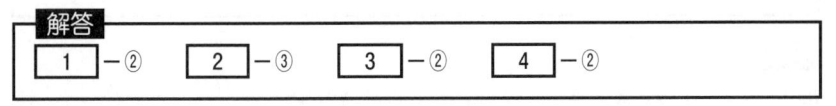

解答
| 1 | — ② | | 2 | — ③ | | 3 | — ② | | 4 | — ② |

解説

問1 右ねじの法則より，電流の真下には西向きの磁場が生じる。方位磁針のN極はこの磁場から西向きの力を受け，S極は東向きの力を受けるので，方位磁針の<u>N極が西へ振れる</u>。

問2 位置 $y = a$ と直線導線（z軸）との距離が a なので，磁場の大きさ H は，

$$H = \frac{I}{2\pi a}$$

磁場の向きは，右ねじの法則より，<u>$-x$方向</u>である。

問3 $y = -d$ の位置で磁場がゼロになるとすると，

$$\frac{I}{2\pi d} = \frac{2I}{2\pi(2a+d)}$$
$$\therefore \quad d = 2a$$

したがって，位置は $y = \underline{-2a}$ である。

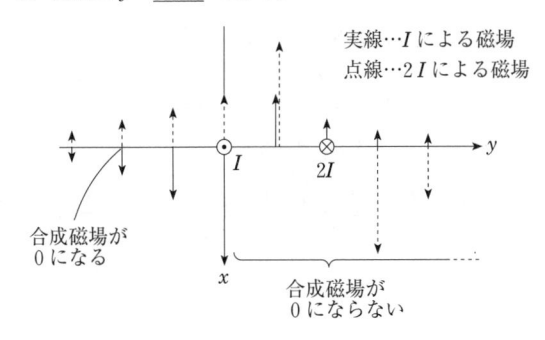

実線…I による磁場
点線…$2I$ による磁場

合成磁場が0になる

合成磁場が0にならない

なお，上図に示すように，$y > 0$ で磁場がゼロになる点はない。

問題 119

解答

1 — ③   2 — ①   3 — ①

解説

問1 $x=-d$ の直線電流が原点Oにつくる磁場の強さは $\dfrac{I}{2\pi d}$, 点Pにつくる磁場の強さは $\dfrac{I}{2\sqrt{2}\pi d}$ である。$x=d$ の直線電流が原点Oにつくる磁場の強さは $\dfrac{3I}{2\pi d}$, 点Pにつくる磁場の強さは $\dfrac{3I}{2\sqrt{2}\pi d}$ である。向きは右ねじの法則より、次図のようになる。

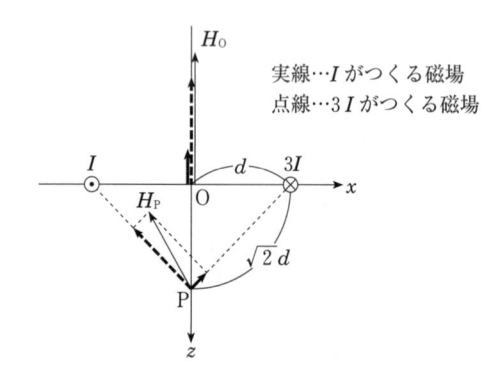

実線…I がつくる磁場
点線…$3I$ がつくる磁場

原点Oにおける合成磁場の強さ H_O は，

$$H_O = \frac{I}{2\pi d} + \frac{3I}{2\pi d} = \underline{\frac{2I}{\pi d}}$$

点Pにおける合成磁場の強さ H_P は，

$$H_P = \sqrt{\left(\frac{I}{2\sqrt{2}\pi d}\right)^2 + \left(\frac{3I}{2\sqrt{2}\pi d}\right)^2} = \underline{\frac{\sqrt{5}I}{2\pi d}}$$

問2　2本の導線がつくる磁場は次図のようになる。

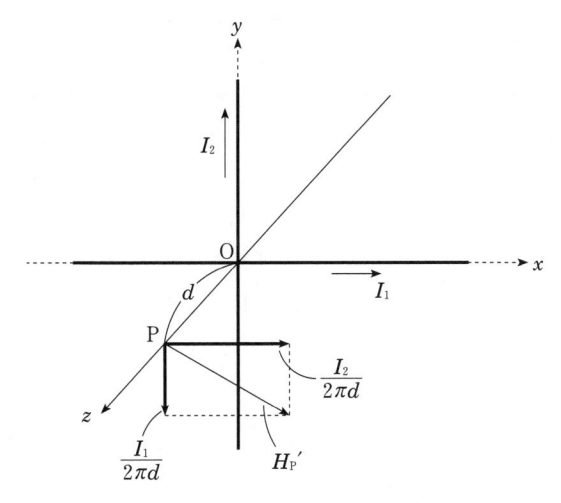

点Pにおける合成磁場の強さ H_P' は，
$$H_P' = \sqrt{\left(\frac{I_1}{2\pi d}\right)^2 + \left(\frac{I_2}{2\pi d}\right)^2} = \frac{\sqrt{I_1^2 + I_2^2}}{2\pi d}$$

問題 120

解答
1 — ③   2 — ④   3 — ②

解説

問1　一方の電流がつくる磁場の向きを右ねじの法則で求め，他方の電流がその磁場から受ける力の向きを左手の法則で求めることができる。そのようにして，電流の向きとはたらく力について次のような結果が導かれる。

$$\text{同方向の電流} \rightarrow \text{互いに引きあう}$$
$$\text{逆方向の電流} \rightarrow \text{互いに反発しあう}$$

この場合，電流の向きが逆向きなので，互いに反発しあう向きである。

問2　導線Aの電流の向きだけを逆にすると，AとBは同方向に電流が流れるので，互いに引きあう力がはたらく。

問3　導線Bを流れる電流が導線Aの位置につくる磁場の強さHは，

$$H = \frac{2I}{2\pi d} = \frac{I}{\pi d}$$

導線Aの単位長さが受ける力の大きさfは，

$$f = \mu H I \times 1$$
$$= \frac{\mu I^2}{\pi d}$$

問題 121

解答

1 - ③   2 - ⑤   3 - ②   4 - ⑤

解説

磁場から受ける力の大きさは $F = \underline{IB\ell}_1$ 〔N〕, その向きは, 左手の法則より, 紙面の裏から表へ向かう向き$_2$である。

― 電流が磁場から受ける力 ―

○ 大きさ　$F = \mu HI\ell = IB\ell$
○ 向き　電流と磁場に垂直で, 右図の親指が示す向き (フレミングの左手の法則)

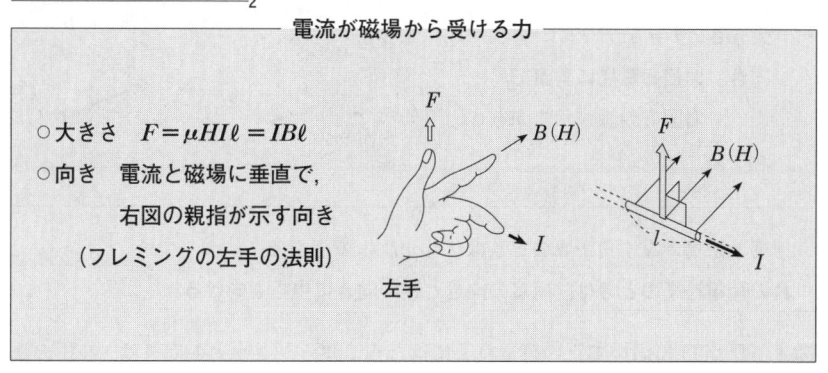

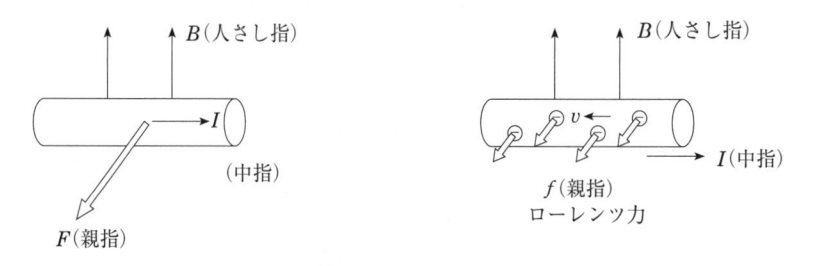

自由電子が受けるローレンツ力の大きさは,

$$f = \underline{evB}_3 \text{〔N〕}$$

向きは F と同じなので, 紙面の裏から表へ向かう向き$_4$である。

問題 122

解答

1 — ①　　2 — ②　　3 — ④

解説

ローレンツ力

○ 大きさ　$f = qvB$

○ 向き　速度と磁場に垂直で，右図の親指が示す向き

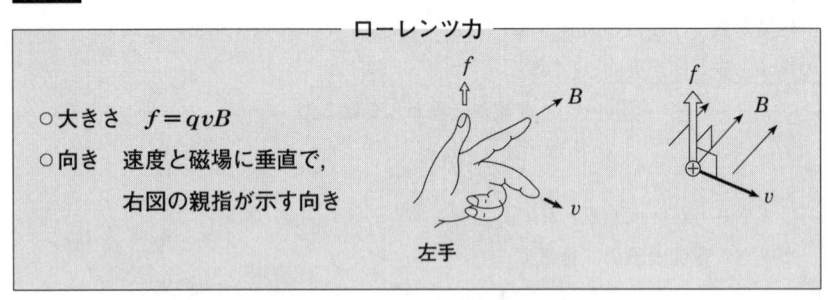

左手

速度と磁場のなす角が θ のときは $f = qvB \sin\theta$ となる。

負の荷電粒子のときは，速度の向きと逆の向きに中指を向ける。

問1　原点 O において正の荷電粒子にはたらくローレンツ力の向きは，左手の法則より，$-z$ 方向である。したがって，その軌跡は次図のようになる。

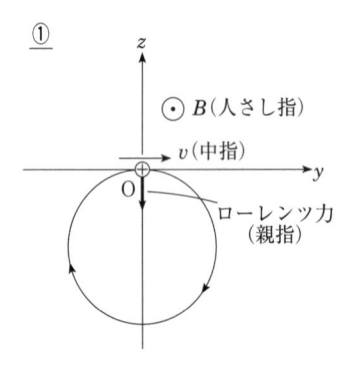

①

B（人さし指）
v（中指）
ローレンツ力（親指）

問2 原点Oにおいて負の荷電粒子にはたらくローレンツ力の向きは，左手の法則より，+z方向である。したがって，その軌跡は次図のようになる。

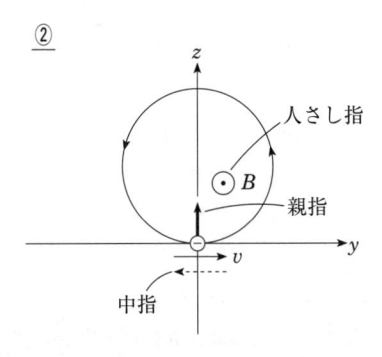

②

(図：z軸とy軸の座標平面上に，原点から+z方向に描かれた円軌道。円の中心付近に磁場Bが紙面手前向き（⊙B）を示す記号。人さし指，親指，中指のラベルと速度vの矢印が示されている。)

問3 円運動の半径を r とすると，等速円運動の運動方程式より，

$$m\frac{v^2}{r} = qvB$$

$$\therefore \quad r = \underline{\frac{mv}{qB}}$$

問題 123

解答

| 1 |-① | 2 |-① | 3 |-① | 4 |-①

解説

面積 S〔m²〕の面を貫く磁束 Φ〔Wb〕は，磁束密度を B〔Wb/m²〕とすると，

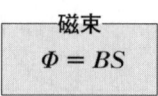

───磁束───
$$\Phi = BS$$

────レンツの法則────
誘導電流は，磁束の変化を妨げる向きに流れる

1　磁石の N 極が近づくので，コイルを上向きに貫く磁束が増加する。

2　レンツの法則より，誘導電流がつくる磁場はコイルを下向きに貫き，磁束の増加を打ち消そうとする。

3　右ねじの法則より，コイルに流れる誘導電流は上から見て時計回り，すなわち，問題の図の矢印と同じ向きである。

4　誘導電流がつくる磁場はコイルを下向きに貫くので，磁石がこの磁場から受ける力は下向きである。

問題 124

解答
1 - ①   2 - ①

解説

問

(ア) レール X, Y, Z と導体棒 a, b の組合せをひとつのコイルと見なす。a が移動すれば, コイルの面積が小さくなり, 上向きに貫く磁束が減少することになる。したがって, レンツの法則より, 誘導電流は, それがつくる磁場が上向きになるように流れる。

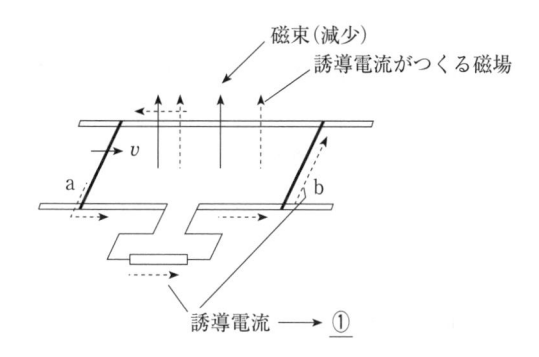

磁束(減少)
誘導電流がつくる磁場
誘導電流 ⟶ ①

(イ) 導体棒 b を流れる誘導電流は, フレミングの左手の法則より, 次図のようになる。

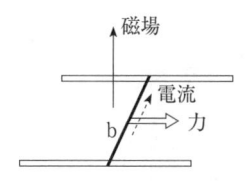

磁場
電流
力

したがって, 導体棒 b は右方に動きだす。

問題 125

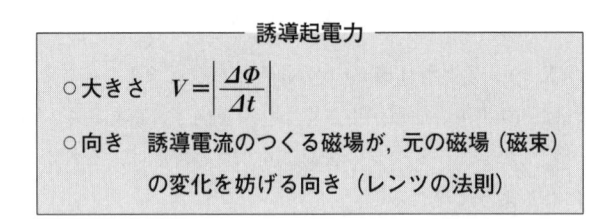

解答

1 — ②   2 — ②   3 — ④   4 — ⑥

解説

誘導起電力

○ 大きさ　$V = \left|\dfrac{\Delta \Phi}{\Delta t}\right|$

○ 向き　誘導電流のつくる磁場が，元の磁場（磁束）の変化を妨げる向き（レンツの法則）

問 1

(a) 導体棒 PQ が時間 Δt の間に通った部分（下の図の平行四辺形）の面積 S は，

$$S = L \times v \Delta t \sin \theta$$

横切った磁束 $\Delta \phi$ は，

$$\Delta \phi = BS$$
$$= vBL \Delta t \sin \theta$$

(b) 導体棒 PQ に生じる誘導起電力の大きさ V は，

$$V = \left|\dfrac{\Delta \phi}{\Delta t}\right| = vBL \sin \theta$$

レンツの法則を用いるため，PQ を抵抗 R でつないだと想定する。

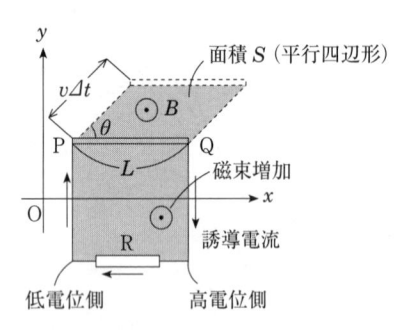

図：面積 S（平行四辺形），$v\Delta t$，θ，B，P，Q，L，磁束増加，R，誘導電流，低電位側，高電位側

このとき，導体棒と抵抗 R からなるコイルを考えると，面積が S だけ増えるのでコイルを紙面の裏から表に向かう向きの磁束が増加する。したがっ

— 176 —

て，レンツの法則より，図の矢印の向きに誘導電流が流れる．抵抗Rに流れる電流の向きから，PよりQの方が電位が高いことがわかる．したがって，端子Pに対する端子Qの電位は正である．
$$\text{Pに対するQの電位} = \underline{vBL\sin\theta}$$

問2

(a) 導体棒PQが時間 Δt の間に通った部分（灰色の扇形）の面積 S は，

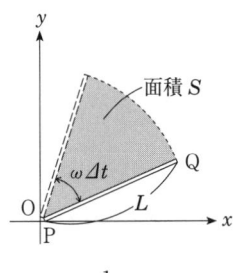

$$S = \frac{1}{2}L^2\omega\Delta t$$

横切った磁束 $\Delta\phi$ は，

$$\Delta\phi = BS$$
$$= \underline{\frac{1}{2}\omega BL^2 \Delta t}$$

(b) 導体棒PQに生じる誘導起電力の大きさ V は，

$$V = \left|\frac{\Delta\phi}{\Delta t}\right| = \frac{1}{2}\omega BL^2$$

問1と同じ検討をすると，端子Pより端子Qの方が電位が高いことがわかる．したがって，Pに対するQの電位は正である．

$$\text{Pに対するQの電位} = \underline{\frac{1}{2}\omega BL^2}$$

問題 126

解答

1 — ①　　2 — ①　　3 — ④

解説

導体棒の誘導起電力
$$V = vB\ell \text{ [V]}$$

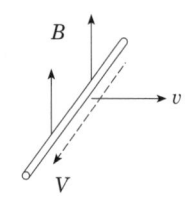

この公式で示される値は，導体棒が単位時間あたりに横切る磁束に等しいので，公式 $V = \left|\dfrac{\Delta \Phi}{\Delta t}\right|$ と同じものである。

問 1　初速 v_0 の瞬間に導体棒に生じる誘導起電力の大きさ V_0 は，公式より，
$$V_0 = v_0 B \ell$$
流れる電流の強さ I_0 は，オームの法則より，
$$I_0 = \frac{V_0}{R} = \frac{v_0 B \ell}{R}$$ 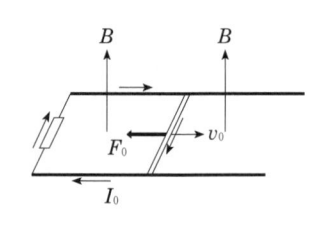
導体棒を流れる電流が受ける力の大きさ F_0 は，
$$F_0 = I_0 B \ell = \underline{\frac{v_0 B^2 \ell^2}{R}}$$
電流と力の向きは右図のようになる。

問 2　問 1 の図より，回路に電流が流れている限り，電流は磁場から力を受け，導体棒は減速する。したがって，十分に時間がたてば，導体棒は<u>静止</u>し，回路の電流もゼロになる。

問 3　回路全体のエネルギー保存則より，抵抗で生じるジュール熱は導体棒の運動エネルギーの減少に等しい。
$$\therefore \quad \underline{\frac{1}{2} m v_0^2}$$

問題 127

解答

| 1 | ― ② | 2 | ― ④ | 3 | ― ① |

解説

問1 導体棒に生じる誘導起電力の大きさ V は，公式より，
$$V = vB\ell$$
起電力の向きは，左側の抵抗とレール，導体棒からなる回路を一つのコイルと考え，レンツの法則を適用する。下向きの磁場をつくる電流を流そうとする向きである。

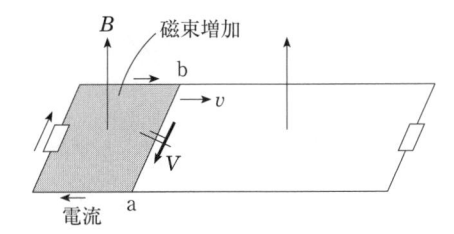

左側の抵抗に流れる電流の向きから，端子 a が高電位側，端子 b が低電位側であることがわかる。したがって，端子 a に対する端子 b の電位 V_{ab} は，
$$V_{ab} = -vB\ell$$
なお，上の図では誘導起電力を電池の記号で表してある。

問2

(a) 導体棒の速さが一定値のときに b→a の向きに導体棒を流れる電流の強さを I_0 とする。糸の張力と磁場から受ける力のつりあいより，
$$mg = I_0 B\ell$$
$$\therefore\ I_0 = \frac{mg}{B\ell}$$

(b) エネルギー保存則より，おもりの位置エネルギーの減少と抵抗で生じるジュール熱の合計 W_R は等しい。
$$\therefore\ W_R = \underline{mgv_0}$$

問題 128

解答
| 1 | − ② | 2 | − ① | 3 | − ④ |

解説

問 1　はじめ，導体棒 PQ は，磁場から左向きの力を受けるので，左向きの運動を考える。

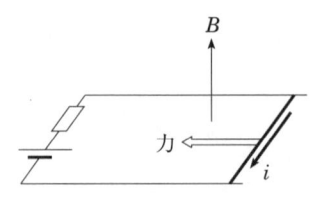

誘導起電力を電池に置きかえて表すと次のようになる。

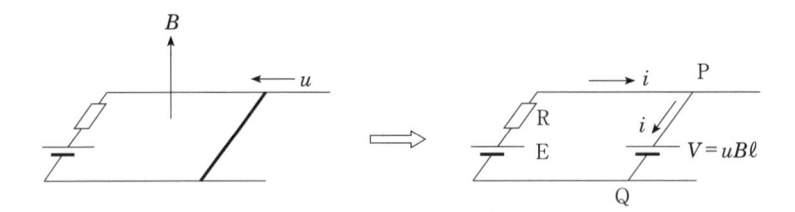

u が小さいとき $E > uB\ell$ となるので，電流 i は，

$$i = \frac{E - uB\ell}{R}$$

問2

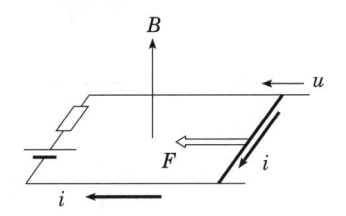

この電流が磁場から受ける力の大きさ F は，

$$F = iB\ell = \frac{E - uB\ell}{R} \cdot B\ell$$

等速のとき，$F = 0$ になるので，

$$F = \frac{E - u_0 B\ell}{R} \cdot B\ell = 0 \qquad \therefore\ u_0 = \underline{\frac{E}{B\ell}}$$

問3　$u = u_0$ のとき $i = 0$ なので，電池が供給する電力は $\underline{0}$ である。

問題 129

解答

1 — ①

解説

問 図2のグラフにおいて，$0 < t < t_0$〔s〕の間のグラフの傾きは $\dfrac{B_0}{t_0}$ なので，時間 t〔s〕における磁束密度の大きさ B〔Wb/m^2〕は，

$$B = \dfrac{B_0}{t_0} t$$

コイルの面積は $S = \pi r^2$〔m^2〕なので，

$$\varPhi = BS = \dfrac{\pi r^2 B_0}{t_0} t \text{〔Wb〕}$$

(i) $0 < t < t_0$〔s〕

$$\varPhi = \dfrac{\pi r^2 B_0}{t_0} \cdot t \quad \text{より} \quad \left|\dfrac{\varDelta \varPhi}{\varDelta t}\right| = \dfrac{\pi r^2 B_0}{t_0} \text{〔V〕}$$

また，レンツの法則から誘導電流の向きを求めると次図のようになり，抵抗Rに着目すると，点aより点bの方が高電位なのがわかる。これより，点aに対する点bの電位は $V = + \dfrac{\pi r^2 B_0}{t_0}$〔V〕となる。

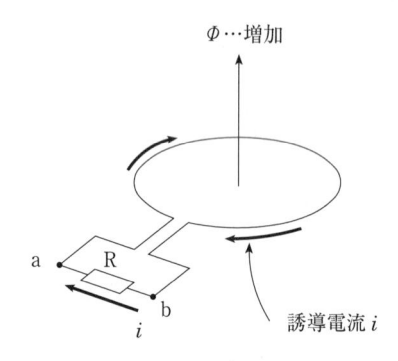

(ii) $t_0 < t < 2 t_0$〔s〕

$$B = B_0 = \text{一定} \quad \text{より} \quad \varPhi = \pi r^2 \cdot B_0 = \text{一定} \quad \therefore \ \left|\dfrac{\varDelta \varPhi}{\varDelta t}\right| = 0$$

同様にして，$t < 0$，$2.5 t_0 < t$ においても $\left|\dfrac{\varDelta \varPhi}{\varDelta t}\right| = 0$ である。

(iii) $2t_0 < t < 2.5 t_0$ 〔s〕

グラフの傾きより $\dfrac{\varDelta B}{\varDelta t} = -\dfrac{2B_0}{t_0}$, $S = \pi r^2 =$ 一定なので,

$$\dfrac{\varDelta \varPhi}{\varDelta t} = \dfrac{\varDelta (BS)}{\varDelta t} = \dfrac{\varDelta B}{\varDelta t} \cdot S = -\dfrac{2B_0}{t_0} \cdot \pi r^2$$

$$\therefore \quad \left| \dfrac{\varDelta \varPhi}{\varDelta t} \right| = \dfrac{2\pi r^2 B_0}{t_0}$$

(i)と同様に,抵抗 R に流れる誘導電流に着目すると,点 a に対する点 b の電位は $V = -\dfrac{2\pi r^2 B_0}{t_0}$ 〔V〕となる。

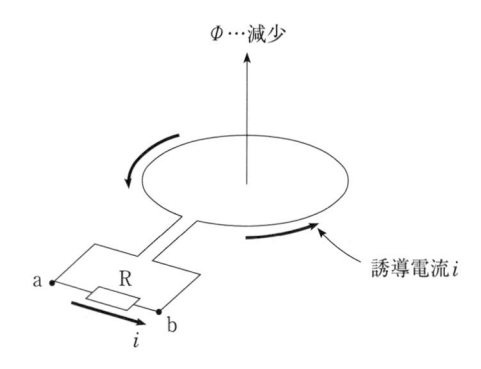

Φ…減少

誘導電流 i

以上の結果をグラフに表すと,

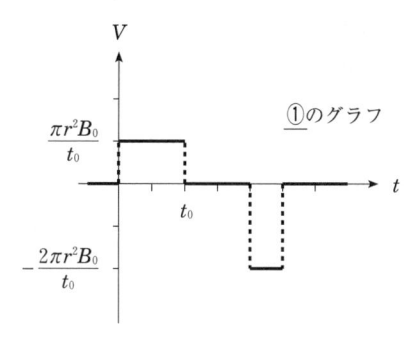

①のグラフ

問題 130

解答

1 - ①   2 - ①

解説

問1 PQ を抵抗で接続して考える。コイルを貫く下向きの磁束が減少するので，下向きの磁場をつくる誘導電流が流れる。抵抗を流れる誘導電流の向きから，電位が高くなるのは P であることがわかる。

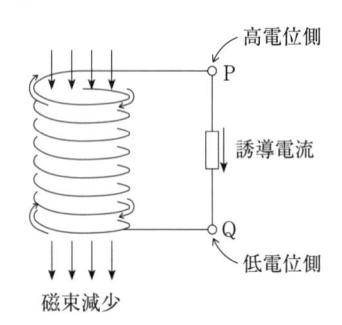

問2 コイル1巻きに生じる誘導起電力の大きさ v は，単位時間あたりの磁束の減少量に等しい。

$$v\left(=\frac{\Delta \phi}{\Delta t}\right)=\frac{0.32\,\mathrm{Wb/m^2} \times (5.0 \times 10^{-3})\,\mathrm{m^2}}{0.40}$$

$$\therefore\ v = 4.0 \times 10^{-3}\,\mathrm{V}$$

全巻数が 2000 なので，PQ 間の電圧 V は，

$$V = 2000\,v = \underline{8.0}\,\mathrm{V}$$

問題 131

解答
| 1 | - ② | | 2 | - ③ | | 3 | - ① |

解説

問1 $0<t<2\,\mathrm{s}$ のとき $I>0$ なので、電流は矢印の向きに流れている。右ねじの法則より、磁束(磁場)は<u>左向き</u>である。

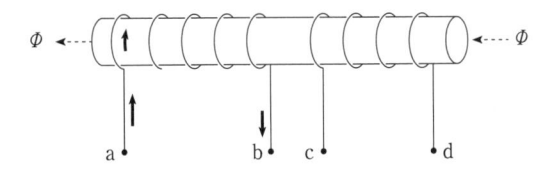

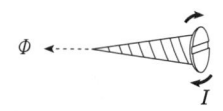

cd間に生じる相互誘導起電力の大きさは $V_2 = M\left|\dfrac{\Delta I}{\Delta t}\right|$ である。問題の図2より $\dfrac{\Delta I}{\Delta t} = \dfrac{2}{2} = 1$ なので、

$$V_2 = M\left|\dfrac{\Delta I}{\Delta t}\right| = 3 \times 1 = \underline{3}\,\mathrm{V}$$

―― 自己誘導、相互誘導 ――

○大きさ　$V_1 = L\left|\dfrac{\Delta I}{\Delta t}\right|$,　$V_2 = M\left|\dfrac{\Delta I}{\Delta t}\right|$

　　L：自己インダクタンス　　M：相互インダクタンス

○向き　電流の変化を妨げる向き
　　（電流による磁束の変化を妨げる向き）

問2 端子 cd 間に抵抗が接続されていると考え，その抵抗を流れる誘導電流 i の向きから，電位の高低を考える。

(i) $0 < t < 2$ s

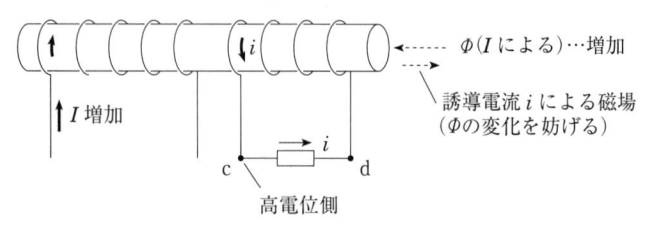

　Φ(I による)…増加
　誘導電流 i による磁場
　（Φの変化を妨げる）
　I 増加
　c　d
　高電位側

∴ d に対する c の電位 $V = +M\left|\dfrac{\Delta I}{\Delta t}\right| = +3 \times 1 = +3$ V

(ii) $3\text{ s} < t < 4\text{ s}$

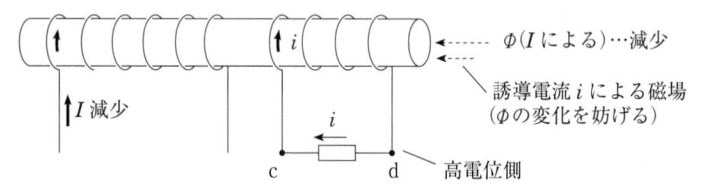

　Φ(I による)…減少
　誘導電流 i による磁場
　（Φの変化を妨げる）
　I 減少
　c　d
　高電位側

∴ d に対する c の電位　$V = -M\left|\dfrac{\Delta I}{\Delta t}\right| = -3 \times \dfrac{2}{1} = -6$ V

(iii) $t < 0$, $2\text{ s} < t < 3\text{ s}$, $4\text{ s} < t$

$$\dfrac{\Delta I}{\Delta t} = 0 \text{ より} \qquad V = 0$$

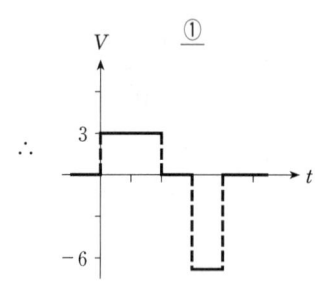

∴ ①

問題 132

> 解答
>
> $\boxed{1}$ — ④　　$\boxed{2}$ — ③

解説

問1　自己誘導起電力の大きさ V_L は，公式より，

$$V_L = L\left|\frac{\Delta I}{\Delta t}\right| = 2 \times \frac{2-0}{1-0} = \underline{4}\ \text{V}$$

問2　問題の図2の電流が $3\,\Omega$ の抵抗に流れると考え，次図の端子 a に対する端子 c の電位を V' とする。また，コイルが生じる自己誘導起電力を考え，端子 c に対する端子 b の電位 V'' として表す。V' と V'' は次図のように変化する。

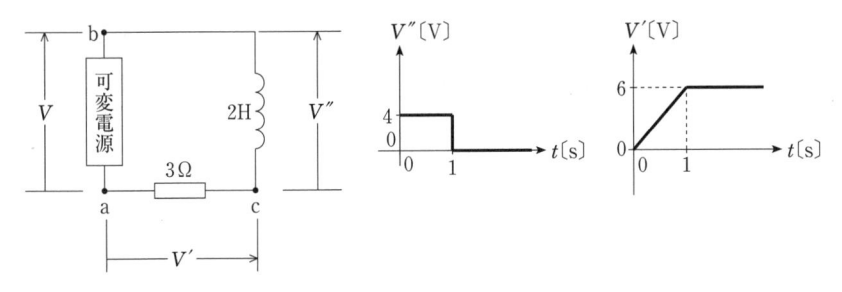

以上の結果より，端子 a に対する端子 b の電位 V は，

$$V = V' + V''$$

これをグラフで表すと，次図のようになる。

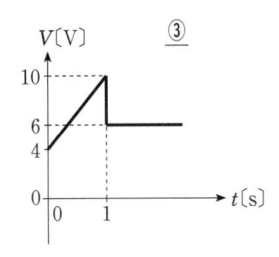

③

問題 **133**

> **解答**
> 1 — ④   2 — ②

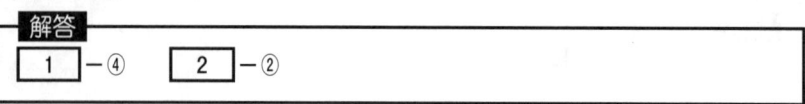

解説

問1　コイルの自己インダクタンスを L とおくと，自己誘導起電力の大きさ V_L の公式より，

$$V_L = L\left|\frac{\Delta I}{\Delta t}\right|$$

$$12 = L \times \frac{0.60 - 0}{0.20 - 0}$$

$$\therefore\ L = \underline{4}\ \text{H}$$

問2　十分に時間がたつと電流は一定になり，コイルの自己誘導起電力は 0 になる。このときコイルはただの導線と見なすことができる。したがって，抵抗 R は，

$$R = \frac{12\ \text{V}}{0.60\ \text{A}} = \underline{20}\ \Omega$$

問題 134

解答

| 1 | - ③ | 2 | - ⑧ | 3 | - ③ | 4 | - ④ | 5 | - ① |
| 6 | - ② | 7 | - ④ |

解説

問1 交流電流や交流電圧の平均的な作用の強さを示す量が実効値である。

最大電圧が 100 V なので，実効値は

$$\frac{100}{\sqrt{2}} \fallingdotseq 70.7 \fallingdotseq \underline{71} \text{ V}$$

―実効値―
$$(実効値) = \frac{(最大値)}{\sqrt{2}}$$

問2 直流回路における抵抗値に相当するものを，交流の場合ではリアクタンスという。電圧の実効値を V，電流の実効値を I，角周波数を ω とすると，次のような関係がある。

$$I_R = \frac{V}{R} = \frac{70.7}{20}$$
$$\fallingdotseq \underline{3.5} \text{ A}$$

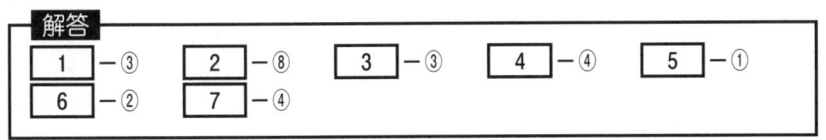

$$I_L = \frac{V}{\omega L} = \frac{70.7}{50 \times 5}$$
$$\fallingdotseq \underline{0.28} \text{ A}$$

$$I_C = \frac{V}{1/\omega C}$$
$$= 70.7 \times 50 \times 100 \times 10^{-6}$$
$$\fallingdotseq \underline{0.35} \text{ A}$$

―リアクタンス―
○抵抗　　　　$I = \dfrac{V}{R}$ ……… $R \ [\Omega]$

○コイル　　　$I = \dfrac{V}{\omega L}$ ……… $\omega L \ [\Omega]$

○コンデンサー $I = \dfrac{V}{1/\omega C}$ … $\dfrac{1}{\omega C} \ [\Omega]$

問3 交流の場合，電圧の位相と電流の位相は一致しない。すなわち，電圧が最大の瞬間に必ずしも電流が最大になるわけではない。

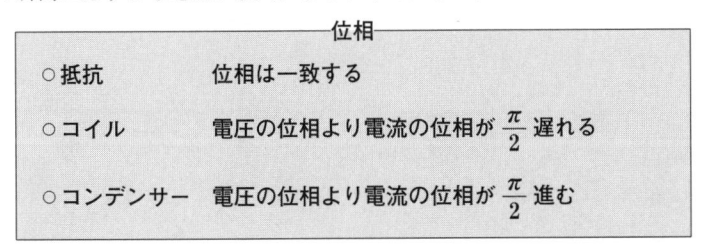

―位相―

○抵抗　　　　　位相は一致する

○コイル　　　　電圧の位相より電流の位相が $\dfrac{\pi}{2}$ 遅れる

○コンデンサー　電圧の位相より電流の位相が $\dfrac{\pi}{2}$ 進む

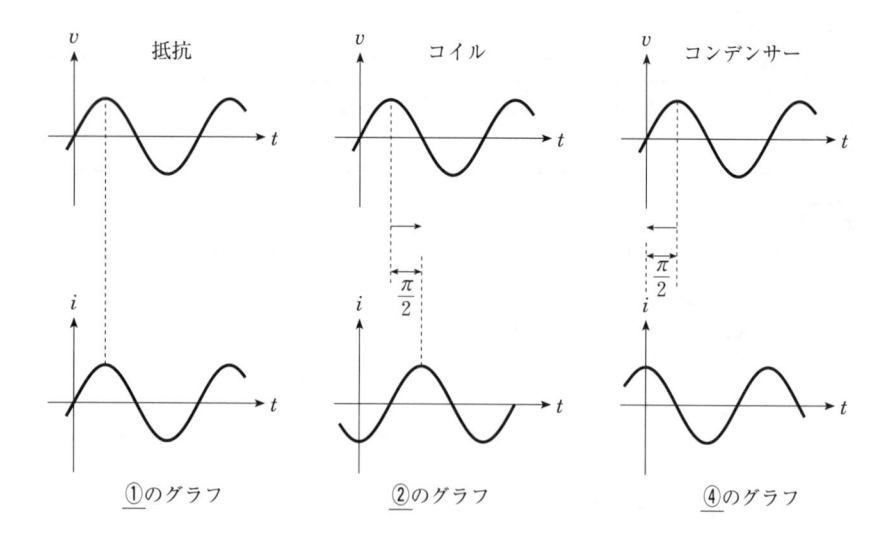

抵抗	コイル	コンデンサー

v ... t （各波形）

$\frac{\pi}{2}$ （コイル、コンデンサー）

i ... t

①のグラフ　　②のグラフ　　④のグラフ

問題 135

解答

| 1 |-⑤| 2 |-⑤| 3 |-⑤| 4 |-③|

解説

R, L, C 直列回路のインピーダンス
$$\sqrt{R^2+\left(\omega L-\frac{1}{\omega C}\right)^2} \ [\Omega]$$

直流回路における合成抵抗に相当するものを，交流の場合ではインピーダンスという．

問1 インピーダンスの公式より，

$$Z=\sqrt{R^2+\left(\omega L-\frac{1}{\omega C}\right)^2}$$

$$=\sqrt{15^2+\left(20\times 250\times 10^{-3}-\frac{1}{20\times 2000\times 10^{-6}}\right)^2}$$

$$=\sqrt{15^2+(5-25)^2}=\underline{25}\ \Omega$$

問2 $I=\dfrac{V}{Z}=\dfrac{150\ \text{V}}{25\ \Omega}=\underline{6}\ \text{A}$

問3 ab 間は，15 Ω の抵抗に 6 A の電流（実効値）が流れているので，かかる電圧の実効値は，

$$V_{ab}=RI=15\times 6=\underline{90}\ \text{V}$$

問4 コイルとコンデンサーはジュール熱が発生しないので，平均消費電力はゼロになる．よって，回路全体の平均消費電力は抵抗での平均消費電力に等しい．

$$\overline{P}=RI^2=15\times 6^2=\underline{540}\ \text{W}$$

問題 136

解答

1 — ③　　2 — ②　　3 — ②

解説

問1　コイルの自己誘導起電力は，電流の変化を妨げる向きに生じるので，電流の変化が急激に起こることはない。時間に対して連続的に増加したり，減少したりする。

S_2 を閉じる前は $I=0$ なので，S_2 を閉じた後，I は時間とともに0から増加する。

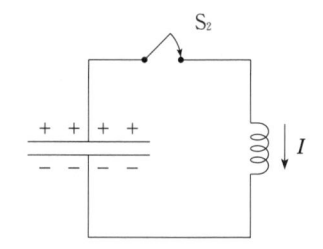

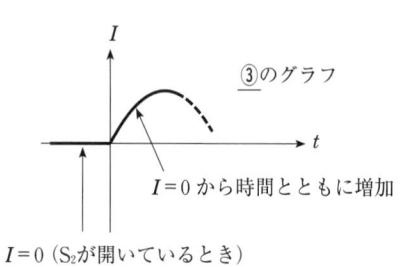

③のグラフ

$I=0$ から時間とともに増加

$I=0$ (S_2 が開いているとき)

問2　振動電流の周期 T と振動数 f は次のようになる。

振動電流

$$T=2\pi\sqrt{LC} \qquad f=\frac{1}{T}=\frac{1}{2\pi\sqrt{LC}}$$

$$T=2\pi\sqrt{50\times 10^{-3}\times 20\times 10^{-6}}$$
$$=2\pi\times 10^{-3} \fallingdotseq 6.28\times 10^{-3}\text{s}$$

振動電流に対しては，コイルとコンデンサーのリアクタンスが等しくなる。このことから，周期を求めることもできる。

$$\omega L=\frac{1}{\omega C} \quad \therefore \quad \omega^2=\frac{1}{LC} \quad \therefore \quad \omega=\frac{1}{\sqrt{LC}}$$

$$\therefore \quad T=\frac{2\pi}{\omega}=2\pi\sqrt{LC}$$

この回路は抵抗が無視できるので，ジュール熱によるエネルギーの損失は0である。これより，コンデンサーとコイルに蓄えられるエネルギーの和は一定に保たれる。

> ──コイルに蓄えられるエネルギー──
> $$U = \frac{1}{2}LI^2$$

∴ $\frac{1}{2}CV^2 + \frac{1}{2}LI^2 = $ 一定

これより，$I = I_{\max}$ のとき $V = V_{\min} = 0$ である。はじめ，$V = 100$ V，$I = 0$ なので

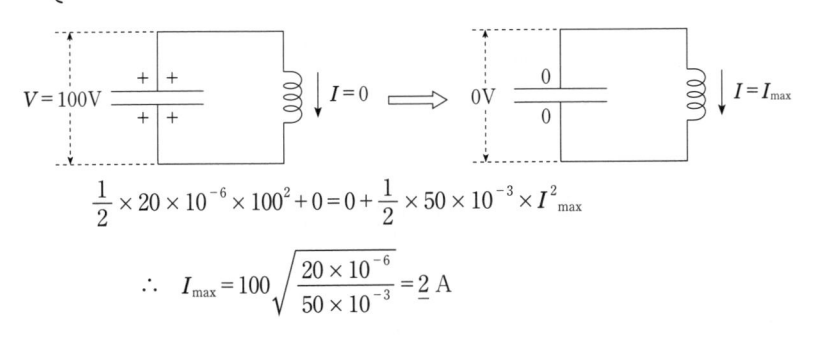

$$\frac{1}{2} \times 20 \times 10^{-6} \times 100^2 + 0 = 0 + \frac{1}{2} \times 50 \times 10^{-3} \times I_{\max}^2$$

∴ $I_{\max} = 100\sqrt{\dfrac{20 \times 10^{-6}}{50 \times 10^{-3}}} = \underline{2}$ A

第7章　電子と原子

問題 137

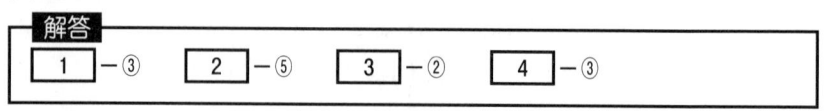

解答

| 1 | − ③ | | 2 | − ⑤ | | 3 | − ② | | 4 | − ③ |

解説

問1　A, B 間の電場の強さ E は,
$$E = \frac{V}{d} \quad \therefore \quad F = eE = \underline{\frac{eV}{d}}$$

問2　電子の加速度の大きさを a とすると, 運動方程式より,
$$ma = F \quad \therefore \quad a = \frac{F}{m}$$

電場, 力, 加速度の向きは次図のようになる。

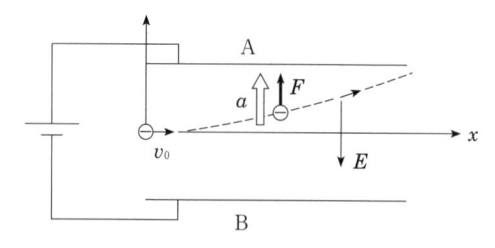

これより, x 方向は速さ v_0 の等速度運動である。　　　$\therefore \quad v_x = \underline{v_0}$

y 方向は, 初速ゼロの等加速度運動になる。　　　$\therefore \quad v_y = at = \underline{\frac{F}{m} t}$

問3　位置 (x, y) は,
$$\begin{cases} x = v_0 t \\ y = \dfrac{1}{2} at^2 = \dfrac{F}{2m} t^2 \end{cases}$$

t を消去すると　　$y = \dfrac{F}{2m} \left(\dfrac{x}{v_0} \right)^2 \quad \therefore \quad y = \underline{\dfrac{F}{2mv_0^2} x^2}$

この軌道は放物線である。

> 一様な電場中の荷電粒子……放物線軌道

問題 138

解答

| 1 | — ② | 2 | — ④ | 3 | — ③ | 4 | — ③ | 5 | — ① |

解説

問1 電場中を荷電粒子が運動するとき，運動エネルギー $\left(\frac{1}{2}mv^2\right)$ と静電気力による位置エネルギー (qV) の和が一定に保たれる。電位の基準を K にとると，$V_K=0$, $V_L=V$ となる。電子の場合，$q=-e$ なので，

$$0 + 0 = \frac{1}{2}mv^2 + (-e)V$$

（K でのエネルギー）（L でのエネルギー）

$$\therefore \quad \frac{1}{2}mv^2 = \underline{eV} \text{ (J)}$$

問2 (ア) ローレンツ力が向心力として電子に作用する。円運動の式より，

$$m\frac{v^2}{r} = evB \quad \therefore \quad r = \underline{\frac{mv}{eB}} \text{ (m)}$$

> 一様な磁場中の荷電粒子……等速円運動

(イ) 円軌道を半周してから L と衝突する。

$$\therefore \quad t = \frac{\pi r}{v} = \underline{\frac{\pi m}{eB}} \text{ (s)}$$

問3 電子がそのまま直進するとき，ローレンツ力とつりあうだけの力を電場から与えればよい。

$$\therefore \quad eE = evB \quad \therefore \quad E = \underline{vB} \text{ (N/C)}$$

電場の向きは次図のように①の向きである。

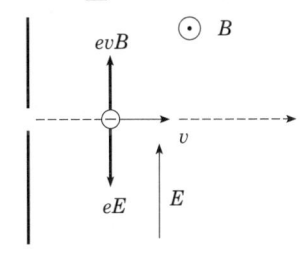

問題 139

解答

| 1 |-③| 2 |-④| 3 |-④| 4 |-⑦| 5 |-⑤|

解説

光の場合，振動数を ν（ニュー：ギリシャ文字），真空での速さを c という記号で表すことが多い。

光を波動（電磁波）とみるとき，波の基本式より，

$$\nu = \frac{c}{\lambda} = \frac{3.0 \times 10^8}{7.5 \times 10^{-7}} = \underline{4.0 \times 10^{14}}_1 \text{ Hz}$$

波の強さ（エネルギー）は振幅で決まる（正確には振幅の2乗に比例する）。よって，$\underline{振幅}_2$ の大きい光が明るい光（強さの大きい光）である。

光を光子の集まりとみるとき，次の関係式が成り立つ。

――光の粒子性――

光子1個のエネルギー　　$E = h\nu = \dfrac{hc}{\lambda}$

光子1個の運動量　　　　$p = \dfrac{h\nu}{c} = \dfrac{h}{\lambda}$

$$\therefore E = \frac{hc}{\lambda} = \frac{6.6 \times 10^{-34} \times 3.0 \times 10^8}{7.5 \times 10^{-7}}$$

$$= 2.64 \times 10^{-19} \fallingdotseq \underline{2.6 \times 10^{-19}}_3 \text{ J}$$

$$p = \frac{h}{\lambda} = \frac{6.6 \times 10^{-34}}{7.5 \times 10^{-7}} = \underline{8.8 \times 10^{-28}}_4 \text{ kg·m/s}$$

$\underline{光子の数}_5$ が多い光が明るい光である。

問題 140

解答

1 - ⑧   2 - ③   3 - ①

解説

問1 散乱前の光子のエネルギーは $\dfrac{hc}{\lambda}$ であり,散乱後の光子のエネルギーは $\dfrac{hc}{\lambda_1}$ である。エネルギー保存より,

$$\dfrac{hc}{\lambda} = \dfrac{hc}{\lambda_1} + \dfrac{1}{2}mv^2 \quad \cdots\cdots ①$$

運動量は向きをもつので,図の右向きを正とする。散乱前の光子の運動量は $+\dfrac{h}{\lambda}$ であり,散乱後の光子の運動量は $-\dfrac{h}{\lambda_1}$ である。運動量保存より,

$$\dfrac{h}{\lambda} = -\dfrac{h}{\lambda_1} + mv \quad \cdots\cdots ②$$

問2 以上の2式から,電子の速さ v を消去する。

②より $v = \dfrac{h}{m}\left(\dfrac{1}{\lambda} + \dfrac{1}{\lambda_1}\right)$

①へ代入して $\dfrac{hc}{\lambda} = \dfrac{hc}{\lambda_1} + \dfrac{1}{2}m \cdot \dfrac{h^2}{m^2}\left(\dfrac{1}{\lambda} + \dfrac{1}{\lambda_1}\right)^2$

$hc\left(\dfrac{1}{\lambda} - \dfrac{1}{\lambda_1}\right) = \dfrac{h^2}{2m}\left(\dfrac{1}{\lambda} + \dfrac{1}{\lambda_1}\right)^2$

$\therefore \underline{2mc\lambda_1\lambda(\lambda_1 - \lambda) = h(\lambda_1 + \lambda)^2}$

問題 141

解答
1 — ②   2 — ①   3 — ②   4 — ②

解説

問1 仕事関数 W は電子が金属から飛び出るのに必要なエネルギーの最小値である。電子が光子から受けとるエネルギーは $h\nu_0$ なので，飛び出す光電子の運動エネルギーの最大値は次のようになる。

$$\frac{1}{2}mv_{\max}^2 = h\nu_0 - W \quad \cdots\cdots ①$$

問2 $V < -V_0$ のとき，$I=0$ となるのは，陰極 K を飛び出した光電子が，KP 間の電場によって減速され，陽極 P に達することができないことを示している。$V = -V_0$ は最大の運動エネルギーで K から飛び出した光電子が P に達する直前で速さがゼロになり，K に戻ってしまう。この電子の運動を，エネルギー保存で表す。

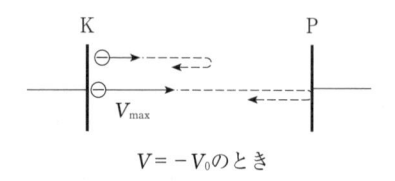

$$\underbrace{\frac{1}{2}mv_{\max}^2 + 0}_{(\text{K でのエネルギー})} = \underbrace{0 + (-e)(-V_0)}_{(\text{P でのエネルギー})}$$

$$\therefore \quad \frac{1}{2}mv_{\max}^2 = eV_0 \quad \cdots\cdots ②$$

①，② より $eV_0 = h\nu_0 - W$

問3 光の強さを 2 倍にするとき，光子の数は 2 倍になり，光子 1 個のエネルギーは変わらない。したがって，K から飛び出る光電子の数が 2 倍になって，2 倍の電流が流れる。また，飛び出る光電子の運動エネルギーの最大値 $\frac{1}{2}mv_{\max}^2$ は変わらないので，②式より，$I=0$ となるときの電位 $V = -V_0$ は変わらない。

②のグラフ

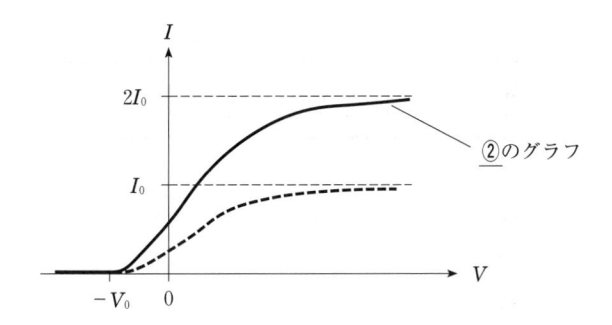

問4　光子1個のエネルギー $h\nu$ が，飛び出るのに必要なエネルギー W より小さいとき，光電子は飛び出さない。光電子が飛び出さなければ，KP間の電位差によらず，電流は流れない。

$$h\nu < W \quad \therefore \quad \underline{\nu < \frac{W}{h}}$$

問題 142

解答

| 1 | - ③ | 2 | - ② | 3 | - ④ | 4 | - ③ |

解説

光は波動性と粒子性の両方の性質をもつが，質量のある物質も粒子性と波動性の両方の性質をもつ。質量 m の物質が速さ v で運動するとき，その波動性を示す波長 λ は次のようになる。

――物質の波動性――
$$\lambda = \frac{h}{mv}$$

電子が原子核から受ける力の大きさは $k\dfrac{e^2}{r^2}$ で，この力が向心力になる。

$$\therefore \quad m\frac{v^2}{r} = k\frac{e^2}{r^2} \quad \cdots\cdots ① \quad _1$$

電子の波長は，物質の波動性より，

$$\lambda = \frac{h}{mv} \quad _2$$

ボーアの条件は "円軌道の一周の長さが電子の波長の自然数倍になる" である。

$$\therefore \quad 2\pi r = n\lambda \quad _3$$

波長 λ を代入すると，ボーアの条件は次のようになる。

$$2\pi r = n\frac{h}{mv} \quad \cdots\cdots ②$$

①式は粒子として電子が満たすべき条件で，②式は波動として電子が満たすべき条件である。①，②から v を消去する。

②より $\quad v = \dfrac{nh}{2\pi rm}$

①へ代入して，

$$\frac{m}{r}\left(\frac{nh}{2\pi rm}\right)^2 = \frac{ke^2}{r^2}$$

$$\therefore \quad r = \frac{h^2}{4\pi^2 ke^2 m} \times n^2 \quad _4$$

問題 143

解答

| 1 | ― ④ | 2 | ― ② | 3 | ― ⑥ | 4 | ― ⑨ |

解説

問1 水素原子のエネルギー準位が下がるとき,そのエネルギーの差に等しいエネルギー E をもつ光子が1個発生し,放出される。

$$E_3 = -\frac{2.2 \times 10^{-18}}{3^2} \qquad E_2 = -\frac{2.2 \times 10^{-18}}{2^2}$$

$$\therefore\ E = E_3 - E_2 = -2.2 \times 10^{-18} \times \left(\frac{1}{3^2} - \frac{1}{2^2}\right)$$

$$= 2.2 \times 10^{-18} \times \frac{5}{36}$$

$$\fallingdotseq 3.06 \times 10^{-19} \fallingdotseq \underline{3.1 \times 10^{-19}}\ \text{J}$$

1 eV(電子ボルト)は,電子が1Vの電位差で加速されるときに得るエネルギーの大きさである。

$$1\ [\text{eV}] = e\ [\text{C}] \times 1\ [\text{V}]$$

$$= e\ [\text{J}] = 1.6 \times 10^{-19}\ [\text{J}]$$

$$\therefore\ \frac{3.06 \times 10^{-19}}{1.6 \times 10^{-19}} \fallingdotseq \underline{1.9}\ [\text{eV}]$$

光子1個のエネルギーは $E = \dfrac{hc}{\lambda}$ なので,

$$\therefore\ \lambda = \frac{hc}{E} = \frac{6.6 \times 10^{-34} \times 3.0 \times 10^8}{3.06 \times 10^{-19}}$$

$$\fallingdotseq \underline{6.5} \times 10^{-7}\ \text{m}$$

―― 電子ボルト ――
$$1\ [\text{eV}] = e\ [\text{J}]$$

問2 原子核から電子が完全に引き離された状態は $n = \infty$ に相当する。

$$E_1 = -\frac{2.2 \times 10^{-18}}{1^2} = -2.2 \times 10^{-18}\ \text{J}$$

$$E_\infty = -\frac{2.2 \times 10^{-18}}{\infty^2} = 0$$

$E_1 \to E_\infty$ のエネルギー準位差以上のエネルギーをもつ光子をあてればよい。

$$\frac{hc}{\lambda} > E_\infty - E_1$$

$$\therefore \quad \lambda < \frac{hc}{E_\infty - E_1} = \frac{6.6 \times 10^{-34} \times 3.0 \times 10^8}{0 - (-2.2 \times 10^{-18})}$$

$$= \underline{9.0} \times 10^{-8} \,\text{m}$$

原子が光を放出したり吸収したりするとき，光子1個のエネルギー $E = h\nu = \frac{hc}{\lambda}$ は，原子のエネルギー準位の変化に等しくなる。

┌─光の放出・吸収─┐
│ $h\nu = E_m - E_n$ │
└──────────┘

問題 144

解答

| 1 | - ④ | 2 | - ③ | 3 | - ③ |

解説

問1 エネルギー保存より,

$$0 = \frac{1}{2}mv^2 + (-e)V \qquad \therefore \quad \frac{1}{2}mv^2 = eV$$

$$v = \sqrt{\frac{2eV}{m}} \ [\text{m/s}]$$

問2 X線は可視光線と同じ電磁波であり，可視光線より波長が短い。むろん，粒子性を考えるときは光子としてとらえる。

Pとの衝突で電子が失う運動エネルギーの一部または全部が発生するX線光子のエネルギーになるので，X線光子1個のエネルギーは衝突前の電子の運動エネルギーより小さくなる。

$$\frac{hc}{\lambda} \leq \frac{1}{2}mv^2 = eV$$

$$\therefore \quad \lambda \geq \frac{hc}{eV} \ (=\lambda_0)$$

問題の図において，λ_1 と λ_2 のピークを除いたグラフが，このようにして発生したX線の強さを表している。このようなX線を連続X線という。

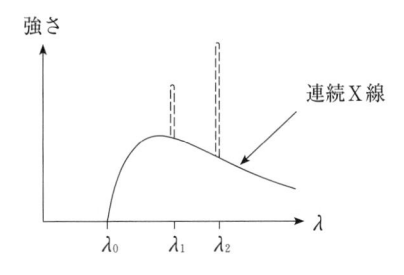

問3　電子の衝突によって，Pを構成している物質の原子は，そのエネルギー準位が上がる。そのエネルギー準位が元の状態に戻るときにもX線光子が発生する。このX線が問題の図のλ_1とλ_2のピークである。このX線光子のエネルギーは，原子のエネルギー準位の差によって定まるので，一定値となる。このようなX線を固有X線という。

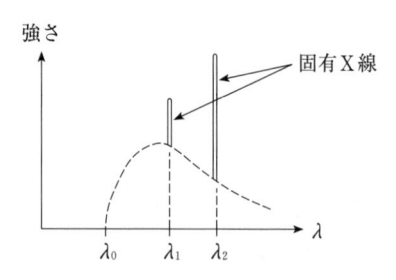

PK間の加速電圧を大きくすると，連続X線の最短波長は小さくなるが，固有X線の波長は変わらない。

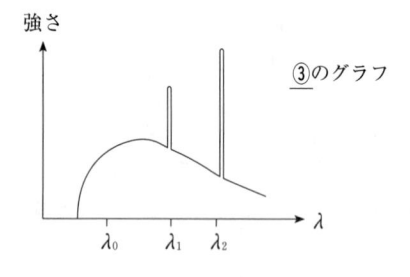

③のグラフ

問題 145

解答

1 — ①	2 — ②	3 — ④	4 — ⑧	5 — ⑨
6 — ④	7 — ③	8 — ③	9 — ①	10 — ③
11 — ②				

解説

〔Ⅰ〕 元素記号の左下の数字は原子番号といい，原子核に含まれる陽子の数を表す。元素記号の左上の数字は質量数といい，原子核に含まれる陽子の数と中性子の数の和を表す。

∴ $^{238}_{92}U$……陽子の数 $\underline{92}_1$ 個

中性子の数 $238-92=\underline{146}_2$ 個

原子核が α 崩壊すると，質量数は4減り，原子番号は2減る。$^{238}_{92}U$ が α 崩壊すると，質量数は $238-4=234$ となり，原子番号は $92-2=90$ となる。

∴ $\underline{^{234}_{90}Th}_3$

なお，元素記号は原子番号に応じて定められている。問題文で $^{238}_{92}U$ という物質が示されているので，$^{234}_{90}U$ という物質はあり得ない。

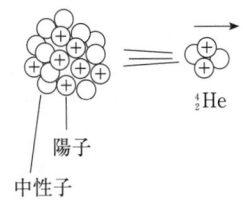

β 崩壊では，質量数は $\underline{変わらない}_5$ が，原子核に含まれる中性子1個が陽子に変わるので，原子番号が $\underline{1増える}_4$。

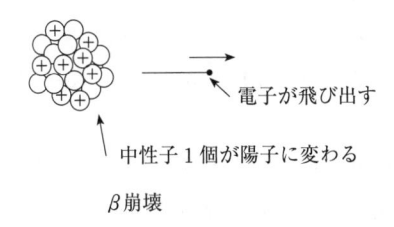

α崩壊のときだけ質量数が変わるので，質量数の変化に着目して，α崩壊の回数 x を求める。

$$238 - 4x = 206 \quad \therefore \quad x = \underline{8}_6$$

次に，β崩壊の回数を y として，原子番号の変化を式に表す。

$$92 - 2 \times 8 + y = 82 \quad \therefore \quad y = \underline{6}_7$$

〔Ⅱ〕 半減期 T の原子核が，はじめ N_0 個あるとき，時間 t 後に崩壊せずに残っている原子核の数 N は次式で表される。

$$\overset{\text{半減期}}{N = N_0 \left(\frac{1}{2}\right)^{\frac{t}{T}}}$$

質量 m は原子数 N に比例するので，上式の原子数は質量に置き換えることができる。

$$\therefore \quad m = m_0 \left(\frac{1}{2}\right)^{\frac{t}{T}}$$

$t = 800$年　　$\dfrac{t}{T} = \dfrac{800}{1600} = \dfrac{1}{2} \quad \therefore \quad m = 400 \times \dfrac{1}{\sqrt{2}} \fallingdotseq \underline{283}_8$ g

$t = 3200$年　　$\dfrac{t}{T} = \dfrac{3200}{1600} = 2 \quad \therefore \quad m = 400 \times \left(\dfrac{1}{2}\right)^2 = \underline{100}_9$ g

〔Ⅲ〕 原子核の質量 M は，それを構成している中性子と陽子がばらばらに存在するときの質量の和が M_0 より小さい。この質量の差 $\Delta m = M_0 - M$ を質量欠損という。

$^{4}_{2}\text{He}$ の場合　　$M = 4.0015$ u

$M_0 = 2 \times 1.0087 + 2 \times 1.0073 = 4.0320$ u

$\therefore \quad \Delta m = M_0 - M = 4.0320 - 4.0015 = 0.0305$ u

1 u $= 1.66 \times 10^{-27}$ kg なので

$$\Delta m = 0.0305 \times 1.66 \times 10^{-27} \fallingdotseq \underline{5.1}_{10} \times 10^{-29} \text{kg}$$

1 u（原子質量単位）は $^{12}_{6}\text{C}$ 原子1個の質量の $\dfrac{1}{12}$ である。中性子や陽子1個の質量にほぼ等しい。

アインシュタインによると，物質の質量は一定不変のものではなく，エネルギーに変換される。m〔kg〕の質量は $E = mc^2$〔J〕のエネルギーに変換される。

> **質量とエネルギー**
> $E = mc^2$

原子核の質量に質量欠損 $\varDelta m$ があるということは，原子核，中性子と陽子をばらばらにするのに $\varDelta mc^2$ のエネルギーを必要とすることを意味している。このエネルギーを結合エネルギーという。

$^4_2\mathrm{He}$ の場合　　$\varDelta mc^2 = 5.1 \times 10^{-29} \times (3.0 \times 10^8)^2$
　　　　　　　　　$\fallingdotseq \underline{4.6}_{11} \times 10^{-12}$ J